U0739691

数字化地面突击分队火力优化控制

徐克虎　黄大山　张志勇　著

国防工业出版社
·北京·

内 容 简 介

本书的主要内容有：阐述了火力优化控制的基本内涵、发展历程、地位作用，提出了地面突击分队的火力优化控制体系结构；分析研究了地面突击分队战场信息采集、传输、处理及运用的流程，详细说明了信息量化与评估的方法；基于火力运用原则、火力打击能力、弹药消耗量、火力打击时机、火力打击准则等作战要素，建立了武器平台、地面突击分队的火力优化控制模型；为满足地面突击分队作战决策对实时性、科学性的要求，优化设计了多种求解地面突击分队火力优化控制模型的仿生智能算法，并提出了多种算法评价准则用以验证算法的优化解算能力。

本书适合从事指挥控制系统或战术互联网、特别是作战辅助决策系统研究与开发的人员使用，也适合相关专业的其他研究人员、高校教师、研究生和高年级本科生参考。

图书在版编目（CIP）数据

数字化地面突击分队火力优化控制 / 徐克虎, 黄大山, 张志勇著. — 北京：国防工业出版社, 2016. 10
ISBN 978-7-118-10977-1

Ⅰ. ①数… Ⅱ. ①徐… ②黄… ③张… Ⅲ. ①数字技术－应用－地面－突击－火控系统 Ⅳ. ①E92-39

中国版本图书馆 CIP 数据核字（2016）第 242136 号

※

国防工业出版社 出版发行

（北京市海淀区紫竹院南路 23 号 邮政编码 100048）
北京嘉恒彩色印刷有限责任公司
新华书店经售

*

开本 880×1230 1/32 印张 7⅞ 字数 234 千字
2016 年 10 月第 1 版第 1 次印刷 印数 1—2000 册 定价 79.00 元

（本书如有印装错误，我社负责调换）

国防书店：（010）88540777 发行邮购：（010）88540776
发行传真：（010）88540755 发行业务：（010）88540717

前　言

现代战争已进入体系化、信息化对抗时代，以地面突击力量为主体、集多军兵种武器装备于一体的地面突击分队成为大多数局部战争的主角。信息化条件下的分队作战，不仅要充分发挥每一台武器装备的战术技术性能，更要注重所有参战武器装备的优势互补、充分协同，使得地面突击分队的整体作战效能有质的提升。这一目标愿望的实现需要借助于火力优化控制技术。

火力优化控制技术是依托指挥控制系统，综合运用计算机网络技术、通信技术、军事运筹理论和智能计算方法等先进技术，依据战场态势的变化，实时协调地面突击分队各作战单元，生成优化的火力运用方案，提高作战部（分）队作战效能的技术。火力优化控制技术是武器装备和战争形态发展到信息化阶段的必然产物，是火力运用技术的高级形式。火力优化控制技术在作战应用中，往往作为辅助决策的重要模块之一嵌入指挥控制系统中，在当前的信息化、一体化战争中是不可或缺的。信息化战争的指挥控制是综合运用现代通信技术、计算机技术和军事理论，实现自动的作战信息采集、传输、处理和作战方案的科学决策，而火力优化控制技术正是实现科学决策的关键。因此，研究地面突击分队火力优化控制技术对我军指挥控制系统的完善具有重要的理论指导意义和实际应用价值。

本书集作者多年从事地面突击分队作战仿真、火力优化控制工程的科学研究成果而成。全书共分9章：第1章阐述火力优化控制的发展历程、基本原则、地位作用，并提出地面突击分队火力优化控制体系结构；第2~4章分析影响火力优化控制的要素，如作战任务、作战环境、作战力量和作战对象等，以及要素信息的采集、传输、处理和运用过程，研究火力优化控制赖以实现的信息平台、信息技术和体系结构；第5、6章基于火力运用原则、火力打击能力、火力打击时机和火力打击准则等作战要素，结合目标威胁（价值）评估结果，构建武器平台、地面突击分队的火力优化控制模型；第 7 章为满足地面突击分队作战决策对实时性、科学性的要求，优化设计求解地面突击分队火力优化控制模型的改进型智能算法，并提出多种算法评价准则用以验证算法的优化解算能力；第 8 章通过目标毁伤评估完成战场信息从采集、传输、处理及运用，到战场态势信息更新的循环，实现作战指挥行动全过程闭环控制；第 9 章通过作战仿真实例验证火力优化控制的科学性和时效性。

本书阐述实现火力优化控制的"信息处理、信息运用"等关键技术，揭示信息化战争火力优化控制的"信息主导、火力主战"本质，适合指挥控制系统特别是作战辅助决策系统的研究与开发人员使用，也供相关专业的其他研究人员、高校教师、研究生和高年级本科生参考。

本书在编写过程中，借鉴了一些专家的论著、研究成果，以及近年来作者所指导的研究生学位论文。装甲兵学院乔治义教授对本书的编写提供了很好的建议，研究生陈金玉、孔德鹏参与了校对与书中插图描绘工作。在本书的编辑出版过程中，得到了国防工业出版社的大力支持，在此一并表示衷心感谢。

由于作者水平有限，书中不妥之处，敬请读者批评指正。

目　　录

第1章 绪 论

火力优化控制，是指在军事对抗活动中，指挥员或指挥机构依据作战任务、战场态势和战场环境等基本因素，基于指挥控制系统，采用先进的信息处理与运用技术，对火力单元进行科学调配，生成优化的动态火力打击方案，以使某一项或几项作战效能指标在一定约束条件下达到最优的过程。在信息化战争时代，火力优化控制的本质就是信息技术主导下的火力优化运用。因此，基于信息化战场的火力优化控制是现代战争作战形态、作战手段发展的历史必然。

随着目前各军事强国对所属作战部队（分）队的大规模编制体制调整、训练实战化改革，其中基数最庞大、任务最繁重的地面突击分队的数字化、信息化建设与合成化、智能化发展成了各国亟待解决的问题。面对信息化条件下地面突击分队可能遂行的新的作战任务、可能遵循的新的作战准则、可能实施的新的作战样式等一系列新要求，数字化地面突击分队的建设与发展应充分体现"信息主导、火力主战"这一新作战特点，并充分优化配置地面突击分队的兵力与火力。通过建立数字化地面突击分队的火力优化控制体系，完善分队信息化作战的硬件基础平台和软件优化程序，合理优化调整分队兵力火力等作战资源的编成配比，协调优化控制兵力火力、武器装备的战场运用，为数字化地面突击分队具备并加强信息化作战能力奠定坚实的基础，并提供有效的解决途径。

1.1 火力的产生与发展

火力是指弹药经发射、投掷或引爆后所产生的破坏力和杀伤力，它体现了单兵、单装备或武器平台在遂行作战任务时对目标的毁伤能力或对目标的杀伤效力。火药在战场上的出现，引发了军事史上一系列的大变革，它使得战场从冷兵器阶段过渡到火器阶段。随着热兵器

1

的产生，火器在战场中的运用逐渐增多，火器的形式、火力的大小及作用范围都有很大不同，火器所发挥的作用也逐渐增大。

火药是中国古代的四大发明之一，是改变中国甚至是世界人类发展进程的重要发明。我国在唐朝就发明了火药，最初是炼丹所得副产品，并没有把它应用于战场。直到 10 世纪宋朝时，中国开始把它作为战争工具使用，由于意识到了火药具有兵力无可比拟的杀伤力和杀伤效果，这一时期火药武器发展很快。

火药应用于武器的最初形式，主要是利用火药的燃烧性能。

据《宋史·兵记》记载：公元 970 年兵部令史冯继升发明了一种火箭法，这种方法是在箭杆前端缚火药筒，点燃后利用火焰燃烧向后喷出的气体的反作用力把箭镞射出，这是世界上最早的喷射火器。公元 1000 年，士兵出身的神卫队长唐福向宋朝廷献出了他制作的火箭、火球、火蒺藜等火器。

随着火药和火药武器的发展，逐步过渡到利用火药的爆炸性能。

公元 1126 年，李纲守开封时，用霹雳炮击退金兵的围攻。金与北宋的战争使火炮进一步得到改进，震天雷是一种铁火器，是铁壳类的爆炸性兵器。元军攻打金的南京（今河南开封）时，金兵守城就用了这种武器。《金史》对震天雷有这样的描述："火药发作，声如雷震，热力达半亩之上，人与牛皮皆碎并无迹，甲铁皆透。"

南宋时出现了管状火器，公元 1132 年陈规发明了火枪。火枪是由长竹竿做成，先把火药装在竹竿内，作战时点燃火药喷向敌军。陈规守安德时就用了"长竹竿火枪二十余条"。公元 1259 年，寿春地区有人制成了突火枪，突火枪是用粗竹筒做的，这种管状火器与火枪不同，火枪只能喷射火焰烧人，而突火枪内装有"子巢"，火药点燃后产生强大的气体压力，把"子巢"射出去。"子巢"就是原始的子弹。突火枪开创了管状火器发射弹丸的先声。现代枪炮就是由管状火器逐步发展起来的。到了元明之际，这种用竹筒制造的原始管状火器改用铜或铁，铸成大炮，称为"火铳"。现存最古老的金属大炮约制造于 1323 年，1332 年的铜火铳，是世界上现存最早的有铭文的管状火器实物。

在元朝之前的蒙古人使用过大炮来对抗当时的俄罗斯人，当时欧洲的 Roger Bacon 于 1248 年在其著作中就有相关的记载。欧洲方面，最早的大炮记录则为 1313 年比利时根特市的大炮。在欧洲，火药兵器获得大量发展是在 15—17 世纪。因为冶金术的进步，使得手持的火药兵器（如火枪等）成为可能，并且火炮的技术也渐渐地超越了我国。这些火炮技术则在后来明末清初时期传回至我国。

这一时期的火力主要以单兵、单武器的作战运用为主，并且火力的运用形式极为简单。由于火力刚刚产生，还处在探索与研究阶段，在战场上的使用极为稀少，火力的种类及运用形式并无经验与规律可循。火力最主要的作用是与原始冷兵器时代的兵力构成鲜明的对比，充分体现火力的震慑效果，对敌方兵力作战意志摧毁与瓦解。

1.2　火力运用的产生与发展

随着火力的发展，火力的形式以及在战场上的运用方式得到了质的飞跃。火力从最初的火枪、火铳发展到极具毁伤效力的火炮、导弹。16 世纪后，金属管形火器进一步发展，火器手增加，开始采取集中突击的方式杀伤敌人。1631 年，瑞典军队在布赖腾费尔德之战中，把约 100 门火炮集中在一处使用，标志着火力运用的产生。第一次世界大战时期，随着坦克、飞机的使用，有了防坦克、防空等火力运用，火力运用方式逐渐复杂多样。当导弹、武装直升机出现后，火力运用又有了新的内容和方式。

当火力发展到在战场上火力发挥的毁伤作用可以与兵力匹敌的时候，如同具有一定规模的兵力群体需要讲求运用方式方法一样，成规模、成建制的火力也开始注重战场的运用形式与样式。

最初的火力运用形式非常简单，主要是将这种呈区域性毁伤、具有强大威慑性的火力集中在一处使用，以期迅速而有效地对敌方相对集中、具有较高战场价值的兵力火力造成毁灭性打击，从而达到作战目的。这种火力集中运用的形式在一定程度上能够起到事半功倍的效果，因为集中、猛烈而极具毁伤性的火力打击，能够对敌方作战兵力造成严重的心理威慑作用，降低其作战能力的发挥效力，甚至使其战斗能力及战斗意志完全丧失，瓦解敌方的士气与军心。火力集中运用这种运用形式随着火力的不断发展在不同种类火力上均得到体现，并取得一定的作战毁伤效果。目前，这种火力运用形式在现代作战指挥过程中仍然普遍采用。

当火力的形式发展到空前广泛与全面的时候，多种新型的火力运用的形式也随之产生并得以发展。火力的形式由最初始的地对地的在局部平面战场中的分火、集火打击，发展到具有空对地、空对空等在全面、立体的战场空间中各种火力的综合协调运用的火力运用形式。可以将具有战场毁伤、战场压制、战场威慑和战场伪装等不同战场作用的火力混合编排配置，也可依据具体的战场条件及作战任务选择相适应的火力，并明确各火力的运用形式。因此，在对火力合理的编排配属的同时，需要合理地运用这些火力，才可能得到理想的作战结果。在 20 世纪 80 年代初的英阿"马岛战争"中，处于绝对劣势的阿根廷军队，凭借合理的火力运用，给英国舰船造成了较大的毁伤效果。之后的海湾战争、伊拉克战争，以及近年来的其他几场局部战争，无不从正反两个方面印证着"不同的火力运用模式，会得到不同作战结果"的正确性。战争实践在引起人们对火力运用研究重视的同时，也促进了火力运用技术的发展。

遗憾的是，我国在这漫长的火力运用的发展过程中，人们基本上是把火力的运用当做一种计谋、权术，或者"指挥艺术"来研究或宣传，定性分析的多，定量研究的少。殊不知一些军事大国在量化武器性能指标的同时，也在量化着作战指挥和火力运用。在海湾战争中，美军就在火力运用、作战指挥方面应用了不同层次的基于逻辑推理和量化分析的辅助决策系统，大大提升了作战决策的速度和效能。

1.3　火力优化控制的产生与发展

随着火力形式的不断发展与推陈出新，针对同一个作战任务，作战分队可以采用多种不同的火力运用形式来达到作战目的。这种不同的火力及其运用形式，通过不同的作战途径消耗不同的作战资源，对我方作战分队甚至作战部队的战场规划等都具有一定的影响，需要对其进行优化选择以确定最佳的火力运用形式，由此产生了火力优化控制。

英国工程师兰彻斯特（Lanchester）提出的兰彻斯特方程，开启了用数学方法描述战场态势演化、用定量方法研究作战过程的新时代，它为指挥员对作战火力的运用提供理论依据。可以认为这是最早从理论上对作战部队兵力火力优化控制进行定量分析的研究，并为火力优化控制体系的建立奠定了基础。

在二十世纪五六十年代，由于计算机技术水平的限制，当时火力优化控制问题的研究成果主要用于作战计划制定、指挥军官训练等方面，目的是提高指挥人员的作战指挥能力，或为武器的选择及新武器的研制与采购提供参考。

随着计算机技术的飞速发展及广泛的运用，火力优化控制的建模形式及其解算方法都有了新的有效的解决方式。这一时期火力优化控制的研究主要是集中于一些特定领域，如导弹防空领域中静态火力分配问题。随着作战要求的变化以及火力优化控制建模的精确性的提高，产生了动态火力优化分配问题。随着信息化建设的深入开展，数字化地面突击分队相关信息化设备的不断完善，以火力优化分配为基础的火力优化控制体系逐渐建立起来，并为作战分队的变革与发展提供了较好的参考模板。

火力优化控制充分体现了新的战场形势下作战分队火力运用的特点，是火力运用的高阶形式。火力优化控制体系的建立能够较好地体现信息化战场条件下地面突击分队作战运用的"信息主导、火力主战"指导思想，并在一定程度上将这个指导思想反映到作战分队建设中，为我军数字化地面突击分队的建设与发展提供了良好的平台依托以及力量牵引。

随着新形势下战场作战特点、样式的发展，火力优化理论与实践的不断完善，火力优化控制体系对当前地面突击分队作战的规划与战斗的实施均有极重要的贡献。火力优化控制形式已由最初的每批次火力打击的静态火力优化分配问题，拓展延伸至在整个作战进程中，在指挥控制系统的运行平台的基础上，通过对大量战场信息数据的处理与运用，对作战双方的兵力、火力实力评估，明确在特定战场环境下地面突击分队的形势态势，优化配置、部署、运用地面突击分队的兵力火力，使其在最大限度内消灭敌方作战力量并保存自己的实力。这种全面数字化、信息化、网络化的作战形式样式是火力优化控制体系建立的必要与充分条件。因此，在当前形势下，对数字化地面突击分队火力优化控制的研究具有极高的军事价值。

1.4　火力优化控制研究的目的和意义

火力优化控制是伴随着火力运用的产生而产生，并随着火力运用的发展而发展的。火力运用是火力优化控制的初级形式，火力优化控制是火力运用发展到一定阶段的产物。目前，研究火力优化控制具有重要的现实需求和长远的历史意义。

1.4.1　研究对象

火力优化控制的根本目的是提高火力作战效能，而作战是在任务牵引下的基于一定环境的敌我双方作战对象的暴力对抗。因此，只有全面、准确地了解并科学描述作战任务、作战环境、作战力量和作战对象等这些与火力优化控制密切相关的基本要素及其相互关系，才能保证火力优化控制结果的科学有效。

作战任务是作战行动的牵引条件。作战任务的不同决定了地面突击分队作战重心的不同。例如：执行支援、防御任务时，地面突击分队应以打击对我地面部队行动构成威胁的目标为重心；当地面突击分队执行以火力打击直接达成战役、战斗目的的作战任务时，要着眼直接以火力毁伤敌人的进攻或者防御武器装备。作战任务决定了作战行动的基本模式，作战任务确定后，地面突击分队的指挥员及指挥机关才能够根据作战任务，领会上级意图，定下作战决心，组织作战力量，确定作战行动基本过程。例如，选择或尽量促成怎样的作战环境，配置什么样的作战力量，重点打击什么类型的敌方目标，如何分配火力，等等。

战场环境是指战场及其周围对作战活动有影响的除双方作战力量之外的各种外界情况和条件的总和。战场环境是双方作战力量展开部署和实施行动的依托，是作战行动赖以发生与发展的基本条件。战场环境内容十分丰富，包括自然环境、电磁环境、社会环境、军事环境、政治环境、经济环境和科技环境等多个层面，也可以笼统地概括为自然环境和人为环境两个方面。本书着重考虑与地面突击分队作战密切相关的自然环境。自然环境是由地形、水文、气象等要素构成的自然综合体，而其中地形地貌、气象条件对地面突击分队作战影响最大。因此，在火力优化过程中，必须充分考虑地形环境、气象条件对我方作战力量的战场机动、阵地配置、火力发挥、战斗组织与协调等产生的影响，并努力将其转化为对我方完成战斗任务有利的条件。

作战对象是地面突击分队执行作战任务所指向的敌方目标，是构成敌我双方或者敌我友多方作战必不可缺的组成要素。地面突击分队的作战任务主要是对作战对象（即被打击目标，以下简称目标）实施火力打击。因此，科学评估目标的威胁度（价值）并排序，是火力优化控制的重要环节，是实现精准打击的前提和基础。

作战力量是地面突击分队可用于作战的各种武器装备和兵员的总和，是遂行作战任务、实施火力打击、取得作战胜利的物理基础。信息化条件下地面突击分队一体化联合作战的基本形式，决定了地面突击分队作战力量具有复杂的构成：包括主战装备、侦察装备、通信与指挥装备、保障装备及相关人员等。在火力优化的过程中，主要考虑坦克、步兵战车、自行火炮和反坦克武器等主战装备对敌目标的分配与优化部署。

此外，为实现火力优化控制，还需要掌握对上述作战要素及其相互关系的定性定量描述方法，特别是对目标的威胁度（价值）的科学评估与排序方法，以及对基于作战行动样式的火力单元对目标的分配关系模型等问题进行深入研究。这些问题将在本书后续章节给予详细论述。

1.4.2　研究目的

在信息化战争中，指挥员和参谋人员往往不再为决策时信息缺乏而发愁，转而为海量的信息数据而烦恼。一方面，战场态势变化加快，需要快速决策；另一方面，需要处理的数据越来越多，使得决策费时费力。解决这一矛盾的唯一途径是，利用计算机替代人脑完成大量的数字计算与逻辑推理，辅助指挥员与参谋人员进行决策。这种辅助决策即为地面突击分队火力优化控制的作用与目的。

通常情况下，地面突击分队的火力优化控制过程均基于指挥控制系统实现：通过指挥控制系统各信息终端实时采集战场信息并进行处理，为火力优化控制提供数据；通过指挥控制系统控制中心的硬件为火力优化控制提供运行平台；通过指挥控制系统硬件基础上搭载的软件系统为火力优化控制相关数据信息的计算提供实现手段；通过指挥控制系统信息传输子系统将由火力优化控制得出的作战方案传递给各级指挥员及作战人员，由此实施作战行动。基于指挥控制系统的火力优化控制是一种广义的用于战争的反馈控制系统，系统输入为作战任务，执行机构是地面突击分队所属兵力与武器装备，被控对象是作战对象（要打击的目标），系统输出为作战结果，如图1.1所示。

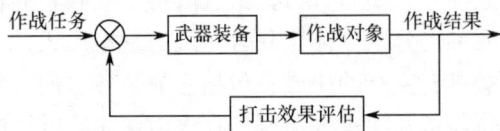

图 1.1　基于指挥控制系统的火力优化控制过程

对于战争活动，如果战争结果与预期目标有差距，则其后果往往是灾难性的。地面突击分队也是一样，为避免灾难结果发生，决策者应该能够依据任务变化和事态发展预判战场态势的发展，及时做出指挥决策（如火力分配方案），提前对作战系统各结构单元进行调节。但是，当决策者需要对一个较为复杂的情况做出抉择时，影响决策的因素众多，往往超出决策者的能力水平，不可能在有效时间内做出科学决策，就需要借助决策者之外的人或工具来辅助决策。火力优化控制技术正是为解决这一问题而提出的。

通过运用火力优化控制技术，可以实现对当前指挥人员无从下手的海量战场信息数据进行处理与运用，并能够按照一定的作战原则和打击规则制定科学合理的火力毁伤方案，为作战指挥人员充分了解战场态势、做好指挥决策提供科学有效的判断依据。

1.4.3 研究意义

目前,战争已进入"一体化联合作战"时代,多军兵种集成的合成分队日益成为局部战争的主角。当己方武器平台面临多个不同特性目标的威胁时,先对谁开火?当打击对象已经确定,是实行单火力打击,还是联合友邻武器单元实行集火打击?当需要集火打击时,集火规模应多大?与谁形成集火力量?等等。这一系列问题都需要利用火力优化控制技术来解决。火力优化控制技术就是依托于指挥控制系统,综合运用计算机技术、通信技术和军事运筹理论,根据战场态势的变化,近乎实时地产生分队火力运用优化方案,辅助指挥员作战决策,提高其作战效能的技术。

数字化地面突击分队火力优化控制技术,依赖于指挥控制系统提供的硬件及软件平台,并作为指挥控制系统运行的重要功能之一,为地面突击分队的信息化作战提供有力保障。火力优化控制技术在实际应用中,往往作为一个重要的辅助决策功能模块嵌入在指挥控制系统中,作为作战系统的一个前馈环节,调节作战过程使其能够向着期望的方向发展。火力优化控制的核心是借助于先进的网络通信技术、计算机等信息技术与设备,代替指挥员或参谋人员处理大量繁杂信息,在作战的不同阶段为指挥员提供近乎实时的辅助决策,如图 1.2 所示。

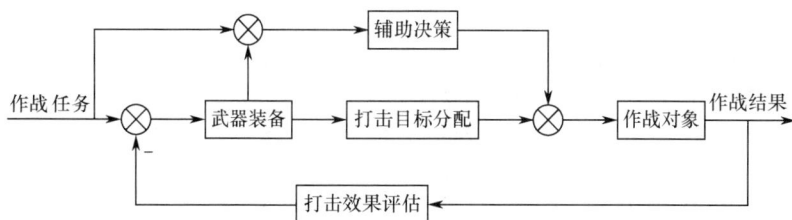

图 1.2 实现辅助决策的火力优化控制过程

指挥控制过程就是综合运用现代通信技术、计算机技术和军事理论,将指挥、控制、情报、通信融为一体,实现作战信息采集、传输、处理自动化和决策方法科学化,保障对部队和武器实施高效指挥的过程。

信息化战争的特点之一是火力地位的上升，这就决定了火力优化控制是众多作战辅助决策不可缺少的一项重要内容。没有火力优化控制技术，就没有真正意义上的火力优化分配方案；没有火力优化分配方案，就没有完善的辅助决策；没有完善的辅助决策，指挥控制系统充其量是一个"通信系统"，就不可能发挥"作战效能倍增器"的作用。因此，"成熟"的指挥控制系统应该具备作战辅助决策功能，而完善的作战辅助决策应该具有火力优化控制功能，三者之间的关系如图1.3所示。

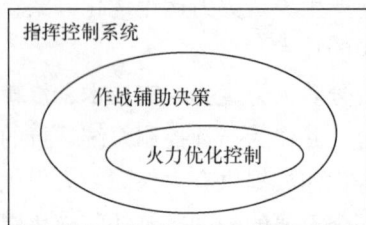

图1.3　火力优化、辅助决策与指控系统之间的关系

信息化战争的另一个显著特点是"一体化联合作战"理念根植于每场战争的各级指挥员思想与行动中。"联合作战"的核心思想是：在作战过程中不仅要重视发挥单武器平台战技性能，更要注重所有武器装备的优势互补、充分协调，使得作战分队的整体作战效能得以充分发挥。火力优化控制作为"一体化联合作战"的践行者，其研究与发展势在必行。通过对火力优化控制技术的研究，可为地面突击分队火力与兵力提供科学的运用策略，为作战指挥人员提供有效的打击方案；也可为数字化地面突击分队的构建与配置提供科学参考，为作战分队信息化建设与信息化运用提供有力支撑。

本书根据现代战争"信息主导、火力主战"与"一体化联合作战"的特点，按照多目标决策优化的思想，提出了火力优化控制的概念，并力图阐述火力优化控制依托的信息处理与信息运用、火力优化建模与火力优化模型解算等关键技术。

1.5　火力优化控制国内外研究现状

火力运用经过多年的发展，其火力优化分配通过量的积累已达到质的飞跃，火力优化控制在内容上早已具备一定的雏形，并随着信息化的深入发展逐步明晰：具体包括火力优化控制模型的建立以及模型的解算两个主体部分。

1.5.1　火力优化控制模型的建立

百年前"兰彻斯特方程"的提出及在战场态势规划方面的运用标志着火力优化控制进入量化研究的新时代。但这是一种统计意义上的兵力（火力）损耗模型，或者说，它是一种宏观上的兵力（火力）优化模型，仅对大规模集群作战的兵力（火力）有效，若将它应用于局部战争或者分队级的军事对抗中，显然会失去其"准确"性。

随着武器装备朝信息化方向发展、火控系统朝智能化方向发展、指挥控制朝网络化方向发展，战争对火力优化运用的快速性、有效性也提出了更高的要求。仅靠指挥员或参谋人员"心算"来产生火力运用方案，基本不可能满足战场态势迅速变化的需求。这就需要对战争"建模"，利用计算机的高速运算能力，进行逻辑推理和量化分析，辅助指挥员进行动态的火力优化决策，这就是现代意义上的火力优化控制。

在实际作战过程中，通常是多个火力单元与多个目标进行对抗。每个装备都会面临多个可选择目标，并可使用不同的弹种应对，不同的火力打击组合形成了不同的火力分配方案。由于不同目标的威胁度、价值等属性不同，不同的火力分配方案所达成的作战效果也会完全不同。火力优化的基本任务是根据战场环境、战场态势、我方作战单元的能力、生存概率及敌方的目标价值、威胁程度、毁损概率等因素，寻求并实时调整可使得总体作战效果最好的火力分配方案。

在 20 世纪 50 年代，火力优化控制的研究对象主要集中于一些特定领域，如导弹防空领域中静态火力分配问题。20 世纪 80 年代，美国麻省理工学院的 Patrick A Hosein 等提出了静态火力分配与动态火力分配的概念，建立了一般意义下的静态火力分配模型，但其提出的动态火力分配的概念实质上是用动态规划的思想解决静态火力分配问题，没有建立真正意义上的动态火力分配模型。随着计算机技术水平的提高、计算机数据处理能力的增强以及现代军事需求的增加，目前火力优化问题的研究主要是快速有效地解决多类型"武器–目标"分配问题，以提高现代战场指挥控制的自动化水平。

国内学者对火力优化问题的研究起步较晚，20世纪90年代以前主要是针对特定领域的分配问题的研究，如防空导弹对来袭目标的分配问题，所建立的模型也基本上是静态火力分配模型，即没有考虑时间因素对目标分配的影响，对地面突击分队动态火力分配问题的研究则更少。近年来，部分国内大学的学者对动态火力分配模型进行了一定研究，得出了一些建设性结果。目前，在对空防御方面，火力优化控制技术得到了较好的应用。

随着战争形态的局部化、联合化，使得有些曾经适用的火力优化模型不再适合当今的高技术局部战争，模型的有效性及适用范围大大缩小，这就要求在建立火力优化控制系统模型的过程中，要充分考虑动态战场态势的影响以适应战争的变化，不断更新火力优化控制模型。同时，由于火力优化问题本身的复杂性，使得求解非常困难。目前，对于大规模的火力优化控制问题仍无有效的解决方法，这就要求在模型求解的算法上有所突破。

1.5.2　火力优化控制方案生成方法

20世纪80年代以前，对静态火力优化分配问题的求解局限于传统算法，主要包括隐枚举法、分支定界法、割平面法和动态规划法等。这些算法较为简单，但当目标数增多时，收敛速度减慢，难以处理维数较大的火力优化分配问题。

20世纪80年代以来，随着电子计算机技术的发展，一些新颖的启发式优化算法，如人工神经网络、混沌、遗传算法、模拟退火、禁忌搜索及其混合优化策略等，通过模拟或揭示某些自然现象或过程而得到发展，为解决复杂问题提供了新的思路和手段。目前，启发式算法对于静态火力优化分配和动态火力优化分配问题都比较适用。

20 世纪末，国内外学者分别将禁忌搜索算法及模拟退火算法用于解决火力优化分配问题。模拟退火算法的实验性能具有质量高、初值鲁棒性强、通用性好、容易实现等优点。但是为求最优解，算法通常要求较高的初温、较慢的降温速率、较低的终温以及各温度下足够多次的抽样，因而模拟退火算法往往优化过程较长。

21 世纪初，有学者尝试用具有并行特性的蚁群算法、混合蚁群算法及改进的遗传算法来解决火力优化分配问题。但对于武器数及目标数比较大的情况，仍没有给出较为实用的解决方法。

随着仿生智能算法的逐步完善和广泛应用，其相较于传统算法的优越性逐步被人们认同，利用智能算法求解多目标火力优化模型将成为火力分配算法研究的一种新趋势。

为提高算法的求解效率，本书对求解数字化地面突击分队火力优化控制模型的常规智能算法进行了系列改进，保证了火力优化方案的实时性和科学性。

1.6　本书主体内容

信息化地面突击分队火力优化控制是"一体化联合作战"的一个基础性子课题。本书将从战术层面揭示地面突击分队实现火力优化控制的必要性；并从技术层面揭示地面突击分队实现火力优化控制的可行性。

火力优化控制是火力运用的一种高级形式。火力优化控制微观上讲是对地面突击分队兵力与火力的优化运用，宏观上讲是对战场态势与作战进程的整体把握。通过对各项火力优化控制技术进行分析与研究，如信息处理与运用技术、目标价值或目标毁伤评估技术等，可为构建地面突击分队火力优化控制体系奠定基础。相应地，这些火力优化控制技术构成了本书的主体内容。

1.6.1　研究内容界定

数字化地面突击分队作为应对信息化作战而诞生的一种新型的合成式作战分队，顺应了当前各国部（分）队建设与发展的根本趋势，并且能够为赢得信息化战争、积累信息化作战经验提供良好基础。由于数字化地面突击分队火力优化控制概念整体相对较新，国内外对此方面的研究很少见诸报道，因此，有必要对本书主要研究内容进行界定，明确各细节部分研究范围，对全书内容上的统一性与连贯性进行规范。

1. 作战基本要素的界定

首先是作战主体（我方）。依据信息化条件下作战特点，数字化地面突击分队的建立和编成与以往的地面作战分队具有很大不同。除原有的主战装备和保障装备之外，还配备了大量的信息装备，增加了大量的从事信息相关的作战兵力，各类装备的编成比例也有很大调整。并且为应对不同情况下的信息化战斗，同一地面突击分队的各类装备编成比例也会做出相适应的调整，具备较强的灵活性和可操作性。

参照美军近期对数字化地面突击分队的编配体制可知，通常一个数字化地面突击分队配属的兵力、火力有：作战指挥人员、专业技术兵力、单兵作战兵力等主战兵力；履带突击装备、轮式突击装备、单兵突击装备等主战装备；信息侦察装备、信息对抗装备、指挥控制中心等信息装备；火力保障装备、兵力保障装备等保障装备。

考虑在研究火力优化控制时，一些装备与兵力对整体战场作战进程的推动作用较小，并且有些装备与兵力的战场作用并不是以发扬火力为主。为此，对上述地面突击分队的配置进行简化处理，做出如下假设：

（1）作战兵力与相应作战装备的作战能力共存亡；

（2）专业技术兵力的作用依靠与其相应的装备来体现；

（3）作战指挥人员及其指挥控制中心始终保持正常工作；

（4）突击分队仅编配与发扬火力相关的装备。

由此可以得到简化处理后的数字化地面突击分队配属装备：履带突击装备、轮式突击装备、单兵突击装备等主战装备。

其次是作战客体（敌方）。信息化战场条件下作战客体也具有明显的变化。由于各国部队信息化改革的不断深入，其作战部（分）队的编制和编成越来越复杂多样。因此，我方地面突击分队所面对的作战客体的种类越来越多，并且其变化性与随机性明显增加，对我方地面突击分队实施作战行动提出了较大的考验。为此，作战客体的类型，一方面要通过其遂行信息化作战的基本要素来大致确定其种类，另一方面要通过信息装备的战场信息采集来获取其更为精确的类型。

经过总结与归纳，信息化条件下典型的作战客体为：作战指挥人员、专业技术兵力、单兵作战兵力等兵力；主战类目标、信息类目标、保障类目标、防御类目标等实物目标。

考虑到无论是武器平台级还是分队级火力优化控制，其作战目标均为具有较高战场威慑效果、战场辨识度以及战场效用性的装备目标或者兵力群体。为此，可将地面突击分队作战客体简化为单兵作战兵力群、主战类目标、信息类目标和防御类目标等。

最后是作战环境（战场）。无论是古代的短兵相接、刀光剑影、排兵布阵，还是现代的火力集群、信息压制、立体纵深，作战环境都是必不可少甚至是至关重要的作战要素。作战环境一方面承载了敌我双方所有作战力量，是实施作战行动必需的依托；另一方面为实施有效的打击行动和有效地保存自己提供了条件，是地面突击分队作战能力的加权处理因素。作战环境作用随着作战形式的变化有所增加，但在信息化条件下，不同的战场上起主要作用的要素并不相同，并且随着作战进程的深入，原有的各战场环境要素的重要程度也会随之改变。

在信息化条件下，地面突击分队主要考虑的作战环境主要有：地形、地貌、水文、气象等自然环境，以及电磁环境、军事环境、社会环境等。

在实际战场上，数字化地面突击分队所面临的作战环境主要是自然环境与电磁环境，并且地形地貌的变化对战斗任务的实施和作战进程的演变有着较大的影响，因此，将地面突击分队的作战环境简化为地形地貌环境、气象环境与电磁环境。

2. 控制基本要素的界定

由火力优化控制的循环体系（详见 2.3 节）可知，火力控制系统的基本要素包括由系统输入/输出、控制对象和反馈环节等所构成的控制主体部分——控制模型，以及相应各控制模型的解算方法。各基本要素的有机组合和共同作用构成了整个火力控制循环体系，各基本要素相辅相成、缺一不可。但在火力优化控制体系建立的过程中，最重要的、最能体现循环控制思想的是三个基本要素——控制模型、控制算法和打击效果评估。

控制模型是火力优化控制体系的核心内容，重中之重，它体现了地面突击分队信息化作战的主要特点。传统的火力打击方案是完全通过各级作战指挥人员个人的经验、能力与作战潜能来生成的。这种方案直接下达到各个作战单元，虽然在整个作战过程中具有较高的统一性，但其方案生成的效率低、时效性差，非常依赖于作战指挥人员的能力，并且通过这种方式生成的方案很难保证其在全局上达到最优。新型的火力优化控制模型是基于火力优化分配模型建立起来的，它主要是以指挥控制系统采集到的信息为基础，在作战任务的指导下制定出科学、合理、有效的火力打击方案，解决了"怎么打"的问题。它能够反映出作战分队的整体信息化程度，并可以反映出指挥控制系统构建的完备性与有效性。

控制算法是火力优化控制体系的核心内容之一，是完成指挥控制系统辅助决策模块中火力打击方案输出的关键步骤。传统的火力打击方案由作战指挥人员制定并直接下达到各级，并不需要对此做出过多的处理。而基于火力优化控制体系建立的控制模型通常考虑战场各个方面的作战信息，具有极高的复杂性和求解难度，仅依靠作战指挥人员很难在短时间内解算出相应的火力打击方案，需要运用计算机的高速解算能力来求解出相应的火力打击方案；并且在指挥控制系统中，这种量化的控制模型及其相关计算参数非常适合于运用计算机进行求解。目前已经发展出几类相对有效的可利用的控制算法，这使得基于指挥控制系统的火力优化控制体系能够有效地建立并实施运用。

打击效果评估是火力优化控制系统的核心内容之一，是实现地面突击分队火力打击过程闭环反馈控制的关键步骤。传统作战过程中，通常忽视打击效果评估，大多是作战单元对自己火力打击效果的一种观察与判定，并未对此与上级、与整体做出任何相联系的活动。仅仅是在极少数的情况，如上级作战指挥人员需要对战场整体态势做出了解和评定时，才会做出整体上的大规模的打击效果评估。而在信息化

16

作战条件下，特别是构建火力优化控制体系时，打击效果评估是实现反馈控制的最关键的环节，必须给予高度重视。打击效果评估不仅是针对各作战单元的评估，还包括突击分队整体上的作战效能、目标群整体上的作战效能和战场整体态势的评估。

3. 信息基本要素的界定

由火力优化控制的循环体系可知，从信息的角度理解，作战信息的基本要素包括信息采集、信息传输、信息处理及信息运用。各信息基本要素依次执行，构成信息循环。从信息角度理解战场作战过程是在信息化作战条件下所特有的、并且必须深化认识的一种解决问题方式，由此可对战场作战过程有更深入、更清晰的理解，并为实现地面突击分队火力优化控制体系的建立提供有效支撑。在信息循环的四个基本要素中，最主要的，也是最能够体现火力优化控制体系的科学性和有效性的两个要素是战场信息处理和战场信息运用。

信息处理是一个信息转化的过程，它实现了从指挥控制系统各终端采集到的各种形式的信息数据，到地面突击分队火力优化控制模型所直接运用的标准、统一的规范信息数据的转化，为实现火力优化控制体系的建立奠定基础。信息处理的主要内容是战场信息量化。

战场信息量化是对最初输入到指挥控制系统中的原始数据的标准化、统一化操作，它是对战场信息从一种形式到另一种形式的转化，也是对战场信息的粗加工，并未从根本上改变各战场信息的基本属性。信息化战场上，指挥控制系统的应用，使得原有以定性分析评估为主的基调，转变为对所获得战场各基本要素信息数据的量化分析，它可以为数字化地面突击分队兵力、火力的优化配置与运用提供有效的数据支撑。各指挥控制终端采集到的数据种类繁多，且其中大多数信息数据格式、量纲不统一，或为定性信息。因此，战场信息量化过程是全面的、广泛的，是信息处理最重要的工作。

战场信息运用的主要内容之一是战场信息评估，它是对量化后的战场信息的深加工。战场信息评估不仅是战场信息形式转化的问题，而且是在原有信息的基础上，依据火力优化控制的需要对各类信息的综合加工创造，完成深一层次信息的提取。这类深层次信息并不能通过战场侦察直接获得，需要依据各种战场信息理论基础和相应的转化方法，通过信息量化、评估等手段来获得。这类评估后的信息更加直观、简洁，并且能够直接为火力优化控制模型的建立所使用，因此，战场信息评估过程也可以看做火力优化控制获取输入信息的过程。在数字化地面突击分队的火力优化控制中，战场信息评估主要考虑目标威胁（价值）评估和目标毁伤评估两个方面。

1.6.2 研究内容

数字化地面突击分队的火力优化控制是一复杂系统的控制过程，也是一门新兴科学。通过对火力优化控制的研究与探索，可为指挥控制系统辅助决策功能的完善、数字化作战分队的配置与构成、地面突击分队信息化建设等当前亟待解决的问题提供参考。

火力优化控制的研究过程，需紧紧依托于控制流程和信息流程两个体系结构，并以能够有效、完善地解决火力优化控制问题为依据，以地面突击分队的作战模拟仿真作为所建立的火力优化控制体系可行与否的检验方法。本书基于这样的思路开展了数字化地面突击分队火力优化控制的研究，具体研究内容如下：

第 1 章为绪论，介绍火力优化控制的基本内涵、产生与发展、目的意义及研究现状，并对本书研究内容进行界定。

第 2 章为火力优化控制平台，以武器平台火控系统、分队指挥控制系统、地面突击分队火力优化控制系统为主线，介绍实现地面突击分队火力优化控制的物理基础。

第 3 章为战场信息处理，以战场信息采集、传输、处理、运用为主线，介绍地面突击分队实现火力优化控制的信息流程。

第 4 章为目标威胁评估，论述单目标威胁评估和群目标评估的基本思路、基本方法，为火力优化分配模型的建立奠定理论基础。

第 5 章为武器平台火力优化控制，在单武器火控系统基础上，从火力打击能力、弹药消耗量、打击时机、打击准则以及目标排序五个方面研究并建立武器火力优化控制模型，为地面突击分队火力优化控制奠定基础。

第 6 章为地面突击分队火力优化控制，从火力打击能力、打击时机、打击规模以及打击准则四个方面研究并建立地面突击分队火力优化控制模型，为作战辅助决策提供优化方案。

第 7 章为火力优化控制方案生成的智能算法，首先给定仿生智能优化算法的评价准则，依据我军地面突击分队作战特点，给定两个作战模型。选定三种主流仿生智能优化算法——遗传算法、人工免疫算法和粒子群算法来进行火力优化控制模型的求解。

第 8 章为目标毁伤评估，以"察、控、打、评"的思路，建立作战目标的毁伤评估模型，形成战场作战的信息、控制闭环。

第 9 章为应用实例，以想定的地面突击分队对抗为作战背景进行仿真，说明地面突击分队火力优化控制技术的运用方法、手段、方式和实施流程，验证关键技术的正确性。

第 2 章　火力优化控制平台

任何控制系统的工程运用都离不开系统功能实现的载体与平台。实现数字化地面突击分队的火力优化控制，需要信息化的武器平台、功能完善的指挥控制系统等软、硬件环境支持。本章主要介绍承载战场信息的武器平台火控系统，以及连接多武器平台火控系统的指挥控制系统，和基于指挥控制系统构建的信息化战场条件下数字化地面突击分队火力优化控制系统。

2.1　武器平台火控系统

现代武器平台火力控制系统是一个实现武器平台射击过程自动化、提高射击精度和速度的人机系统。它是由火控计算机、激光测距仪、昼夜观瞄镜、双向稳定器以及各种传感器等组成，可全天候地快速搜索和识别目标，并能实施精确的跟踪与瞄准；可快速采集有关目标的特性参数和地形条件、气象条件及弹道条件等数据；可根据战场条件及武器的弹道特性，迅速且有效地解算出射击诸元，控制武器达到正确的射击位置，并在射手的监控下实施射击。

地面突击分队中武器平台的威力主要体现为其火力打击能力，而火力打击能力主要包括弹药毁伤能力、反应时间和射击精度。其中：弹药毁伤能力主要取决于武器平台所选用弹药的威力及其发射平台的能力，反应时间和射击精度主要取决于武器平台火控系统的工作水平。此外，弹药及其发射平台若没有足够的威力，即使命中目标，也不能对其造成有效的毁伤；弹药发射平台若没有完善的火控系统，则影响命中概率和射击的快速性，虽有足够的威力也得不到充分发挥。可见，提高地面突击分队武器平台的威力不仅要提高发射平台的火力打击能力（发射能力、弹药性能等），而且要采用更有效的火控系统。

随着科学技术的发展和信息化战争需求的牵引，许多高新技术不断运用于军事领域，地面突击分队武器平台火控系统的功能因而得到了不断完善和提高。火控系统主要分为目标观瞄分系统、火控计算机及修正量分系统、火炮控制分系统和操作控制分系统，如图2.1所示。

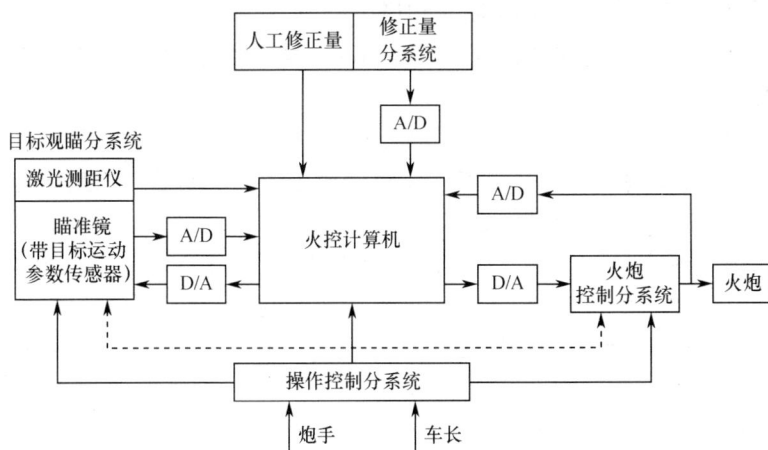

图2.1　火控系统功能结构

（1）目标观瞄分系统。

目标观瞄分系统通常由激光测距仪、瞄准镜（带目标运动参数传感器）等组成。用以搜索、跟踪和瞄准目标，并为火控计算机提供目标距离和目标运动速度等参数信息。

在目标观瞄分系统中存在一条重要的光学轴线——瞄准线，即瞄准镜物镜焦点到分划镜瞄准指标的连线以及它在目标方向上的延长线，由瞄准镜控制。当搜索和跟踪目标时，一般与炮身轴线处于同步状态。当系统射击时，两者之间在高低向和方位向上均有一个按射击诸元装定的角度差。

目前，武器平台火控系统的一个重要发展方向是目标自动跟踪，此时的目标观瞄分系统还应包括位于瞄准镜前端的目标自动跟踪器。它通常是利用计算机的数字图像跟踪技术，在跟踪过程中随时探测出目标在空间中的位置，并由此控制瞄准线，实现对目标的自动跟踪。这一跟踪过程的实质是，由目标自动跟踪器不断实时地确定出另一条重要光学轴线——跟踪线（目标自动跟踪器的基准点与目标探测位置的连线）在空间的位置，并实现跟踪线对瞄准线的同轴控制。

（2）火控计算机。

火控计算机是火控系统的核心部件。现代武器平台火控系统基本上选用数字计算机，并具有以下功能：

①根据不同的弹种，自动求解弹道方程，确定火炮在高低向的基本瞄准角；

②根据炮目距离和目标运动状态等信息，按照有关目标运动规律（模型）的约定，解算弹丸与运动目标相遇的命中问题，求出火炮在高低向和方位向上的射角提前量；

③自动采集对射击有影响的各种弹道和环境参数，并综合计算出火炮在高低向和方位向上应有的修正量，再将这些修正量按一定的算法叠加至已计算出的瞄准角和方向角上，得出火炮的高低角和方向角；

④控制系统以一定的方式自动地装定高低角和方向角，然后指示射手进行瞄准射击；

⑤对计算机本身和整个系统都具有自检的能力。

（3）弹道修正量传感器分系统。

现代武器平台火控系统中，具有多种弹道参数和环境参数修正量传感器，可以实时地为火控计算机提供上述参数的当前值或与标准状态的偏移值，一旦各参数偏离了建立弹道方程的标准值时，火控计算机可以实时地计算出相应的修正量予以补偿，以保证射击的准确性。特别是部分现代武器平台火控系统仍沿用模拟计算机时期的较简单数学模型，在这种情况下，为了保证系统的精确性，设立必要的修正量传感器显得尤为重要。这些传感器通常有气温、气压、横风、药温、炮膛磨损、炮口偏移及火炮耳轴倾斜等。

（4）火炮控制分系统。

火炮控制分系统（简称炮控系统）是火控系统的重要组成部分，火控系统的许多重要战术技术性能均是依赖它来实现的。目前，各国的主战武器平台都安装了火炮稳定系统，这种炮控系统除在一定的精度范围内稳定火炮外，还具有优良的控制性能，以便射手和火控计算机对它实施高质量的控制。

就稳定系统的结构而论，武器平台炮控系统可分为如下两类：

第一类是双向稳定器，其特点是瞄准线从动于炮身轴线，武器平台在行进时，它虽可稳定和控制火炮，但瞄准线的稳定精度与火炮相同，无法实现精密跟踪与瞄准，武器平台只能做停止间射击。

第二类是瞄准线和火炮独立稳定，其特点是有了独立的瞄准线稳定装置，炮身轴线随动于瞄准线。整个火控系统的综合精度大为提高，可实现行进间对运动目标的射击。

（5）操作控制分系统。

操作控制分系统是武器平台乘员（车长、射手）对整个火控系统进行人－机联系的装置。它除对火炮瞄准线进行操作控制外，还可由武器平台乘员根据具体的使用情况选定不同的工作方式，如战斗工作方式、自检工作方式和校炮工作方式等。每一种工作方式又可根据不同的情况分为若干工作状况，如战斗工作方式可分为稳像工况、简易工况和手动工况等工作状况。

武器平台作战效能的发挥是一个系统工程，它需要组成火控系统的各个部（组）件同时最优，且密切协调。另外，就武器平台而言，其机动能力、防护能力，以及信息采集、传输、处理与运用能力，都将关系着它的作战效能的发挥。但由于硬件性能的改善与提高受多方面条件的制约，且性能指标达到一定程度后，若想进一步提高，效费比将迅速降低，往往很难达到人们的期望值。

2.2　指挥控制系统

《中国人民解放军军语》对指挥控制系统定义为：建立在计算机技术、信息技术和系统工程方法基础之上的，对指挥所需信息的收集、存储、传递和处理具有自动实施功能的系统，能把指挥、控制、通信、情报等有机地结合在一起，提高指挥效能。

《中国军事百科全书》将指挥控制系统定义为：在军队指挥系统中，运用以电子计算机为核心的一系列自动化设备和软件系统，辅助指挥员自动或半自动地生成作战指挥决策，以实现对所属部队和战斗行动的快速和优化处理。

综合上述定义，我们认为适于地面突击分队作战的指挥自动化控制系统（C^4ISR）是实施地面突击分队联合作战指挥的重要指挥设备，是实现军事情报信息的收集、传输、处理和运用的自动化信息系统，是实现地面突击分队动态火力优化分配的控制系统，是为指挥员提供军务管理和作战辅助决策等功能的自动或半自动设备、器材、设施按一定结构关系组成的有机整体。

2.2.1 组成

由火控系统向指挥决策系统的演变外军经历了近半个世纪的历程。20世纪60年代中期在火控（Control）系统中引入了情报（Intelligence）功能，构成了CI系统；70年代引入了指挥（Command）功能，出现了C^2I系统；80年代增加了通信（Communication）功能，构成了C^3I系统；90年代后，又增加了计算机（Computer）、电子监听（Surveillance）和侦察（Reconnaissance），着重强调了计算机在军队指控系统中的核心地位和在信息处理、自动控制中的重要作用。C^4ISR系统结构如图2.2所示。

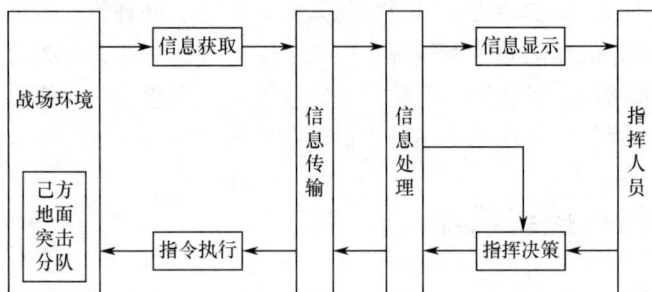

图 2.2 C^4ISR 系统结构

C^4ISR系统是现代先进的信息技术和军队指挥相结合的产物，并随着时代的发展而不断进步。由火控系统发展到指控系统，关键是在火控系统基础上增加了情报处理和指挥决策两大主要功能。指控系统之所以被各军事大国所重视，主要是由其先进功能决定的。先进的指挥控制系统，能够帮助指挥员完成大量事务性工作，减轻指挥工作量，为作战决策提供咨询方案，并能对自动生成的作战方案进行推演和论证。

我军指挥控制系统经过十多年的建设，虽然已经取得了长足的进步，但与发达国家军队相比，在硬件设备、关键技术等方面，特别是在作战辅助决策功能方面还存在较大差距，不能满足未来联合作战指挥的需要。因此，分队级指挥控制系统的建设与完善，仍是摆在我们面前的一项十分紧迫的课题。

2.2.2　功能

从作战信息的角度来看，地面突击分队指挥控制系统的信息流程，如图2.3所示。

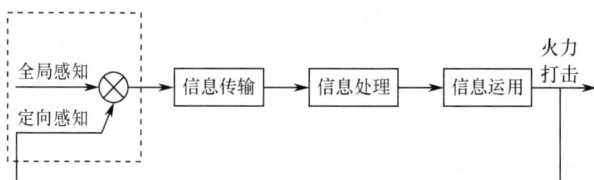

图2.3　指挥控制系统的信息流程

带有反馈的指挥控制过程从整体上可以看做是战场信息循环流动的过程。以信息为基础，从上级的作战指令下达到作战规划、战场感知、指挥作战、火力打击、再到毁伤评估，实现作战全过程的信息共享，体现了基于指挥控制系统的信息化作战模式。

1. 信息获取

战场信息获取是信息化条件下贯穿地面突击分队整个战斗始终的必要手段，是地面突击分队火力优化控制的前提。信息获取系统主要由侦察卫星、侦察飞机、雷达、声纳、光学摄影机、遥测遥感器及其他侦察探测设备等组成。其功能是借助于信息采集设备或手段，及时收集敌我双方的装备特征、兵力部署、作战行动，以及战场地形、气象条件等信息，为指挥员和指挥控制系统提供准确、实时的情报信息。

2. 信息传输

战场信息传输是战场指挥控制系统各分系统之间的桥梁，为实现地面突击分队信息化、一体化联合作战提供信息支撑。信息传输系统主要由有线电、无线电、光通信、交换机、路由器、加密与解密设备等组成，它具有迅速、准确、保密和不间断地传输各种信息的功能。

目前，地面突击分队所实施和执行的信息传输，主要由战术互联网实现。战术互联网是由以无线网络技术为基础的互联的战术无线电台、计算机软/硬件集合、野战传输设备、路由设备和信息终端等组成，能够在通信保障与指挥控制平台之间提供可靠的、无缝的指挥控制和态势感知信息交换。

3. 信息存储与处理

战场信息存储与处理是按一定的规则及时地对输入的各种信息进行综合、分类、存储、更新、检索、复制和量化计算等操作，对获取的各类战场信息进行分类整理、分析判断的活动，是战场信息活动中的一项重要的基础性工作。信息存储与处理的平台主要由计算机及其输入/输出设备和相关的软件组成。

4. 信息运用

战场信息运用的核心是实现作战辅助决策，协助指挥人员拟制各种作战方案，并对其进行仿真、比较和选优。信息运用过程由计算机及其软件（生成作战方案）和各作战单元（实施火力打击）完成。其具体功能是协助指挥人员分析判断敌我态势，并依据所要求达到的目标进行各种准确评估、计算，利用仿真技术预测战斗的进程，比较各种作战方案，对地面突击分队各作战单元进行火力优化控制，为指挥员定下指挥决心提供重要帮助。

指控系统的出现，确保了各种兵力兵器之间在情报探测、传输与处理、目标识别与跟踪、指挥与控制和综合保障等方面的信息共享与转换，使各种武器平台、作战分队的作战效能成十倍甚至数十倍地提高，最终引发了武器装备的信息化和数字化变革，为"信息战"这一新的战争样式的产生提供了直接动力。

2.2.3 作用

与传统的指挥手段相比，指挥控制系统主要从以下三个方面提高各级指挥人员指挥工作的效率。

1. 帮助指挥人员获得和处理情报

一是能够帮助指挥人员及时获取情报，有利于实现情报实时共享。获取情报是定下正确指挥决策决心的前提。在联合作战中，情报搜集任务非常繁重。而指挥控制系统能够将诸军兵种的各个情报源发出的情报通过联合指挥网迅速地传输、汇聚到联合作战指挥机构，并实时共享。二是能够帮助指挥人员迅速处理情报。指挥自动化系统在处理情报方面比传统手段具有更大的优势，不仅在情报资料的显示速度、显示精度方面能够满足联合作战指挥的需要，而且能够同时显示多个战场的情况和态势，这都依赖于指挥控制系统强大的实时的信息处理功能。这些优势可以帮助指挥员迅速了解、掌握并使用情报，进行正确的战场形势判断，为下一步的指挥活动提供有力的支撑。

2. 帮助指挥人员决策

指挥控制系统除具有高速运算、大容量存储、快速传输和处理情报等功能外，还具有智能分析、推理、演绎、论证和演示等功能，因而指挥控制系统可以辅助指挥员决策。基于指挥控制系统的辅助决策功能主要包含两个方面：一是运用军事专家系统进行决策咨询。军事专家系统是人工智能技术在指挥决策中的具体运用，它能模仿军事专家的思维过程进行推理、判断，对作战决策提供咨询意见和建议，因而也将其称为指挥员的"外脑"。二是运用作战模拟系统，通过对地面突击分队的火力优化控制的模拟计算进行方案选优。它是运用预先构建的作战模型对作战方案进行模拟推演的一种仿真试验活动。通过火力优化控制，对若干个作战方案进行推演，预测各决策方案的可能结果及影响，并从中选择出最优方案。指挥员对最优方案进一步评估，加入修正因素，便可得到最终的决策方案。

3. 帮助指挥人员控制战场态势

在地面突击分队联合作战中，参战的军兵种多，战场范围广阔，各种作战行动交织在一起，增大了作战战场指挥控制的难度。仅靠一般的指挥手段来控制部队的作战行动是非常困难的，并且不一定能够取得理想的作战效果。使用指挥控制系统，可以综合利用指挥、控制、通信、情报等功能来控制战场上突击分队在其作战方向上的各种行动，从而提高联合作战指挥人员对战场态势的控制能力。

2.3 火力优化控制系统

从火力优化分配发展到火力优化控制，主要是由战场作战的开环优化发展到闭环优化控制决定的。通过构建战场火力优化控制的循环体系，可以实现对战场火力打击的实施过程及整体流程的分解与综合。对每个优化控制子问题均运用相应的建模与求解方法，完成对整体火力优化控制体系的解构与还原，由此可以得到火力优化控制的完全解。整体火力优化控制循环过程可以采用不同的方式与角度来分析讨论，主要有信息角度和控制角度。

2.3.1 现代战场信息流

从信息的角度理解火力优化控制问题，数字化地面突击分队的火力优化控制过程就是信息的采集、传输、处理和运用的过程。信息采集是通过各种采集手段对战场基本要素——主体、客体和环境的基本情况尽量全面地了解与掌握的过程；信息传输是通过突击分队的各类信息传输手段将采集到的战场信息以一定的统一格式与规则汇总到指挥控制系统各个节点；信息处理是对上述原始的战场信息进行判别鉴定、归纳优选和量化处理，并以此构建整体的战场态势的活动；信息运用是将处理后的战场信息代入火力优化控制模型、解算出打击方案并实施火力打击的过程。火力打击过后的战场信息又经过采集等信息手段重新进入地面突击分队指挥控制系统，进行下一轮的信息循环。由此，可以得到数字化地面突击分队火力优化控制问题的信息流模型，如图 2.4 所示。

1. 信息采集

信息采集是地面突击分队作战的基本前提，指挥控制过程离不开情报收集。信息化条件下，由于地面突击分队拥有高速机动能力和强大的火力打击能力，能在短时间内突然集中兵力、火力攻击目标，这就使情报信息的采集在战斗中的地位大大提高。及时、准确的信息采集，形成准确的战场态势，对于夺取战斗的主动权具有决定性的作用。信息的采集工作贯穿于战斗火力优化控制活动的全过程。

28

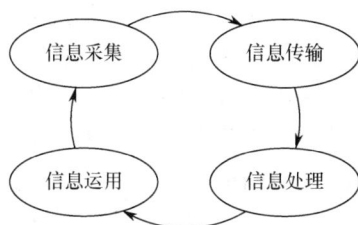

图 2.4　现代战场信息流模型

2. 信息传输

信息传输是实施自动化指挥的基础，也是地面突击分队作战的生命线，用来进行大量各式各样的指挥与情报信息迅速、准确、保密和不间断的传输。以战术互联网为基本依托，将超短波通信网、短波通信网、宽带电台数据网、野战地域通信网和卫星通信网连接为互联互通的战术通信网络，具有数话同传、抗毁抗扰和网络重组等能力与功能。在一定的作战地域内完成纵向和横向通信传输任务，确保系统内部各类战场作战信息传输的顺畅可靠。

3. 信息处理

战场信息对作战指挥能否起到积极的作用，不仅取决于信息的数量，而且取决于信息的质量。信息化战场条件下，由于广泛使用先进的侦察手段，对战场形成了全方位、全天候侦察能力，获取的信息量较以往大大增加。此外，敌人为了隐蔽企图，将采取各种伪装、欺骗措施，使大量的虚假信息充斥战场。因此，对各种信息的来源、背景、真伪程度进行认真的鉴别、分析、研究，筛选出正确可靠的信息，并适时提供使用，对正确的作战决策将产生重大的影响。在对信息进行鉴别、筛选等粗加工后，还需要进行一定的量化处理，使其能够服务于数字化的火力优化控制系统，为火力优化控制的量化分析提供数据依据。

4. 信息运用

地面突击分队指挥员及指挥控制系统应在对情报信息的采集、传输、处理的基础上，对作战任务、环境、武器、弹药和目标等作战要素进行科学合理的评估，实现对战场信息的深加工，并实时地将评估后的信息运用于作战指挥中，充分发挥指挥控制系统高效的信息处理

29

运用功能，为地面突击分队火力优化控制提供坚实的数据支撑。

　　人类进入信息社会，最本质的特征就是信息成为社会活动的主导因素。在军事领域，随着信息技术的发展，信息技术与设备应用领域的不断扩大，信息活动遍布于整个战场空间以及战争各个阶段。在信息化战场上，部队作战能力的形成和发挥，将直接取决于对信息的获取、处理、控制和利用的程度。信息已成为部队战斗力的基本构成要素，并将取代物质和能量要素成为作战制胜的决定性因素。信息在作战中的地位已成为战场能量流的主控制器，控制着战场能量流的流向、流量和流动的有序性，对作战能力的生成与发挥有着倍增效应。

　　运用信息系统，可以将情报侦察系统、指挥控制系统、火力打击系统和综合保障系统等力量要素，综合集成为以信息实时有序流动为核心的一体化作战体系。集成了信息系统的一体化作战力量体系整体的战斗力，不再是各作战单元战斗力的简单相加，而是呈指数倍增。因此，在未来信息化战场上，信息流的作用已远远超过物质和能量对作战行动的影响，成为作战的主导因素。

2.3.2　现代战场火力控制流程

　　从控制的角度理解数字化地面突击分队的火力优化控制问题，可以将其看做多输入多输出的闭环控制过程。控制输入是地面突击分队本次战斗的作战任务，逐级细分可得到控制输入为本批次火力打击预期效果；控制输出是地面突击分队本次战斗的作战任务完成情况，逐级细分可得到控制输出为本批次火力打击实际取得的毁伤效果；控制对象是本次战斗所有参战的战斗主体、客体和环境，是构成战斗的最基本要素；控制反馈包括每批次火力打击后对敌战斗单元毁伤情况的评估结果，以及整体战场态势的评估结果两个方面内容。控制对象中，主体是数字化地面突击分队可调动派遣的并具有一定作战能力的我方和友方的战斗单元，客体是地面突击分队本次作战任务所需要对抗的所有敌方战斗单元和目标建筑，环境是敌我双方在整个作战过程中所依托的外部环境（包括地理环境和气象环境等因素）。作战主体具有可控性和可观性，而作战客体和作战环境通常只具有可观性。

在上述控制要素的基础上，建立相应的火力优化控制模型，通过对模型求解可以得出每批次地面突击分队的火力打击方案，并据此实施火力打击，完成本次作战任务。由此，可以得到数字化地面突击分队火力优化控制的火力流模型，如图 2.5 所示。

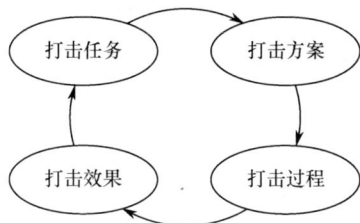

图 2.5　火力优化控制的火力流模型

1. 打击任务

打击任务是地面突击分队作战的基本动因，是分队指挥人员制定作战规划、定下作战决心和执行指挥决策的灵魂与指导方向。有了打击任务，才会有所有后续的火力优化控制过程，并通过对打击任务的不断持续更新，才能完成火力优化控制的火力流循环过程。在不同条件下，打击任务有不同的形式，可以是上级下达给地面突击分队的某一个方向上粗线条的宏观任务（如歼灭敌方某一装甲集群），也可以是分队指挥人员下达给某作战单元的细化的具体任务（如摧毁某一目标）。

2. 打击方案

打击方案是地面突击分队作战的行动指南，是分队指挥人员完成的重要工作，也是分队各作战兵力、火力对其自身以及分队整体作战效能的发挥所需遵循的行动依据。打击方案的生成是火力优化控制的主体工作，它既包括前期的信息采集、传输、处理、评估和目标战场价值（威胁）评估，也包括火力优化控制模型的建立及其求解等工作。地面突击分队火力优化控制系统生成的打击方案是具体到每一武器对某一目标的实时性作战任务。

3. 打击过程

打击过程是地面突击分队作战行动的实施过程，是分队作战指挥人员制定的打击方案的具体落实，也是分队各作战兵力、火力发挥其作战效能的直接体现。打击过程是地面突击分队作战的核心内容，是火力优化控制必不可少的环节，从最早的情报收集，到作战方案制定，以及后来的目标毁伤评估，均围绕"打击"这一核心任务而展开。只有执行打击过程，实施了对目标的火力打击，才能对目标造成切实的毁伤，达到最终的作战目的，完成作战任务。

4. 打击效果

打击效果是地面突击分队作战结果的反映，是分队指挥人员所制定的打击方案执行程度的直接表现，也是分队各作战兵力、火力作战能力或者任务执行力的直接体现。通过对打击效果的侦察评估，可以明确打击过程的实施情况，打击方案的执行情况，以及打击任务的完成程度，据此掌控战场态势，以便分队指挥员给出新的更符合当前战场实际的作战任务，并以此构成火力优化控制火力流，形成火力的反馈控制。

2.3.3 地面突击分队火力优化控制系统

信息化条件下的作战，尤其强调了信息在作战过程中的地位与作用，它是现代战场环境条件下一体化联合作战取得胜利的命脉。信息作为先导，最终还是为主战的火力提供服务，即信息化条件下的作战仍然是以火力为决定因素，只有通过实施火力打击才能达到最终的作战目的。地面突击分队火力优化控制系统充分整合了作战进程中的信息流与火力流，将火力在战场的部署、优化与发扬，以信息的形式来表达和体现，最终实现了基于火力优化控制系统的地面突击分队的作战的自治性、高效性。

本质上，信息化条件下的地面突击分队作战过程就是战场信息的采集、传输、处理和运用，以及火力的任务分配、方案生成、打击实施和效果评估两方面的循环过程，如图2.6所示。

1. 作战任务

作战任务是主动输入和接收的战场信息，可归入于信息流中的信

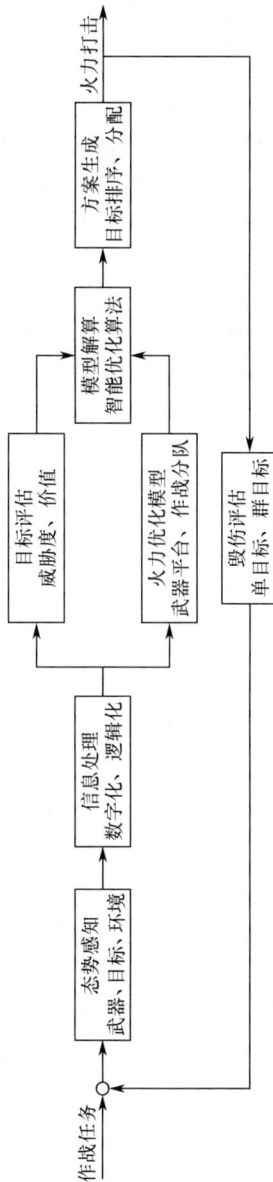

图2.6 火力优化控制结构模型

33

息采集环节，服务于打击任务环节。作战任务是火力优化控制系统的实际输入，是地面突击分队实施火力打击的行动指南。

2. 态势感知

态势感知属于信息流中的信息采集环节，服务于打击方案环节。态势感知是火力优化控制系统模型参数的获取与确定过程，主要含有武器、目标和环境三方面信息的感知。

3. 信息处理

信息处理是对态势感知信息的规范化、标准化处理过程，服务于打击方案环节。信息处理是依照火力优化控制系统对模型参数的要求规范，将感知到的态势信息进行数字化、量化和逻辑化。

4. 目标评估

目标评估属于信息流中的信息运用环节，服务于打击方案环节。目标评估是通过对目标威胁度或者战场价值的评估来明确各战场目标的战场重要性及其对战场态势的影响。

5. 火力优化模型

火力优化模型属于信息流中的信息运用环节，服务于打击方案环节。火力优化模型是火力优化控制的核心内容。通过建立武器平台和作战分队两个级别的火力优化模型，可以实现一对一、多对一、多对多等形式的武器目标分配。

6. 模型解算

模型解算属于信息流中的信息运用环节，服务于打击方案环节。模型解算是对火力优化模型与目标评估结果数据进行的综合性计算。在信息化条件下，这种模型的解算通常采用智能优化算法来实现。

7. 方案生成

方案生成属于信息流中的信息运用环节，服务于打击方案环节。方案生成的内容是火力打击的输入量，可为每一个武器平台指派一个具体的作战行动任务，即具体的打击目标。

8. 火力打击

火力打击属于信息流中的信息运用环节，服务于打击过程环节。

火力打击是方案生成提供的作战打击方案的具体实施，是达到作战目的、完成作战任务的实施手段与必要环节。

9. 毁伤评估

毁伤评估属于信息流中的信息运用环节，服务于打击效果环节。毁伤评估结果是火力优化控制系统的反馈量，通过对单目标或群目标毁伤的评估，明确作战任务完成程度，把握作战进程与战场态势，为下一时刻火力优化提供依据，为形成闭环的火力优化控制提供必不可少的数据支撑。

第3章 战场信息处理

　　信息已成为指挥员实施作战决策和指挥部队行动的重要依据与基本前提，直接影响着战争的胜败。实施正确的作战指挥，首先应解决好战场信息的获取、传输、处理与运用问题。指挥控制过程从某种意义上讲就是战场信息获取、传输、处理和运用的过程。信息化条件下，地面突击分队拥有高速的机动能力和强大的火力打击能力，可以在短时间内迅速集中兵力和火力攻击目标，这就使战场信息的运用在战斗中的地位大大提高。及时、准确地获取、传输、处理和运用信息，对于夺取战斗的主动权起到了决定性作用。

　　信息化条件下，地面突击分队可以通过指挥控制系统的信息子系统、武器平台的侦察终端等的信息采集装备，全面、及时地获取当前战场环境和我方、友方、敌方等信息，清楚地把握战场态势，这也是地面突击分队实现火力优化控制的必要条件。只有清晰、准确、系统地获取和传输战场信息，并及时、合理地处理和运用，地面突击分队进行火力优化控制的目标才能得以实现。本章依据战场信息的流动过程，主要从信息采集、信息传输、信息处理和信息运用四个方面对战场信息在地面突击分队的火力优化控制中的具体作用与用法进行介绍。

3.1 战场信息采集

　　战场信息获取是地面突击分队火力优化控制的前提，它贯穿于信息化条件下分队作战的全过程。通过战场信息获取，了解到敌方、我方以及环境等战场信息，为地面突击分队作战决策提供数据支持。在指挥员定下作战决心时，需要全面地掌握战场信息，以便准确分析、判断战场态势；在制定作战和保障计划时，需要提供详细的有关兵力、兵器和作战物资的数量和分布情况的信息，以便科学地计算和分配兵力、物资等资源；在作战任务实施过程中，需要及时提供战场态势、敌对双方的战损情况等方面的信息，以便实施有效的火力优化控制与火力、兵力的战场协调。

3.1.1 自身力量收集

数字化地面突击分队配有较完备的信息收集装备，如装甲侦察车、无人侦察机、传感侦察系统等，依靠它们并辅以多种技术手段，地面突击分队可以获得丰富的第一手战场信息。

1. 装甲侦察车

装甲侦察车是地面突击分队编配的主要侦察装备力量，具有机动速度快、侦察手段多、侦测距离远、防护能力强等特点。在组织实施战场侦察时，必须周密计划，合理使用装甲侦察车，最大限度地发挥车载侦察装备的战场感知功能。装甲侦察车装备有车载侦察镜、近程无人侦察机、数字摄录像机等设备，具备光学、热像、雷达等多频谱侦察能力，可实施全天候下的侦察监视和战场搜索任务，能够获取战场敌情、地形、地貌等情报信息。使用时可利用火力突击掩护效果迅速突入战场纵深地带，靠前侦察。

2. 无人侦察机

小型近程无人侦察机主要用于执行战场侦察监视、目标精确定位、火炮校正射击和打击毁伤效果侦察等任务，为数字化地面突击分队作战指挥、实施快速野战机动提供情报保障。无人侦察机可遂行战场监视、目标侦察、火力引导等任务，可提供当前战场态势、部队部署、目标位置和地形情况等情报信息。由于无人侦察机系统及机载设备的使用有一定条件约束，为充分发挥其效能，应综合考虑任务性质、机载设备特性要求、地对空火力打击的威胁程度。在组织实施战场侦察时，必须周密计划，科学合理地确定无人侦察机的作战飞行高度和侦察范围等，最大限度地发挥空中侦察效能。

3. 传感侦察系统

传感侦察系统能够监听各种感应信号，查明敌方活动目标的位置、性质、出现时间、方向及行动规模等情况，主要对关键道路、要点进行监视，对出入的人员、车辆、低空直升机等目标实施昼夜不间断侦察监视。传感侦察系统主要由侦察雷达、侦察照相（摄像）机等探测器、中继器和监视终端三大部分组成。在作战运用中，传感器可根据需要组成不同规模：可采用单个传感器部署，对某一路口、桥梁等重要地点监视；也可采用多个部署，以增强侦察效果；还可采用区域扇形或环形布设，实现对大范围的侦察与监视。

此外，地面突击分队装备中的数字化武器平台，也具有一定的战场感知能力，也可通过战术互联网将其采集的战场信息向分队指挥所、友邻作战单元通报，形成对战场实时信息的有效补充，在此不予详述。

3.1.2 其他途径获取

数字化地面突击分队除由自身侦察装备直接获取战场信息外，还不断地从上级、友邻、下级等方面间接地获取战场信息。

1. 上级下发情报

地面突击分队在作战中可能得到上级的情报支援和保障。上级通常以敌情通报的方式下发与本地面突击分队相关的敌情情报信息。上级情报部门下发敌情通报后，情报信息传输及分发流程：本级基本指挥所的侦察情报机构协调工作人员接收情报信息并进行初步处理；然后，传输至情报处理中心，由指挥人员进行处理，形成敌情态势图和敌情通报，再由情报分发人员分发到指挥机关以及基本指挥所、后勤指挥所和装备指挥所等；最后，本级侦察情报部门根据指示，由本级情报分发人员将情报信息分发到下级指挥机构。

2. 友邻敌情通报

数字化地面突击分队在作战中与友邻分队要建立情报信息共享机制，及时通报与对方作战行动相关的敌情信息。友邻情报部门分发敌情通报后，情报信息传递和处理流程与上级下发情报相似。

3. 情报保障队情报

情报保障队直接接受地面突击分队首长和侦察情报部门的指挥，并将获取的敌情情报直接报告给首长和本级侦察情报部门。地面突击分队用接收的情报保障队的情报信息更新战场态势图。

4. 下级情报

数字化地面突击分队直接接收各所属下级分队单元上报的敌情信

息。地面突击分队接收下级情报信息，经侦察情报部门和分队指挥中心处理后，形成敌情态势图和敌情通报。

3.2 战场信息传输

战场信息传输作为地面突击分队指挥控制系统的"神经"，为指控系统中指挥控制、情报侦察、电子对抗和武器平台等各部分之间的信息传输提供公共的传输平台，实现了指挥、作战和保障单元直至单车和侦察单兵之间的互联互通，保障部（分）队作战中各种信息传输的需要。

基于不同的硬件基础和通信手段，信息传输方式分为如下7种方式：

（1）有线传输：指利用金属导线等传输信号达成的信息传输。它可传输语音、文字、数据和图像信息等。其中，有线电通信的信号沿线路传输，性能稳定，通信质量高，利用复用设备可获得大量信道，通信容量大，电磁辐射较少，保密性能好，不易受自然和人为的干扰，能较好地保证信息的正常传输；但其施工时间长，维护工作量大，机动性和抗毁性差，不适于野战机动部队的信息传输。

（2）无线传输：指使用长波、短波和超短波电台等达成的无线电传输。它可进行电报、电话、数据和静态图像等形式信息的传输。它建立迅速、便于机动，并具有能同远距离运动中方位不明、被敌人分割或被自然障碍阻隔的分队建立通信联络的优点，是数字化地面突击分队的主要通信手段。

无线电接力传输是指利用超短波、微波的视距传播特性，采用中间站转接的方法达成的无线电传输，又称无线电中继传输。它可传输多路电话、电报、图像、数据等信息，是无线电通信传输的主要方式。

（3）初级战术互联网传输：初级战术互联网是以无线通信和互联网技术为基础，将战术电台、野战传输设备、路由设备和信息终端等互联而成的面向信息化战场的一体化战役/战术通信系统。初级战术互联网可为诸军兵种联合作战的指挥控制、侦察情报、电子对抗、武器控制、综合保障等所需的信息提供传输、交换平台。

（4）数据链传输：数据链是一种按规定的消息格式和通信协议实时传输处理格式化消息，链接着传感器、指挥控制系统和武器平台的战术信息系统。传输的信息包括传感器获取的目标信息、武器平台发出的状态信息，以及指挥控制系统产生的指挥控制信息等。数据链可根据具体任务，确定信息交互和信息共享的规则。例如，针对实时性要求很强的目标位置类信息，数据链遵循特定的数字编码标准，进行统一、简明格式化的表述，并形成消息标准体系。这种格式化消息便于设备直接识别和处理，可以提高信息表达和传输效率。

（5）移动传输：指使用移动通信传输终端直接达成或通过基站达成的无线电传输。它主要用于地面突击分队运动中的通信传输。其特点是可快速部署、可机动保障、地域覆盖广和可实时传输等。移动通信传输的主要方式有对讲机传输、军用码分多址（CDMA）移动通信、集群移动通信传输和卫星移动传输等。移动通信传输中的双工移动传输系统是一个全数字、双工保密、有密钥自动分发和交换功能的野战移动通信传输系统。

（6）卫星传输：指利用人造地球卫星中继转发信号达成的无线电传输。它主要用于远距离战场信息传输。其特点是具有覆盖范围广、传输距离远、通信容量大、受环境和自然影响小、具有远程"移动通"能力等。卫星通信网是指使用通信卫星和卫星通信地球站建立的无线电通信传输网。

（7）无人机中继传输：无人机中继通信系统由无人机平台、通信载荷、地面测控车、运输发射车和综合保障车组成。其特点是机动性强、易部署，特别适合野战部队运动通信。无人机中继传输可完成指挥所战场综合态势、电子对抗电磁态势、特种侦察分队侦察情报等向各级指挥所、指挥平台、作战分队、火炮、导弹等的实时分发，保证生存性信息及时传输；同时，可对超短波电台链路进行中继，实现超视距通信。

3.3　战场信息处理

随着战术互联网、指挥控制系统等的投入使用，信息化条件下地面突击分队可以通过具有交互作用的信息化网络，实时采集、处理、存储、传输和分发管理战场信息，并将其发送到指挥控制系统终端或战术互联网各作战单元，提高了作战人员战场感知能力，也达成了对战场态势和作战任务的共同理解。战场信息处理，是对获取的各类战场信息进行分析鉴别、分类整理及量化处理的活动，是战场信息活动中的一项重要工作。

信息的分析鉴别处理是战场信息运用的关键环节。信息不经分析鉴别处理，轻率地使用，势必造成决策失误，指挥失当，给作战行动带来难以挽回的损失。信息的分析鉴别处理是从大量的信息中排出虚假信息，找出真实准确的信息，以免使用虚假的信息而导致指挥的失误。信息的分析鉴别应坚持技术分析与经验判断、逻辑判断相结合，坚持实事求是，切忌主观片面和绝对地看问题。

从各种渠道而来的信息，纷繁复杂，性质各异，有些是平时积累的，有些是战时获取的，必须进行科学的分类和整理，为信息的分析评估运用打下良好的基础。例如，按信息的性质可分为敌情、我情、友邻、地形、天候等。

下面着重讨论为适应计算机处理而实施的信息量化处理活动。

3.3.1　任务量化处理

地面突击分队依据指挥控制系统优化生成的火力打击方案实施多批次火力打击，每批次火力打击结束后，侦测被打击目标的毁伤情况，确定目标的毁伤等级，评估每批次的火力打击效率，为下一时刻火力打击做准备。

明确打击任务等级。毁伤是对目标压制、歼灭、破坏或妨碍其行动等的总称。毁伤是一个抽象概念，对于不同的作战对象有不同的标准，其效果既可能是彻底消灭目标，也可能是使其部分丧失战斗力。

按照目标三种作战能力的丧失程度，即目标的信息能力丧失程度、火力能力丧失程度和机动能力丧失程度划分目标的毁伤等级。将目标的各作战能力毁伤程度由轻到重分为五个等级，目标各作战能力毁伤等级评估指标将在第8章详细介绍。

依据目标的毁伤等级确定每批次火力打击后目标毁伤程度，更新目标当前状态，并且可据此为地面突击分队制定火力打击任务。

假设战场某时刻检测到 N 个目标，建立作战任务矩阵如下：

$$M = \begin{bmatrix} M_1 & M_2 & \cdots & M_N \end{bmatrix} \tag{3.1}$$

式中：$M_j(j = 1, 2, \cdots, N)$ 为第 j 个目标的打击任务向量，可表示为

$$M_j = \begin{bmatrix} M_{1j} & M_{2j} & M_{3j} \end{bmatrix}^T \tag{3.2}$$

式中：M_{1j} 为对目标信息能力的打击任务；M_{2j} 为对目标火力能力的打击任务；M_{3j} 为对目标机动能力的打击任务。$M_{lj}(0.1 \leqslant M_{lj} \leqslant 1, l = 1, 2, 3)$ 越大，表明对第 j 个目标第 l 种能力的打击任务越重要，该种能力毁伤的影响程度越大。令未分配任务的目标 j' 的打击任务向量 $M_{j'} = \begin{bmatrix} 0.1 & 0.1 & 0.1 \end{bmatrix}^T$。将对目标的打击任务按照打击效果由轻到重分为五个等级，见表3.1。

表3.1　打击任务等级

打击程度	任务等级	打击任务指标
不打击	A	$M_{lj} = 0.1$
威慑	B	$M_{lj} = 0.25$
限制	C	$M_{lj} = 0.5$
毁伤	D	$M_{lj} = 0.75$
完全摧毁	E	$M_{lj} = 1$

3.3.2　环境量化处理

战场环境是指战场及其周围对作战活动有影响的各种情况和条件的总称。战场环境是双方作战力量展开部署和实施行动的依托，是作战行动赖以发生与存在的基本条件。随着武器装备的发展，地面突击分队机动能力不断提高，自主定位定向能力不断增强，地面突击分队克服自然条件限制的能力得到极大提升，地形、气候等对其作战行动

的影响有所减弱；但自然条件对作战行动的制约与影响仍相对较大，仍需强调有效地综合利用战场环境要素，以弥补武器装备作战运用的不足。

战场环境包含的内容较为丰富，大致可分为自然环境、军事环境、社会环境和电磁环境四类。根据信息化条件下地面突击分队作战特点，这里仅讨论战场自然环境和电磁环境。其中，自然环境主要考虑战场地形和战场气象两个方面。

1. 战场地形

地形是指战场的自然地理结构和形态，包括地貌、地物及植被等。地形负载着作战双方的兵力、兵器，并以不同的形态结构制约着战场容量、作战规模、投入力量和武器装备的类型，通过对作战地区地理地形的分析，可以清楚地了解其对完成战斗任务产生影响的有利条件和不利因素。

对于地面突击分队作战而言，战场地形地物主要影响武器的射击命中概率，可从可观测性、射击可达性两个方面考虑。

2. 战场气象

气象是指大气的物理状态和现象，表现为冷、热、干、湿、风、云、雨、霜、雾和雷电等。气象对地面突击分队火力打击力量的战斗行动具有较大影响，有时甚至是决定性的，因此，地面突击分队需通过指挥控制系统感知战场气象信息，并且要善于辩证地分析气象条件对作战行动的利弊影响，并尽可能利用总体上对己有利、对敌不利的气象条件。

对于地面突击分队作战而言，战场气象可以从战场能见度这一气象系数来考虑。

3. 战场电磁

战场电磁环境是指一定的战场空间内对作战有影响的电磁活动和现象的总和，主要由敌我双方的电磁应用和反电磁应用活动所构成，如通信、雷达、导航定位和电子对抗等。从战场中各类电磁信号的频率、功率，以及所处的时间、空间等角度将战场电磁环境划分为四个等级，见表 3.2。

表 3.2　　电磁环境等级划分

电磁环境级别	分类条件
一级	$\gamma_\psi \gamma_T \gamma_S \leqslant 5\%$ 或 $\psi \leqslant 0.5\Psi$
二级	$5\% < \gamma_\psi \gamma_T \gamma_S \leqslant 20\%$ 或 $0.5\Psi < \psi \leqslant \Psi$
三级	$20\% < \gamma_\psi \gamma_T \gamma_S \leqslant 35\%$ 或 $\Psi < \psi \leqslant 1.5\Psi$
四级	$\gamma_\psi \gamma_T \gamma_S > 35\%$ 或 $\psi > 1.5\Psi$

注：γ_ψ 为频谱占用度；γ_T 为时间占有度；γ_S 为空间覆盖率；ψ 为电磁环境平均功率密度谱；Ψ 为电磁环境功率密度谱阈值

3.3.3　武器弹药量化处理

地面突击分队作战武器是指地面突击分队指挥员及其指挥机关能够调动用于分队作战的各种武器装备的总称，既包括常规武装的武器装备也包括非常规武装的武器装备，既包括地面突击分队自身的武器装备也包括能得到的支援力量。信息化条件下地面突击分队作战，参战武器装备的种类、数量、射程、精度、威力等发生了质的变化。因此，实时了解地面突击分队不同武器装备的战场性能特征、作战能力及弹药使用情况，并通过指挥控制系统实时感知并量化处理己方地面突击分队武器装备的数量、作战状态及弹药消耗量等信息显得尤为重要。

依据信息化条件下地面突击分队装备配备的特点，将地面突击分队投入战场的武器装备分为信息装备、主战装备和保障装备三类。它们应具备信息、火力、机动、防护等基本作战能力，保障、指挥控制等特殊作战能力。本节仅对基本作战能力展开研究。

地面突击分队作战以信息为先导，通过信息装备获取战场信息，由指挥控制系统进行信息处理，以此优化控制地面突击分队火力；以火力主战，主战装备依据火力优化控制生成的最优火力打击方案实施打击，完成作战任务；同时保障装备依据战场实际，及时保障信息装备和主战装备，使其顺利完成作战任务。

假设战场某时刻统计己方地面突击分队共投入 M 个武器，建立地面突击分队武器状态矩阵如下：

$$W = \begin{bmatrix} W_1 & W_2 & \cdots & W_M \end{bmatrix} \tag{3.3}$$

式中：$W_i (i = 1, 2, \cdots, M)$ 为第 i 个武器的状态向量，可表示为

$$W_i = \begin{bmatrix} W_{1i} & W_{2i} & W_{3i} \end{bmatrix}^T \tag{3.4}$$

式中：W_{1i} 为武器信息能力的状态；W_{2i} 为武器火力能力的状态；W_{3i} 为武器机动能力的状态。$W_{li} (0 \leqslant W_{li} \leqslant 1, l = 1, 2, 3)$ 越大，表明第 i 个武器的第 l 种能力状态越完好。令新投入战场武器 i' 的状态向量 $W_{i'} = \begin{bmatrix} 1 & 1 & 1 \end{bmatrix}^T$，被完全摧毁的武器 i'' 的状态向量 $W_{i''} = \begin{bmatrix} 0 & 0 & 0 \end{bmatrix}^T$。

己方地面突击分队武器装备作战时主要配用穿甲弹、破甲弹、碎甲弹和榴弹四种弹药，不同种类的弹药具有不同的毁伤效果。穿甲弹进入车体后，其破片数量多、速度高、能量大，对车内部件破坏严重；破甲弹是利用"聚能效应"形成的破甲流和钢甲金属碎片来达到破甲和杀伤武器平台内成员的目的；碎甲弹主要利用炸药的爆轰波能量来破坏、毁伤敌方各装甲装备，降低敌方分队作战能力；榴弹产生大量的弹片、强大的冲击波和猛烈的冲击振动，毁伤车外随行兵力、车内人员和一些减振性能低劣的部件。

以弹药对均质钢装甲的毁伤能力为对比，对地面突击分队弹药的毁伤威力进行计算。

3.3.4 目标量化处理

作战目标是指在作战双方对抗活动中相对于己方的敌人一方，是地面突击分队作战行动的客体要素。它主要是指敌方作战分队的武器装备，也包括具有重大战术意义的建筑或设施。敌方作战分队的武器装备包括自身拥有的武器以及作战中得到的支援武器，它是作战行动的主要物质基础。只有对作战目标的武器装备及其主要战术技术性能等有全面的了解和掌握，地面突击分队火力优化控制才能做到有的放矢。

地面突击分队对目标要素的感知包括目标的类型、数量及目标的作战状态等。每批次火力打击后，需要感知被打击目标的毁伤情况，

以计算己方地面突击分队火力打击效率，为进一步确定下一时刻火力打击方案提供依据。

同己方地面突击分队武器装备分类一样，将信息化条件下敌方作战分队投入战场的武器装备分为信息装备、主战装备和保障装备，各类目标的基本作战能力也分为信息能力、火力能力和机动能力。

假设战场某时刻检测到 N 个目标，建立敌方作战分队状态矩阵如下：

$$\boldsymbol{T} = \begin{bmatrix} \boldsymbol{T}_1 & \boldsymbol{T}_2 & \cdots & \boldsymbol{T}_N \end{bmatrix} \qquad (3.5)$$

式中：$T_j (j = 1, 2, \cdots, N)$ 为第 j 个目标的状态向量，可表示为

$$\boldsymbol{T}_j = \begin{bmatrix} T_{1j} & T_{2j} & T_{3j} \end{bmatrix}^{\mathrm{T}} \qquad (3.6)$$

式中：T_{1j} 为目标信息能力的状态；T_{2j} 为目标火力能力的状态；T_{3j} 为目标机动能力的状态。同武器能力状态一样，$T_{lj} (0 \leqslant T_{lj} \leqslant 1, l = 1, 2, 3)$ 越大，表明第 j 个目标的第 l 种能力状态越完好。令新检测到目标 j' 的状态向量 $\boldsymbol{T}_{j'} = \begin{bmatrix} 1 & 1 & 1 \end{bmatrix}^{\mathrm{T}}$，被完全摧毁的目标 j'' 的状态向量 $\boldsymbol{T}_{j''} = \begin{bmatrix} 0 & 0 & 0 \end{bmatrix}^{\mathrm{T}}$。

3.4　战场信息运用

火力优化控制的实现过程是战场信息运用的过程。具体而言，战场信息的运用包含战场信息评估、火力优化方案生成和目标毁伤评估三个主要部分。基于上述量化信息，对武器装备的作战能力、目标威胁度、目标毁伤情况，以及战场环境对作战行动的影响等进行科学评估，是战场信息运用的重要内容之一，也是实现地面突击分队火力优化控制的关键前提。在此，只深入讨论战场信息评估，而其他两部分只作简单介绍，详细的研究将在后续章节进行。

3.4.1　环境评估

根据信息化条件下地面突击分队作战特点，这里仅讨论战场自然环境和电磁环境。其中，自然环境主要考虑战场地形和战场气象两个方面。

1. 战场地形

地面突击分队战场地形地物可从可观测性 p_{OB}、射击可达性 S_{IGN_SR} 两个方面考虑。

地面突击分队主战武器平台对目标的可观测性是指战场通视性 A_{TT}、武器平台对目标的侦察能力 A_{DET}、观测的完整性 p_{TI} 和观测的清晰度 p_{TD}。战场通视性是指武器平台对战场环境直接观察的全面性；武器平台对目标的侦察能力是指武器平台对目标的发现、跟踪及监视能力；观测的完整性是指目标被观测到的部分占目标整体大小的比例；观测的清晰度是指目标识别、辨认及瞄准的清晰程度。其中，战场通视性和对目标的侦察能力表征武器平台对目标是否具有可观测性，观测的完整性和观测的清晰度表征武器平台对目标的可观测程度。武器平台的射击可达性由武器平台的射击死界体现。武器平台由于本身构造（最大俯仰角）的限制及弹药威力的限制，对一定范围内的目标无法实施射击，这一范围称作武器平台的射击死界。武器平台对射击死界外目标的射击是可达的，$S_{IGN\_SR} = 1$；对射击死界中目标的射击是不可达的，$S_{IGN\_SR} = 0$。

由此可得到武器射击命中概率的地形系数为

$$\lambda_{LF} = A_{TT}A_{DET}p_{TI}p_{TD}S_{IGN\_SR} \tag{3.7}$$

2. 战场气象

气象是一种不稳定的战场因素，不同的气象条件对武器平台射击命中概率的影响有较大差别。将气象信息转化为战场能见度，运用模糊决策确定能见度指标，并分为五个等级，不同的气象等级对武器平台射击命中概率的影响不同。武器平台射击命中概率的气象系数见表 3.3。

表 3.3　气象系数

战场能见度	非常好	较好	一般	较差	恶劣
λ_{WE}	1.0	0.9	0.8	0.6	0.4

极端天气对武器平台的影响，如暴雨对武器平台运动的影响、严寒对武器平台性能的影响等，可做类似处理。

3. 战场电磁

信息化条件下作战，各类信息都依赖于电磁波媒介来传输，而且信息化程度越高，对电磁波的依赖就越大，战场电磁环境对地面突击分队作战的影响也越突出。战场电磁主要影响战场感知（情报侦察）、作战指挥控制、火力运用（武器控制）等作战能力，不同级别的战场电磁对各能力的影响程度有所不同，见表3.4。

表3.4　战场电磁对作战能力的影响程度

电磁环境级别	作战能力		
	A_{BA}	A_{CC}	A_{FC}
一级	0.95	0.95	0.95
二级	0.85	0.9	0.9
三级	0.7	0.8	0.85
四级	0.5	0.7	0.8

注：A_{BA}为战场感知能力；A_{CC}为作战指挥能力；A_{FC}为火力运用能力

3.4.2　武器弹药评估

武器弹药是执行火力打击、完成作战任务的根本物质条件基础，武器弹药的种类、数量、射程、精度和威力等都对我方地面突击分队的作战样式、指挥手段、决策以及作战进程等有着重大影响。针对单武器平台或单枚弹药，主要评估其打击能力或毁伤能力，即可以通过单武器的打击能力和单枚弹药的毁伤能力来评估地面突击分队的作战能力，为我方作战指挥人员作战规划、决策和指挥控制系统的辅助决策提供依据。

1. 武器火力打击能力

基于指挥控制系统的火力优化控制主要针对地面突击分队的主战装备来实施，即仅将主战装备火力优化分配给各目标。而主战装备的作战能力主要体现在其火力能力上，即武器的射击命中概率及弹药的毁伤威力。

武器对装甲目标射击时，通常只有直接命中才可能毁伤目标。射击命中概率的大小主要取决于射击距离、弹药类型、目标体形大小

等，可表示为

$$p = \Phi\left(\frac{m\sqrt{M_C}}{\sqrt{E_{ZF}^2 + G_F^2}}\right)\Phi\left(\frac{h\sqrt{M_C}}{\sqrt{E_{ZG}^2 + G_G^2}}\right)$$
$$= \Phi\left(\frac{m\sqrt{M_C}}{E_{SF}}\right)\Phi\left(\frac{h\sqrt{M_C}}{E_{SG}}\right) \tag{3.8}$$

式中：M_C 为目标体形系数；m 为目标宽度 $1/2$；h 为目标高度 $1/2$；E_{ZF}、E_{ZG} 分别为射击准备的方向和高低中数误差；G_F、G_G 分别为射弹散布的方向和高低中数误差；E_{SF}、E_{SG} 分别为射击的方向和高低中数误差。

2. 弹药毁伤能力

由 3.3.3 节中对我方地面突击分队所使用的穿甲弹、破甲弹、碎甲弹和榴弹四种弹药的毁伤效果的说明可知，很难找到相对准确的衡量弹药毁伤威力的标准，需要做出一定的假设与简化处理。假设弹药的毁伤威力与穿甲厚度、射击距离及弹药特种毁伤手段有关。将弹药对不同装甲的穿甲厚度转化为同等毁伤效果对均质钢装甲的穿甲厚度，均质钢装甲的穿甲厚度的不同反映出各弹药毁伤威力的差异，则弹药的毁伤威力可表示为

$$A_{DA} = \frac{\lambda_{ADA}T_{HICKNESS\_D}}{T_{HICKNESS\_U}}A_{SDA} \tag{3.9}$$

式中：λ_{ADA} 为装甲相对于均质钢装甲的抗毁伤能力系数；$T_{HICKNESS\_D} = f(W,d)$ 为弹药的穿甲厚度，是武器和射击距离的函数；$T_{HICKNESS\_U}$ 为单位均质钢装甲厚度；A_{SDA} 为弹药的特种毁伤能力。

3.4.3 目标威胁与价值评估

信息化条件下地面突击分队作战目标种类、数量多，火力打击强度大，迅速对多目标的重要程度进行排序评估，从中选出对己方完成作战任务最有利的打击对象，已成为指挥控制系统火力优化辅助决策面临的关键问题。

依据地面突击分队遂行战斗任务的特点，选定相应的目标评估准则。地面突击分队遂行主动型战斗任务时，战场局势相对清晰明了，指挥所或分队指挥员有较充裕的时间对目标的战场价值进行评估，做

49

出战斗规划部署，生成最有利的火力打击方案，尽可能多地消灭有重大价值的目标；地面突击分队遂行被动型战斗任务时（如仓促防御），战场局势相对紧张，不确定性因素较多，火力打击节奏快，需要对目标的威胁度进行快速评估，以尽快消灭对己方地面突击分队威胁大的目标，尽可能多地保存自己。指挥员需要准确地把握战场局势，合理地选取目标评估准则，并能够根据战场局势的变化适时转换评估准则，评估并选取目标实施打击，使得战场局势朝着最有利于己方的方向发展，取得战斗胜利。

针对上述两种评估准则选取 3 类一级评估指标和 13 类二级评估指标：目标静态指标（目标类型 I_{TYPE}、机动能力 I_{MOVE}、弹种 I_{BAL}、指挥控制能力 I_{COM}、发现目标能力 I_{FIND}、射击反应时间 I_{TIME}、毁伤概率 I_{HIT}）、目标动态指标（武器目标距离 I_{Xij}、目标速度 I_{Vij}、火炮角度 $I_{\theta ij}$）和环境指标（通视性 I_{SEE}、地形条件 I_{LAND}、气象条件 I_{WEA}），见表 3.5。

表 3.5　评估指标

评估指标	I_{TYPE}	I_{MOVE}	I_{BAL}	I_{COM}	I_{FIND}	I_{TIME}	I_{HIT}	I_{Xij}	I_{Vij}	$I_{\theta ij}$	I_{SEE}	I_{LAND}	I_{WEA}
价值评估	√	√	√	√	√	√	√	—	—	—	—	—	—
威胁评估	√	√	√	√	√	√	√	√	√	√	√	√	√

当前目标价值或目标威胁的评估计算方法种类繁多，如层次分析法、线性规划法、专家法、模糊推理法、多属性决策法、贝叶斯网络推理法和智能计算方法等。这些方法各有所长，分别适应不同的情形。它们的有机结合，可以取长补短，提高信息处理的效率和有效性，满足一定场合的需求。

本书根据多年研究，提出了改进型基于 Vague 集理论的目标威胁（价值）评估方法，具体内容详见第 4 章论述。

3.4.4　火力优化方案生成

基于战场态势信息，特别是利用上述对目标威胁度（价值）的评估结果，将我方火力进行合理分配，形成辅助指挥员作战指挥的火力优化分配方案，是火力优化控制的终极目标。火力优化方案生成过程主要分为火力对目标优化分配模型建立和模型解算算法两部分，具体内容详见第 5~7 章的论述。

3.4.5　目标毁伤评估

地面突击分队依据指挥控制系统优化控制生成的火力打击方案实施多批次火力打击,每批次火力打击结束后,检测被打击目标的毁伤情况,确定目标的毁伤等级,评估每批次的火力打击效率,为下一时刻火力打击做准备。

每批次火力打击结束后,需要评估其打击效率,明确战场态势,为下批次火力打击任务的制定提供依据。火力打击效率主要由任务完成程度来体现。

假设第 k 批次打击 N' 个目标,根据侦察、检测到目标毁伤程度,更新目标状态向量,得到更新后的敌方作战分队状态矩阵。比较作战任务矩阵与更新后的敌方作战分队状态矩阵,得到任务完成程度矩阵,可表示为

$$C = \begin{bmatrix} C_1 & C_2 & \cdots & C_{N'} \end{bmatrix} \qquad (3.10)$$

式中:$C_j (j = 1, 2, \cdots, N')$ 为对第 j 个目标打击任务的完成程度向量,可表示为

$$C_j = \begin{bmatrix} C_{1j} & C_{2j} & C_{3j} \end{bmatrix}^T \qquad (3.11)$$

式中:C_{1j} 为对目标信息能力打击任务的完成程度;C_{2j} 为对目标火力能力打击任务的完成程度;C_{3j} 为对目标机动能力打击任务的完成程度。C_{lj} 表示对目标 j 的 l 能力打击的完成程度,有 $0 \leqslant C_{lj} \leqslant 1 (l = 1, 2, 3)$,$C_{lj} = \min\left\{\dfrac{1 - T_{lj}}{M_{lj}}, 1\right\}$。若目标 j 存在 $C_{lj} < 1$,则表示对第 j 个目标有未完成的打击任务;若目标 j 有 $C_j = \begin{bmatrix} 1 & 1 & 1 \end{bmatrix}^T$,则表示对第 j 个目标的打击任务已完成。则任务完成程度可表示为

$$R_C = \frac{\sum\limits_{j=1}^{N'} \left\lceil \left(\sum\limits_{l=1}^{3} C_{lj} \right) / 3 \right\rceil}{N'} \qquad (3.12)$$

式中:"⌈ ⌉"为向下取整函数。

本小节详细内容见第 8 章目标毁伤评估中对目标状态评估的论述。

第4章　目标威胁评估

提高指挥控制系统的辅助决策水平、实现指挥决策的自动化是地面突击分队火力优化控制的核心内容，而目标威胁（价值）评估作为作战辅助决策的基础性环节之一，其评估结果的准确性、有效性和及时性将直接影响整个分队指挥决策的科学性和作战任务的完成情况。地面突击分队战场目标评估通常包括目标威胁评估和目标价值评估两个方面。虽然目标威胁评估和目标价值评估的结果用于不同的战场条件、作战态势，但两种目标评估需考虑的战场信息以及采用的评估方法大体相同。在此，仅以目标威胁评估为例，给出目标威胁评估的一般过程，目标价值评估也可采用同样的方式得到。本章根据地面突击分队目标威胁度依赖于作战环境、战法战术等特点，研究目标威胁度评估与排序方法，提高目标威胁评估结果的实战化应用水平。

4.1　目标威胁评估原则

目标的威胁度主要取决于其各方面战术技术性能指标和战场态势。随着新技术的快速发展，战场上武器装备的种类越来越多，地面突击分队所要打击的敌目标种类也就越来越多，由此，目标威胁评估的难度也越来越大，同时目标威胁评估的方法越来越多。一般而言，威胁评估应遵循以下原则：

（1）完备性：信息化条件下地面突击分队作战大多是体系化对抗，战场上有多种不同类型的作战目标，在进行威胁评估时，应该对每类目标进行威胁评估。同时，可以根据战场实际情况需要，只对重要目标进行评估。

（2）层次性：为满足分队火力优化需求，通常需要在单目标和群目标两个层次上对目标进行评估。单目标的威胁度主要取决于目标自身的战技性能和作战环境；群目标的威胁度不只是各单目标威胁度的累加和，通常还需考虑多个目标之间的相互影响，即复杂系统的涌现性问题。

（3）独立性：在对单目标进行威胁度评估时，不考虑其他个体或群目标对评估对象的影响；同样，在对某群目标进行威胁度评估时，不考虑其他群体或个体目标对评估对象的影响。

（4）简约性：不同的目标会有不同的属性指标，因而理论上需要不同的评估模型。为减少评估模型个数，降低评估的复杂度，在实际评估时，特别是评估单目标时，尽量按类别进行，将同一类目标的型号差异作为一项评估指标。

4.2　单目标威胁评估

4.2.1　目标威胁评估指标体系

威胁评估指标体系是目标威胁评估的基础。不同种类的目标，应有不同的威胁评估指标体系；即使是同一类目标，不同学者从不同角度考虑，也会得到不同的指标体系与层次结构。例如：有的学者先将威胁评估指标分为目标作战能力指标和态势指标两类，然后进一步细分建立评估指标体系；也有的学者从时间特性、空间位置、效能作用以及打击力度四个方面建立威胁评估指标体系。这里撇开目标的具体种类（或者说将目标种类作为威胁指标之一），依据目标的指标特征以及威胁评估的特点，抽象出目标威胁的共性要素，将指标体系分为目标静态指标、动态指标和环境指标三个方面，然后细分建立地面突击分队目标威胁评估的指标体系。

1. 目标静态指标

静态指标是目标固有特性，具有时不变特点。一代装甲装备从研制到投入使用，以及改型升级是一个漫长的过程，在某一特定的时间段内，目标和武器的作战性能可以看作是"静止不变"的。因此，地面突击分队目标具备一系列的静态指标特征。

1）目标类型

宏观而言，敌目标类型不同，其作战能力就不同，对我武器平台的威胁也就不同。通常情况下，地面突击分队武器平台可能遇到的威胁目标有武装直升机、坦克、步兵战车以及反坦克火箭筒等。根据实战经验知，其威胁度排序为武装直升机、坦克、步兵战车、反坦克火箭筒，如果用模糊评价语言表示，则其威胁度见表4.1。

表4.1 目标类型指标

目标类型	武装直升机	坦克	步兵战车	反坦克火箭筒
I_{TYPE}	极大	大	中等	小

对于同一类型的目标（如坦克），其型号不同时威胁度也不同，这里不再进一步细述。

2）机动能力

在敌我作战对抗过程中，目标的机动能力是敌方达成其作战企图和破坏我地面突击分队作战意图的重要手段。一般认为，目标的机动能力越强，其对我突击分队的威胁程度就越大，从而机动能力成为构成我突击分队威胁的一个重要因素。目标机动能力由越壕能力、攀墙能力和涉水能力三个指标构成，量化公式为

$$I_{\text{MOVE}} = w_{\text{WEI}}c_{\text{WEI}} + w_{\text{THR}}c_{\text{THR}} + w_{\text{MAR}}c_{\text{MAR}}$$

式中：c_{WEI}、c_{THR}、c_{MAR} 分别为越壕能力、攀墙能力和涉水能力；w_{WEI}、w_{THR}、w_{MAR} 分别为越壕能力权重、攀墙能力权重和涉水能力权重，且 $w_{\text{WEI}} + w_{\text{THR}} + w_{\text{MAR}} = 1$。

在不能具体获取指标参数的情况下，用模糊评价语言描述目标的机动能力威胁度更加符合决策者心理。模糊评价见表4.2。

表4.2 机动能力指标

目标机动能力	武装直升机	坦克	步兵战车	反坦克火箭筒
I_{MOVE}	极大	大	稍大	较小

3）弹药

目前，装甲类目标配备的弹药主要有穿甲弹、破甲弹、碎甲弹以及榴弹。不同弹药具有不同的打击效果，可完成不同的作战任务。例如：穿甲弹主要是用以歼灭主战装甲装备，穿透装甲后后效威力大，尤其是产生大量破片，对乘员和装备部件的损坏效果显著；下面以某

反坦克炮为例,考察其在距离2000m时使用不同弹药破坏装甲厚度,以此说明不同弹种对我作战分队的威胁程度,见表4.3。

表4.3 不同弹种破坏装甲厚度

弹药毁伤威力	穿甲弹	破甲弹	碎甲弹	榴弹
破坏装甲厚度/mm	$30x$	$12x$	$5x$	x
注:x 为常数				

对于装甲装备来说,弹药是威胁评估重要指标之一,弹药破坏装甲越厚,威胁程度就越大。因此,威胁度排序为穿甲弹 > 破甲弹 > 碎甲弹 > 榴弹。I_{BAL} 模糊评价见表4.4。

表4.4 弹种指标

弹药毁伤威力	穿甲弹	破甲弹	碎甲弹	榴弹
I_{BAL}	很大	较大	稍大	较小

4)指挥控制能力

对于突击分队目标而言,具有较高指挥控制权的目标比一般目标造成的威胁大,并且目标的指挥控制能力越强,目标的威胁度就越大。指挥控制能力强,说明该目标处在分队指挥较高层次上,其对敌作战企图的实现具有更大军事意义。例如,连指挥车的指挥控制能力比排指挥车的指挥控制能力强,比排指挥车的威胁度大。适于突击分队的指挥装备有营指挥车、连指挥车、排长车以及一般车辆,指挥控制能力 I_{COM} 用模糊评价语言描述威胁度,见表4.5。

表4.5 指挥控制能力指标

指挥装备指控能力	营指挥车	连指挥车	排长车	一般装备
I_{COM}	大	稍大	稍小	很小

5)发现目标能力

发现是打击的前提,只有成功发现目标才能进行打击。作战过程中,如果武器平台已经被目标发现,那么武器极有可能成为目标下一个打击对象,此时的目标的威胁度比较大;如果目标没有发现武器,

也就不可能把武器作为打击对象，此时的目标威胁度比较小。发现目标能力与武器观瞄装置性能及车长观瞄技能等有关，可表示为

$$I_{FIND} = \lambda_{OBS}\lambda_{LEA}I_{FIND\_0}$$

式中：λ_{OBS} 为武器观瞄装置性能系数；λ_{LEA} 为车长观瞄技能系数；I_{FIND_0} 为通视条件下发现目标概率。

在无法获取具体参数的情况下，用模糊评价语言描述四种目标威胁度 I_{FIND}，见表 4.6。

表 4.6　发现目标能力指标

发现目标能力	武装直升机	坦克	步兵战车	反坦克火箭筒
I_{FIND}	极大	较大	稍大	小

6）射击反应时间

射击反应时间是指射手从在瞄准镜中发现目标到火炮击发所经历的时间，其主要分为：发现目标到跟踪目标时间 t_1、测距并调炮时间 t_2 和瞄准射击时间 t_3，即射击反应时间 $T = t_1 + t_2 + t_3$。依据装甲装备力争"先敌射击，首发命中"的作战原则，目标射击反应时间越短，越有可能先于对方射击，目标的威胁度就越大；反之，目标的威胁度就越小。目标威胁度与射击反应时间紧密相关。射击反应时间指标威胁度量化式如下：

$$I_{TIME} = T_0/T$$

式中：T_0 为装甲装备在理想条件下射击反应时间；T 为装甲装备日常训练时平均射击反应时间。

在无法获取具体参数的情况下，用模糊评价语言描述射击反应时间威胁度 I_{TIME}，见表 4.7。

表 4.7　射击反应时间指标

目标射击反应威胁度	武装直升机	坦克	步兵战车	反坦克火箭筒
I_{TIME}	大	较小	小	极大

7）毁伤概率

在作战中，当战场上出现多个对我构成威胁的目标时，作战目的

就是要最大限度地毁伤敌目标，以减少对我的威胁。目标对我装备毁伤概率越大，威胁度就越大。因此，毁伤概率是威胁评估重要指标之一。毁伤概率与射手技能以及火炮性能有关，可表示为

$$I_{HIT} = \lambda_{SHO}\lambda_{GUN}I_{HIT\_0}$$

式中：λ_{SHO} 为射手技能系数；λ_{GUN} 为火炮的性能系数；I_{HIT_0} 为理想条件下目标毁伤概率。

在无法获取具体参数的情况下，用模糊评价语言描述 I_{HIT}，见表 4.8。

表 4.8　目标毁伤概率

目标毁伤概率	武装直升机	坦克	步兵战车	反坦克火箭筒
I_{HIT}	很大	大	稍大	稍小

2. 目标动态指标

动态指标是指随着时间和作战的推进而不断变化的指标，如目标与我武器平台的距离等。动态指标往往更能反映目标的作战意图，其选取也更复杂。动态指标的另一个特点就是多为定量指标。为了便于表述，设想简单的战场态势如图 4.1 所示。

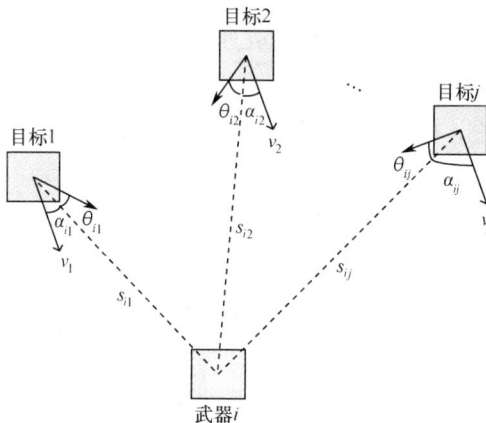

图 4.1　简化战场态势图

α_{ij} —目标速度方向与武器目标连线的夹角；θ_{ij} —火炮身管方向与武器目标连线的夹角；"武器"—我方武器平台；"目标"—敌方武器平台。

1）武器目标距离

突击分队对抗时，处在目标有效射程内的每个武器平台会受到目标的威胁。直瞄武器类目标射击距离越小，弹道曲线的曲率越小，命中概率越大，我武器平台受到的威胁度就越大。距离指标威胁度可表示为

$$I_{\mathrm{X}ij} = \begin{cases} 0.5\left(1 + \dfrac{r_j - s_{ij}}{r_j}\right), & 0 \leqslant s_{ij} < 2r_j \\ 0, & s_{ij} \geqslant 2r_j \end{cases} \quad (4.1)$$

式中：r_j 为第 j 个目标的有效射程；s_{ij} 为第 i 个武器平台与第 j 个目标之间的距离。

2）目标速度

在图 4.1 中，武器与目标连接线上速度分量 $v_j\cos\alpha_{ij}$ 反映的是目标趋近于武器的程度，这个分量越大，目标趋近武器程度越大，攻击意图越明显，该目标的威胁程度就越大。目标速度可反映目标的攻击意图，是威胁评估指标的重要组成部分。速度指标威胁度可表示为

$$I_{\mathrm{V}ij} = \begin{cases} v_j\cos\alpha_{ij}/v_{j\max}, & 0° \leqslant \alpha_{ij} < 90° \\ 0, & 90° \leqslant \alpha_{ij} \leqslant 180° \end{cases} \quad (4.2)$$

式中：$v_{j\max}$ 为第 j 个目标的最大行驶速度。

3）火炮角度

在图 4.1 中，θ_{ij} 直接反映目标的瞄准对象，如果武器是目标的攻击对象，那么角度会比较小，对武器的威胁度非常大。火炮角度指标是评估指标体系重要的组成部分，可表示为

$$I_{\theta ij} = \begin{cases} 1 - \theta_{ij}/90°, & 0° \leqslant \theta_{ij} < 90° \\ 0, & 90° \leqslant \theta_{ij} \leqslant 180° \end{cases} \quad (4.3)$$

3. 环境指标

在海战与空战的目标威胁评估过程中，一般只考虑气象条件对威胁度的影响，而不考虑地理环境对威胁度的影响。但陆战场复杂多变，并且深刻影响地面突击分队作战指挥和战斗结果。因此，为保证目标威胁评估结果的有效性，必须分析环境指标，以得到符合突击分

队作战要求的评估结果。

1）通视条件

通视条件是指目标观察系统能否观察到武器的一种性质。如果目标武器距离较近，且目标攻击能力较强，但是由于障碍物的遮挡而不能发现武器装备，那么目标的威胁程度仍较小。通视条件指标可表示为

$$I_{SEE} = 1 - s_{SEE}/s_0$$

式中：s_{SEE} 为武器平台被遮挡部分的面积；s_0 为无遮挡条件下武器平台暴露的面积。

2）地形条件

对于地面突击分队作战而言，地形条件影响目标机动性以及目标火力打击的及时性。地形条件好，目标机动更加灵活，火力打击快且准。与地形条件差的环境相比，此时的目标威胁度自然比较大，其可用表4.9进行量化。

表 4.9　地形条件指标

地形条件	非常好	较好	一般	较差	恶劣
I_{LAND}	1	0.8	0.6	0.3	0.1

3）气象条件

气象条件复杂多变是陆地战场的主要特点之一，主要影响目标的发现武器能力以及射击命中概率。在气象条件良好情况下，目标自然更容易发现武器，并且命中概率较大。但是如果在大雾条件下，由于战场能见度低，目标很难发现武器，即使发现也不能保证正常的命中概率。气象条件主要是影响战场能见度，可以将气象条件化为五个等级，见表4.10。

表 4.10　气象条件指标

气象条件	非常好	较好	一般	较差	恶劣
I_{WEA}	1	0.9	0.7	0.4	0.2

综上研究分析，可以得到地面突击分队目标威胁评估指标体系，如图4.2所示。

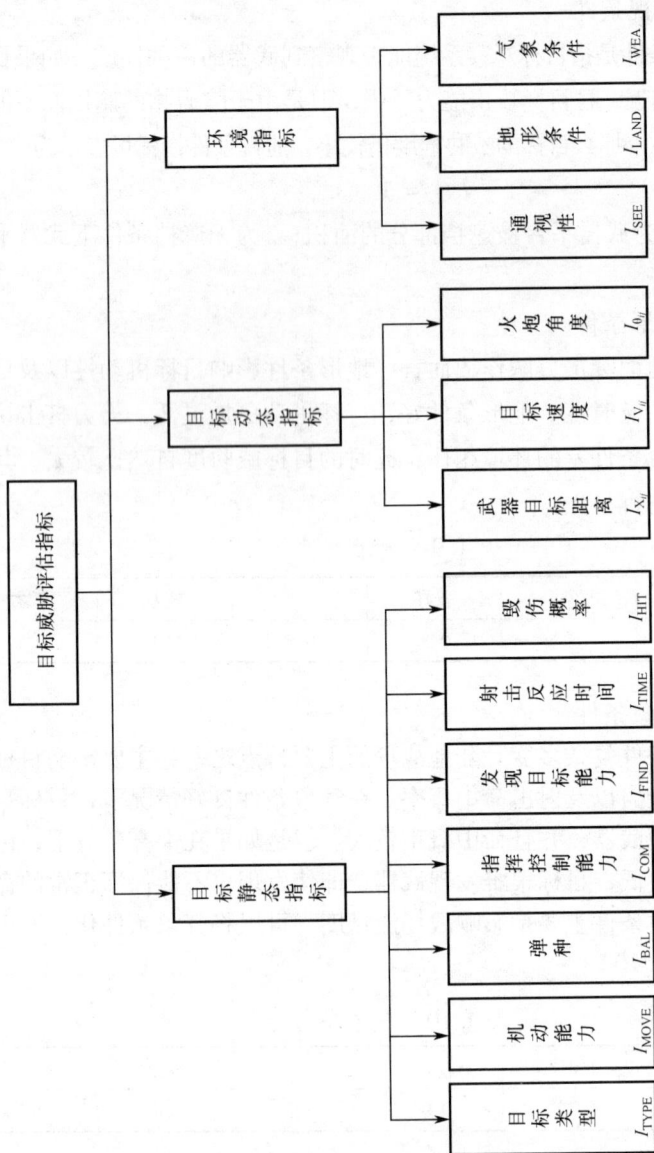

图4.2 目标威胁评估指标体系

4.2.2　目标威胁评估指标量化

对目标威胁指标进行量化，是地面突击分队火力优化控制系统借助于计算机实现目标威胁度自动或半自动评估与排序的基本过程之一。依据评估指标的特点，目标威胁指标分为定性指标和定量指标。定性指标具有模糊性与不确定性，其量化过程比较复杂，且没有统一的准则；定量指标是用精确数据衡量大小的指标，其本身虽然已经是量化值，但是需要将其转换为威胁度值。

1. 定性指标评价语言量化法

对于目标威胁的定性指标，决策者往往采用多级模糊评价语言对指标值进行描述，这符合决策者的决策心理与实际情况。对模糊评价语言的量化研究还在初级阶段，需要研究能够全面表达语言信息的量化法。

1）标度法

标度法是决策者根据经验，用精确的数量化评价语言，将待标度量直接标度为 0~1 区间中的一个精确数，以此体现待标度量的优劣程度。例如，对机动能力指标的标度见表 4.11。

其优点是简单且易操作；但主观性较强，且误差较大，不能反映出指标信息的不确定性。

表 4.11　标度法量化

机动能力	大	中	小
I_{MOVE}	0.95	0.75	0.5

2）区间数法

区间数法，就是根据评价语言规模，用等间距的区间数表示一定规模的评价语言集，处理的思想还是基于标度法。

定性指标描述需要选择适当的模糊评价语言规模，其一般的模糊评价语言标度如下：

$$L_j = \{l_k \mid k = 1,2,\cdots,p\}$$

式中：p 为定性指标 I_j 的评价语言个数；l_k 为评价语言（l_1 为决策者评价语言的下限，l_p 为决策者评价语言的上限）；L_j 为指标 I_j 所有评价语言的集合。

定性指标的模糊评价语言标度向区间数转化算法如下：

$$a_{ij} = l_k \rightarrow \tilde{a}_{ij} = [a_{ij}^l, a_{ij}^u] = \frac{1}{p} * [k-1, k](k = 1, 2, \cdots, p)$$

以目标类型指标为例，按其威胁度可以分为一般、比较大和非常大，将其转化为模糊区间数依次为 $[0, 0.33]$、$[0.33, 0.67]$ 和 $[0.67, 1.0]$。其优点是可以体现指标的模糊性与不确定性，但是等间距的区间数表示不能体现实际评价语言的差异程度。

3) Vague 值法

Gau 和 Buehrer 在 20 世纪 90 年代初提出了 Vague 集的相关理论。设论域 $X = (x_1, x_2, \cdots, x_n)$，$X$ 上一个 Vague 集 A 由真隶属度函数 t_A 和假隶属度函数 f_A 描述，其中，$t_A(x_i)$ 是支持 x_i 的证据所导出的肯定隶属度的下界，$f_A(x_i)$ 是由反对 x_i 的证据所导出的否定隶属度的下界，且 $t_A(x_i) + f_A(x_i) \le 1$。元素 x_i 在 Vague 集 A 中的隶属度被 $[0, 1]$ 上的一个子区间所界定：

$$[t_A(x_i), 1 - f_A(x_i)] \qquad (4.4)$$

上式称为 x_i 在 A 中的 Vague 值。$\forall x_i \in X$，称

$$\pi_A(x_i) = 1 - t_A(x_i) - f_A(x_i) \qquad (4.5)$$

为 x_i 相对于 Vague 集 A 的不确定度，它是表示 x_i 相对于 Vague 集 A 的犹豫程度，是 x_i 相对于 A 的未知信息的一种度量。$\pi_A(x_i)$ 的值越大，说明 x_i 相对于 A 的未知信息越多。

对于定性指标，如目标类型、机动能力，不同的模糊评价语言对于"目标威胁度"这一模糊概念的隶属度和非隶属度很难通过具体公式进行衡量。因此，具体应用中可选择合适的模糊评价语言集表示，且语言集元素规模要适当，过小不能反映实际情况，过大则会给评估带来复杂性。通常，人们使用 11 级语言变量，其对应的 Vague 见表 4.12。

表 4.12　11 级模糊评价语言与 Vague 值的转化

等级	极大	很大	大	较大	稍大	中等
Vague 值	$[1, 1]$	$[0.9, 0.95]$	$[0.8, 0.9]$	$[0.7, 0.85]$	$[0.55, 0.7]$	$[0.4, 0.6]$
等级	稍小	较小	小	很小	极小	—
Vague 值	$[0.4, 0.55]$	$[0.3, 0.45]$	$[0.2, 0.3]$	$[0.1, 0.15]$	$[0, 0]$	—

该度量方法的优点是可以体现指标的模糊性与不确定性。之后将进一步研究 Vague 值记分函数与 Vague 集距离公式,并将其应用到目标威胁评估算法中。

2. 定量指标威胁度量化

1)极差法

定量指标可分为效益型指标与成本型指标,其量化方法一般采用极差法,直接对指标规范化处理,不考虑目标在此指标值下的效用值,其量化如下式所示:

$$a_{ij} = \begin{cases} (r_{ij} - \min_i r_{ij})/(\max_i r_{ij} - \min_i r_{ij}), \text{效益型} \\ (\max_i r_{ij} - r_{ij})/(\max_i r_{ij} - \min_i r_{ij}), \text{成本型} \end{cases}$$

这种量化方法不适用于目标威胁评估,其主要原因是不同目标对于同一指标具有的效用值相差太大。例如,反坦克火箭筒以 500m 以内的目标作为作战对象,坦克以 2500m 以内目标为作战对象,同样在 450m 距离时用极差法得到的威胁度相同,实际效用显然不同,因此极差法会掩盖定量指标真正的效用。

2)效用函数法

目标的定量指标,如目标距离、目标速度以及攻击角度,其取值的不同,体现出目标的威胁度不同(与目标作战性能有关),可以用效用函数表示各定量指标的威胁度。以目标距离指标为例,其威胁主要体现在其射击效果上,因为目标命中结果是其作战效能的体现。一般地,目标距离威胁度效用函数曲线如图 4.3 所示。运用效用函数表示动态指标威胁度比极差法更加合理与准确,其得到的目标在该指标下的威胁度是目标绝对威胁度(真实威胁度),而极差法得到的威胁度是目标相对威胁度。

图 4.3 中,x_0 为目标有效射程,取值由目标作战性能决定,为固定值,例如,某型主战坦克的 $x_0 = 2500\text{m}$,某型反坦克火箭筒相应的 $x_0 = 500\text{m}$。

4.2.3　目标威胁评估指标赋权

指标赋权是目标威胁评估的重要环节之一,权重反映出各指标间

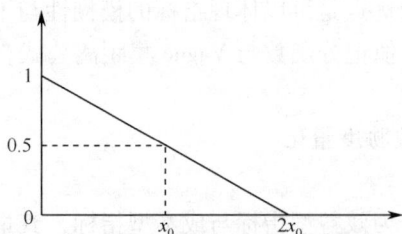

图 4.3 目标距离威胁度效用函数曲线

的相对重要程度，直接影响评估结果的合理性与有效性。

指标权重也是表征下层评价指标对于上层目标威胁评估作用大小的度量。指标在指标体系中作用与地位的不同体现在两个方面：①决策者认为各指标影响目标威胁度的程度不同；②评估值矩阵中各指标所包含客观信息的量有所差异。因此，在威胁评估中，可根据指标两个方面的差异，将指标权重分为主观权重与客观权重。下面在单赋权法的基础上，研究基于最小偏差的组合权重优化方法，建立优化模型，运用遗传算法得到最优组合权重。

指标体系的权重集 $\{w_j | j = 1, 2, \cdots, n\}$ 需要满足非负性和完备性的条件：

$$0 \leq w_j \leq 1, (j = 1, 2, \cdots, n)$$
$$\sum_{j=1}^{n} w_j = 1$$

依据赋权条件以及地面突击分队目标指标体系的特点，总结出指标赋权过程中需要遵守的原则如下：

（1）指标体系优化原则。在图 4.2 所示的目标威胁指标体系中，各指标对威胁评估的结果有各自的贡献效果。因此，在指标赋权过程中，需要从整体出发综合考虑每个指标的权重，即遵循体系优化原则，把指标体系最优化作为赋权根本出发点和落脚点。根据这个原则，研究各指标对目标威胁评估的作用和贡献，对其重要程度做出定量判断。

（2）主客观相结合原则。主观权重体现出了决策者的偏好，当觉得某个指标很重要时，就赋予该指标较大的权重；客观权重需要基于一定准则，依据评估值矩阵进行指标赋权。为了兼顾主客观赋权法的优势，只有融合主客观赋权法（优势互补），才能获得较为理想的指标权重。

目前，在兼顾主客观权重优点的方法中普遍采用线性加权法。但是，简单线性加权不是有效地优化，其运用具有一定的局限性和片面性。在单赋权法技术比较成熟的前提下，如果能够建立组合赋权优化模型，则可以达到优势互补的目的。

最小偏差方法就是建立一个优化函数，该函数体现出待求组合权重与各典型主客观赋权法权重差值的绝对值的和（偏差量），目标函数达到最小值时，此时的组合权重即可看作趋近于各赋权法的折中解。

令

$$d_{ki}^1 = \sum_{j=1}^n |w_j - w_{kj}^1| a_{ij} \quad (i = 1,2,\cdots,m; \quad k = 1,2) \quad (4.6)$$

式中：d_{ki}^1 为待求权重与第 k 种主观赋权所求结果的偏差；a_{ij} 为目标 A_i 在指标 I_j 下的度量值，w_{1j}^1、w_{2j}^1 为某两种主观赋权方法（如环比值法、层次分析法等）所得权重。

同理，令

$$h_{ki}^2 = \sum_{j=1}^n |w_j - w_{kj}^2| a_{ij} \quad (i = 1,2,\cdots,m; \quad k = 1,2) \quad (4.7)$$

式中：h_{ki}^2 为待求权重与第 k 种客观赋权所求结果的偏差；a_{ij} 为目标 A_i 在指标 I_j 下的度量值；w_{1j}^2、w_{2j}^2 为某两种客观赋权方法（如信息熵法、离差函数最大化法等）所得权重。

最小偏差组合权重优化法就是使待求权重与各单赋权法求解结果总的偏差和最小，为此构造下面的优化函数：

$$\begin{cases} \min\left\{\mu\left[\alpha_1\left(\sum_{i=1}^n d_{1i}^1\right) + \alpha_2\left(\sum_{i=1}^n d_{2i}^1\right)\right] + (1-\mu)\left[\alpha_3\left(\sum_{i=1}^n h_{1i}^2\right) + \alpha_4\left(\sum_{i=1}^n h_{2i}^2\right)\right]\right\} \\ \text{s.t.} \ \sum_{j=1}^n w_j = 1 \quad (w_j \geqslant 0; \quad j = 1,2,\cdots,n) \end{cases}$$

式中：μ 为主观权重影响因子，确定方法是根据专家经验丰富程度以及战场信息的完整性和可靠性，专家经验越丰富，主观权重影响因子越大，战场信息越完整可靠，主观权重影响因子就越小；$\alpha_k (k = 1,$

65

2，3，4）为权系数，满足 $\alpha_1 + \alpha_2 + \alpha_3 + \alpha_4 = 1$，权系数赋值的原则是，一种赋权法的结果与其他赋权法得到的结果偏差越小，则该赋权方法的权系数（相关度）就越大。

第 k 种赋权结果与赋权结果的总偏差为

$$d_k = \sum_{l=1}^{2} \left(\sum_{i=1}^{m} \sum_{j=1}^{n} |w_{kj} - w_{lj}^1| a_{ij} + \sum_{i=1}^{m} \sum_{j=1}^{n} |w_{kj} - w_{lj}^2| a_{ij} \right) \quad (4.8)$$

则权系数为

$$\alpha_k = (1/d_k) \Big/ \sum_{k=1}^{4} (1/d_k) \quad (4.9)$$

依据遗传算法的全局搜索能力以及并行处理能力，对目标函数进行求解。根据求解组合权重的实际需要，确定以下具体步骤：

Step1：设定算法参数。

算法参数包括种群规模 POP、最大进化代数 GENERATION、选择概率 p_S、交叉概率 p_C 以及变异概率 p_M，取值如下：

$$\begin{cases} POP = 40 \\ GENERATION = 300 \\ p_S = 15\% \\ p_C = 80\% \\ p_M = 5\% \end{cases}$$

Step2：染色体编码。

算法采用实数编码的方式，染色体的长度等于指标个数 n，每个基因对应于一个指标权重，且用随机函数产生 $[0,1]$ 的随机数，一个基因对应于一个随机数，染色体编码如图 4.4 所示。

Step3：种群个体排序。

根据求解组合权重的目标函数，将初始种群中每个个体代入目标函数并计算适应度值 fit(chro$_i$)，再将 POP 个适应值进行排序。这里，按照适应值从小到大进行排序，适应值越小，该个体越优。

Step4：选择算子操作。

依据 p_S，确定本代种群中保留染色体的个数，排序前 qp_S 个染色

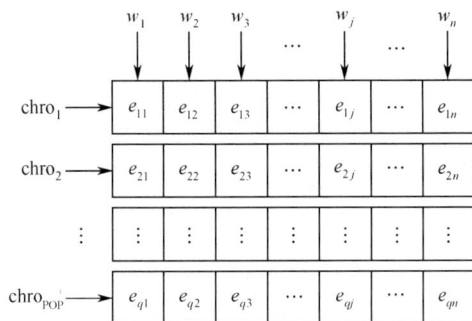

图 4.4 染色体编码

chro_i（$i = 1, 2, \cdots, \text{POP}$）—染色体；$q = \text{POP}$；$e_{ij}$—基因（权值）。

体保留到下一代种群中。

Step5 ：交叉算子操作。

依据交叉概率 p_C 与染色体排序，从第 $(qp_S + 1)$ 个染色体开始，选择 qp_C 个染色体进行交叉操作。所有交叉染色体采用随机方式进行两两配对，用随机函数随机产生 r（$r < \dfrac{n}{2}$）个交叉位，将交叉位上的基因进行对调，完成染色体的交叉操作。

Step6 ：变异算子操作。

依据 p_M 与染色体排序，将剩下的 qp_M 个染色体进行变异操作。每一个变异染色体用随机函数随机产生 s（$s < \dfrac{n}{2}$）个变异位，再用随机函数随机产生新的基因替代原来的基因，完成变异操作。

Step7 ：种群更新。

上代种群中的个体经过选择算子、交叉算子以及变异算子操作以后，产生的新个体组成的新种群替代上代种群，如果没有达到设定误差精度及迭代次数 GENERATION，则算法返回 Step3。

Step8 ：产生最优解并归一化。

达到终止条件时，算法停止操作，此时适应值最小的染色体可以看做全局最优解。但此时的最优个体 chro_b 并不是最终组合权重求解结果，需要将其进行归一化，得到待求组合权重，如下式所示：

$$w_j = \frac{e_{bj}}{\sum_{i=1}^{n} e_{bj}}$$

式中：$e_{bj}(j=1, 2, \cdots, n)$ 为最优个体上所对应的基因。

以上是运用遗传算法求解基于最小偏差原理组合权重目标函数的算法步骤，具体的算法流程如图4.5所示。

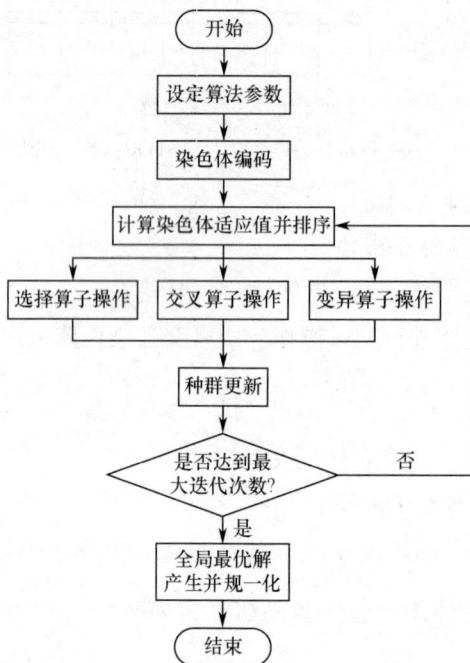

图4.5 遗传算法流程图

4.2.4 目标威胁评估算法

目前，威胁评估算法所基于的评估值都是精确数或者模糊数，不能体现定性指标的区间分布特性。基于 Vague 集的评估算法可弥补这一不足，其实现途径有两种，一种是基于记分函数的评估算法，另一种是基于 Vague 集距离的多属性决策评估算法。但是，目前无论是记分函数还是距离，鲜见有在威胁评估方面的应用。下面将研究 Vague

集记分函数与距离度量公式，并用于改进威胁评估算法，以克服传统算法的不足。

1. Vague 值记分函数

记分函数 S 的本质是衡量每个目标指标威胁的程度。基于决策者风险偏好的记分函数，其本质是体现如何处理 Vague 值形式指标值所包含的不确定信息。

设论域 $X = (x_1, x_2, \cdots, x_n)$，对于 Vague 集 A 中的 Vague 值 $x_i = [t_A(x_i), 1 - f_A(x_i)]$，由于存在未知度 $\pi_A(x_i)$（式（4.5）），在没有更多客观信息可以借鉴的情况下，决策者一般会认为在未知度 $\pi_A(x_i)$ 中倾向于支持证据与反对证据的可能性一样，即都为 $\pi_A(x_i)/2$。为方便于叙述，将 $t_A(x_i)$、$f_A(x_i)$ 和 $\pi_A(x_i)$ 简记为 t、f 和 π。

定义 4.1 对于 Vague 集 A 中任何一个 Vague 值 $x_i = [t_A(x_i), 1 - f_A(x_i)]$，称 Vague 值 $[t + \pi/2, 1 - f - \pi/2]$ 为 x 的均衡点，记为 $E_x = [t_E, 1 - f_E]$，即可得

$$E_x = [t_E, 1 - f_E] = [(t + 1 - f)/2, (t + 1 - f)/2]$$

均衡点反映了在保持支持证据不变的情况下，Vague 值 $x_i = [t_A(x_i), 1 - f_A(x_i)]$ 所包含的所有可能 Vague 值的对称中心。与 Vague 值 $x_i = [t_A(x_i), 1 - f_A(x_i)]$ 相比，均衡点 $E_x = [(t + 1 - f)/2, (t + 1 - f)/2]$ 保持了支持证据，但未知度为 0。许多证据表明：决策者在威胁评估过程中会受到自身心理的影响，且影响比较大。因此，研究体现决策者风险偏好的 Vague 集记分函数有着较大的现实意义。决策者风险偏好记分函数就是与均衡点记分函数值比较，得到不同的记分函数。风险偏好记分函数定义如下：

定义 4.2 对于任意 Vague 值 $x = [t, 1 - f]$，若记分函数 S 满足 $S(x) \leqslant S(E_x)$，则称 S 是风险厌恶型（risk aversion）记分函数，并记为 $S_{RA}(x)$。

定义 4.3 对于任意 Vague 值 $x = [t, 1 - f]$，若记分函数 S 满足 $S(x) \geqslant S(E_x)$，则称 S 是风险追求型（risk proneness）记分函数，并记为 $S_{RP}(x)$。

定义 4.4 对于任意 Vague 值 $x = [t, 1 - f]$，若记分函数 S 满足 $S(x) = S(E_x)$，则称 S 是风险中立型（risk neutralness）记分函数，

并记为 $S_{RN}(x)$。

依据目标威胁评估指标取值的特点以及定义 4.2，构造风险厌恶型记分函数如下：

$$S_{RA}(x) = \begin{cases} \dfrac{1 + t + (1 - \pi)(t - f)}{3}, & t > f \\[3mm] \dfrac{1 + t}{3}, & t = f \\[3mm] \dfrac{1 + t + (1 + \pi)(t - f)}{3}, & t < f \end{cases} \quad (4.10)$$

式中：x 为 Vague 值 $[t, 1-f]$。

定理 4.1 对于任意 Vague 值 $x = [t, 1-f]$，$S_{RA}(x)$ 满足：

(1) $0 \leqslant S_{RA}(x) \leqslant 1$；

(2) $S_{RA}(x) = 0 \Leftrightarrow x = [0, 0]$，$S_{RA}(x) = 1 \Leftrightarrow x = [1, 1]$；

(3) $S_{RA}([0.5, 0.5]) = 0.5$。

证明：（1）由风险厌恶型记分函数定义式可知：

当 $t > f$ 时，有

$$S_{RA} = \frac{1 + t + (1 - \pi)(t - f)}{3} > \frac{1}{3}$$

当 $t = f$ 时，有

$$\frac{1}{3} \leqslant S_{RA} \leqslant \frac{1}{2}$$

当 $t < f$ 时，有

$$S_{RA} = \frac{1 + t + (1 + \pi)(t - f)}{3} \leqslant \frac{1 + t}{3} < \frac{1}{3}$$

首先，当 $t > f$ 时，可以得到当 $t - f = 1$，$\pi = 0$ 时，t、$1 - \pi$ 及 $t - f$ 都取最大值 1，从而 S_{RA} 取得最大值：

$$S_{RA}(x)_{\max} = \frac{1 + 1 + (1 - 0) \times 1}{3} = 1$$

即 $x = [1, 1]$ 时，S_{RA} 取得最大值 1；

其次，当 $t < f$ 时，得到 $(1 + \pi)(t - f) = (2 + t - f)(t - f) - 2t(t - f)$；又因为 $-2t(t - f) \geqslant 0$，所以，当 $t = 0$，$t - f = -1$ 时，即 $x = [0, 0]$ 时，t 与 $(1 + \pi)(t - f)$ 都取最小值 0，S_{RA} 取得最小值：

$$S_{RA}(x)_{min} = \frac{1 + 0 + (1 - 0) \times (-1)}{3} = 0$$

综上所述，即可得到 $0 \leqslant S_{RA}(x) \leqslant 1$。

（2）由（1）证明过程可以得到。

（3）由结论（2）可知

$$\frac{S_{RA}([0,0]) + S_{RA}([1,1])}{2} = \frac{0 + 1}{2} = 0.5$$

从记分函数角度看，Vague 值 [1，1] 和 [0，0] 分别表示支持证据完全符合和完全不符合决策要求，是两个极端。结论（1）说明在风险厌恶型记分函数下，它们各自的记分值分别对应着最大记分值和最小记分值。Vague 值 [0.5，0.5] 则表明支持证据与反对证据对该目标的作用一致，其对应的是支持与反对证据的均衡点，是所有记分函数取值的对称中点。

依据目标威胁评估指标取值的特点以及定义4.3，构造风险追求型记分函数如下：

$$S_{RP}(x) = \begin{cases} \dfrac{2 - f + (1 + \pi)(t - f)}{3}, & t > f \\[2mm] \dfrac{2 - f}{3}, & t = f \\[2mm] \dfrac{2 - f + (1 - \pi)(t - f)}{3}, & t < f \end{cases} \quad (4.11)$$

定理 4.2 对于任意 Vague 值 $x = [t, 1 - f]$，$S_{RP}(x)$ 满足：

（1）$0 \leqslant S_{RP}(x) \leqslant 1$；

（2）$S_{RP}(x) = 0 \Leftrightarrow x = [0, 0]$，$S_{RP}(x) = 1 \Leftrightarrow x = [1, 1]$；

（3）$S_{RP}([0.5, 0.5]) = 0.5$。

证明过程略。

依据目标威胁评估指标取值的特点以及定义4.4，构造风险中立型记分函数如下：

$$S_{RN}(x) = \frac{t + 1 - f}{2} \quad (4.12)$$

2. 集距离度量

Vague 集距离度量是以 Vague 集多属性决策为理论基础。初期，人们利用真假隶属度函数值给出了标准化的 Vague 集海明（Hamming）距离 l_1：

$$l_1(A,B) = \frac{1}{2n}\sum_{i=1}^{n}\left(\,|\,t_A(x_i) - t_B(x_i)\,| + |\,f_A(x_i) - f_B(x_i)\,|\,\right)$$

此方法只考虑真假隶属度的绝对差距，没有考虑 Vague 集中的未知信息，导致丢失的指标信息较多。2000 年，有学者对标准化的海明距离 l_1 进行了改进，给出了海明距离 l_2：

$$l_2(A,B) = \frac{1}{2n}\sum_{i=1}^{n}\left(\,|\,t_A(x_i) - t_B(x_i)\,|\right.$$
$$\left. + |\,f_A(x_i) - f_B(x_i)\,| + |\,\pi_A(x_i) - \pi_B(x_i)\,|\,\right)$$

虽然该距离考虑了未知度的影响，但其仍有不足。如当 $A=\{[1,1]\}$，$B=\{[0,0]\}$，$C=\{[0,1]\}$，根据 l_2 方法得到 $l_2(A, B) = l_2(A, C) = l_2(B, C)$。根据投票模型：$A=\{[1,1]\}$ 表示所有人赞成，$B=\{[0,0]\}$ 表示所有人反对，$C=\{[0,1]\}$ 表示所有人弃权。但直觉告诉人们，从完全赞成到完全反对的距离，也应大于从完全赞成到完全弃权的距离，也应大于从完全弃权到完全反对的距离，此时 l_2 显然无效。

通过上述分析知：任何两个 Vague 值（集）距离为 0 的条件是当且仅当它们支持和反对证据完全相等且未知信息为 0。以此，建立 Vague 集度量的一般准则：

（1）规范性　　$0 \leqslant D(A,B) \leqslant 1$；

（2）对称性　　$D(A,B) = D(B,A)$；

（3）三角不等性　　$D(A,C) \leqslant D(A,B) + D(B,C)$；

（4）单调性　　$D(A,C) \geqslant \min\{D(A,B), D(B,C)\}$，$A \subseteq B \subseteq C$。

根据以上准则，对于任意两个 Vague 值 x 和 y，其距离度量应同时考虑支持证据、反对证据和未知度三个参数，并且 Vague 值未知度的增加只会使距离增加，在度量时不应该抵消。基于以上分析，提出新的距离度量公式。

设 A 是论域 U 中的 Vague 集，对于 A 中任意两个元素 $x = [t_x, 1 - f_x]$，$y = [t_y, 1 - f_y]$，令它们的距离形式如下：

$$D(x,y) = a\,|\,t_x - t_y\,| + b\,|\,f_x - f_y\,| + c\,|\,\pi_x + \pi_y\,|$$

运用待定系数法求解未知变量 a、b 和 c。

（1）由 $D([0,0],[0,1])=D([1,1],[0,1])$ 可以得到 $a=b$。

（2）Vague 值 $[0,0]$ 与 $[1,1]$ 代表相反情况，则距离最大，所以由 $D([0,0],[1,1])=1$ 可以得到 $a+b=1$。结合上步结果，可以得到 $a=b=0.5$。

（3）对于距离 $D([0,1],[0,1])$ 可认为是两个任意 Vague 值的均值，在直角坐标系中正方形区域 $D_0=[0,1]*[0,1]$ 任取一点 (t_x, t_y)，其 t_x、t_y 分别和 Vague 值 $x=[t_x, t_x]$，$y=[t_y, t_y]$ 对应（图4.6），又因为横坐标和纵坐标差的绝对值为 x 和 y 的距离，即 $d(x, y)=|t_x-t_y|$，所以 $d(x, y)$ 的均值为

$$\iint_{D_0}|x-y|\mathrm{d}\sigma \Big/ \iint_{D_0}\mathrm{d}\sigma = 2\int_0^1\int_0^x(x-y)\mathrm{d}x\mathrm{d}y \Big/ \int_0^1\int_0^1\mathrm{d}x\mathrm{d}y$$

$$= 2\int_0^1\frac{x^2}{2}\mathrm{d}x = \frac{1}{3}$$

于是得到 $D([0,1],[0,1])=2c=\dfrac{1}{3} \Rightarrow c=\dfrac{1}{6}$。

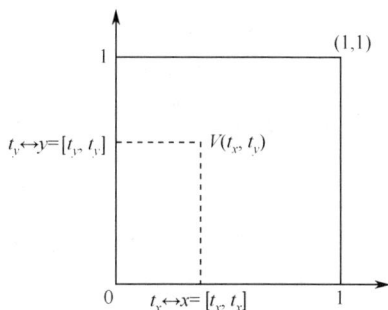

图 4.6　平面区域 D_0 上的点的坐标与 Vague 值一一对应关系

基于以上研究，可得到 Vague 值之间新的距离公式：

$$D(x,y)=\frac{1}{2}|t_x-t_y|+\frac{1}{2}|f_x-f_y|+\frac{1}{6}|\pi_x+\pi_y| \quad (4.13)$$

定义 4.5　对于两个 Vague 集 A 和 B，定义它们之间的距离为

$$D(A,B) = \frac{1}{n} \sum_{i=1}^{n} \left[\frac{1}{2} | t_A(x_i) - t_B(x_i) | \right.$$
$$\left. + \frac{1}{2} | f_A(x_i) - f_B(x_i) | + \frac{1}{6} (\pi_A(x_i) + \pi_B(x_i)) \right]$$

(4.14)

由新的距离度量公式，$D(A,B)$满足一般准则，其不仅具有区分能力，所得的结果也与决策者直觉相一致。

3. 威胁评估典型算法

目标评估环节是指挥控制系统辅助决策的核心环节之一，目标评估算法需要的目标指标信息可以从指挥控制系统直接读取。设作战区域中有 m 个敌目标，每个目标有 n 个威胁指标，则目标集合 $A = \{A_1, A_2, \cdots, A_m\}$，指标集合 $I = \{I_1, I_2, \cdots, I_n\}$。

第 i 个目标在第 j 个指标下的衡量值为 $\tilde{a}_{ij}$，则目标威胁矩阵：

$$\tilde{A} = \begin{bmatrix} \tilde{a}_{11} & \tilde{a}_{12} & \cdots & \tilde{a}_{1n} \\ \tilde{a}_{21} & \tilde{a}_{22} & \cdots & \tilde{a}_{2n} \\ \vdots & \vdots & & \vdots \\ \tilde{a}_{n1} & \tilde{a}_{n2} & \cdots & \tilde{a}_{mn} \end{bmatrix}$$

式中：$\tilde{a}_{ij}$ 为模糊评价语言或精确数。

为了算法分析的方便，研究评估算法时不考虑环境指标（环境指标不融合于算法，其不影响算法的有效性），即 n 个指标不包含环境指标。

依据表 4.12 将模糊评价语言转化为 Vague 值，对于定量指标，其指标是以精确数表示的，如武器目标距离、目标相对速度等。下面采用极差法对定量指标的效益型指标和成本型指标进行处理：

效益型：
$$\begin{cases} t_{ij} = (\tilde{a}_{ij} - \min_i \tilde{a}_{ij})/(\max_i \tilde{a}_{ij} - \min_i \tilde{a}_{ij})\ (i=1,2,\cdots,m; j=1,2,\cdots,n) \\ f_{ij} = (\max_i \tilde{a}_{ij} - \tilde{a}_{ij})/(\max_i \tilde{a}_{ij} - \min_i \tilde{a}_{ij})\ (i=1,2,\cdots,m; j=1,2,\cdots,n) \end{cases}$$

(4.15a)

成本型：
$$\begin{cases} t_{ij} = (\max_i \tilde{a}_{ij} - \tilde{a}_{ij})/(\max_i \tilde{a}_{ij} - \min_i \tilde{a}_{ij})\ (i=1,2,\cdots,m; j=1,2,\cdots,n) \\ f_{ij} = (\tilde{a}_{ij} - \min_i \tilde{a}_{ij})/(\max_i \tilde{a}_{ij} - \min_i \tilde{a}_{ij})\ (i=1,2,\cdots,m; j=1,2,\cdots,n) \end{cases}$$

(4.15b)

将目标指标矩阵 $\tilde{A}$ 转化为目标指标 Vague 值矩阵 A

$$A = \begin{bmatrix} a_{11} & a_{12} & \cdots & a_{1n} \\ a_{21} & a_{22} & \cdots & a_{2n} \\ \vdots & \vdots & & \vdots \\ a_{m1} & a_{m2} & \cdots & a_{mn} \end{bmatrix}$$

式中：a_{ij} 为 Vague 值；目标 i 对应于 Vague 集 A_i。

1）记分函数评估法

在评估过程中，依据最小偏差组合权重优化理论获取指标组合权重 $w = [w_1, w_2, \cdots, w_n]$，针对决策者的风险偏好选取记分函数计算记分值。为此，对于地面突击分队目标威胁评估问题，首先研究传统加权记分函数法，步骤如下：

Step1：依据战场态势给出目标 $A_i \in A$ 各指标 $I_j \in I$ 的定性语言评价值以及定量评价值 $\tilde{a}_{ij}(i=1,2,\cdots,m; j=1,2,\cdots,n)$，并将其转化为 Vague 值 a_{ij}；

Step2：运用基于最小偏差原理的组合权重优化方法确定指标权重向量 $w = [w_1, w_2, \cdots, w_n]$；

Step3：依据决策者的风险偏好，选择 Vague 集记分函数 S，计算目标 A_i 关于各指标 I_j 的记分值 $s_{ij} = S_j(a_{ij})$；

Step4：计算各目标的加权记分值，即

$$S(A_i) = \sum_{j=1}^{n} w_j s_{ij}, \quad i = 1,2,\cdots,m \tag{4.16}$$

按照上述记分值 $S(A_i)$ 对各目标进行威胁评估与排序。

基于传统加权记分函数的评估方法是对所有指标的记分值加权平均，每个记分值都直接影响到目标的最终记分值。一方面，决策者不愿或很难对目标中的指标意义——甄别清楚，若某一指标的风险记分函数选择不当，将会对目标的记分值有较大影响；另一方面，以记分值代替整个 Vague 值是一种近似，为了方便记分值的最终确定，即使选择的风险记分函数恰当，也会产生微小误差，且在指标值的集结过程中所有指标记分值的微小误差累计也容易造成较大的误差。

为了尽可能使计算目标的记分值消除主观的影响，最好在指标记分值评估过程中不带风险偏好，只在最终确定目标记分值时使用记分函数。为此提出极值记分函数法，步骤如下：

Step1：将指标值转化为 Vague 值 a_{ij}，对于每个目标 A_i，可知每个指标值 $a_{ij} = [t_{ij}, 1-f_{ij}]$ 的最大记分值 $S_{ij}^{\max} = 1-f$，最小记分值为 $S_{ij}^{\min} = t$；

Step2：对于每个目标 A_i，根据其指标记分极值以及指标权重 $\boldsymbol{w} = [w_1, w_2, \cdots, w_n]$，得到目标 A_i 的极大记分值 $S_{\max}(A_i)$ 和极小记分值 $S_{\min}(A_i)$，即

$$
\begin{cases}
S_{\max}(A_i) = \displaystyle\sum_{j=1}^{n} w_j S_{ij}^{\max} \\
S_{\min}(A_i) = \displaystyle\sum_{j=1}^{n} w_j S_{ij}^{\min}
\end{cases}
\tag{4.17}
$$

这样，目标 A_i 的记分值可视为 Vague 值 $V(A_i) = [S_{\min}(A_i), S_{\max}(A_i)]$ $(i = 1, 2, \cdots, m)$；

Step3：根据决策者的风险偏好，选择风险记分函数 S，计算并比较 $S(V(A_i))$ 的大小，对目标进行评估排序，$S(V(A_i))$ 越大，目标的威胁度越大。

极值记分函数法简单、直观、明了，可以克服传统线性加权法误差累计的不足。

2）多属性决策 TOPSIS 法

设作战区域中有 m 个敌目标，每个目标有 n 个威胁指标，等同于 n 维空间有 m 个点。借助评估问题中理想目标和负理想目标的思想：理想目标是设想的威胁度最大目标，各个指标值都达到所有目标在各个指标下的最优值；负理想目标是设想下的威胁度最差的目标，各个指标值都是所有评估目标在各个指标值下的最差值。通过比较目标到理想目标和负理想目标距离的贴近度对目标进行评估排序，威胁度最大的目标满足距离理想目标近、距离负理想目标远。TOPSIS 评估算法核心思想是求解评估目标与正负理想目标距离的贴近度，依据贴近度完成目标群评估，基于新的 Vague 值距离的 TOPSIS 算法步骤如下：

Step1：构造正、负理想目标。对于一个评估问题，假设任意一个目标 A_i 在指标集 I 下的 Vague 集表示为

$$A_i = \{(I_1, [t_{i1}, 1-f_{i1}]), (I_2, [t_{i2}, 1-f_{i2}]),$$

$$\cdots, (I_n, [t_{in}, 1 - f_{in}])\}$$

根据目标集 $A = \{A_1, A_2, \cdots, A_m\}$ 构造指标集约束下的正、负理想目标，即

$$A^+ = \{(I_1, [1, 1]), (I_2, [1, 1]), \cdots, (I_n, [1, 1])\}$$
$$A^- = \{(I_1, [0, 0]), (I_2, [0, 0]), \cdots, (I_n, [0, 0])\}$$

Step2：假设指标权重 $w = [w_1, w_2, \cdots, w_n]$ 为已知，计算各目标到正、负理想目标的加权距离，即

$$D_i^+ = D(A_i, A^+) = \sum_{j=1}^{n} w_j D([t_{ij}, 1 - f_{ij}], [1, 1]) \quad (4.18)$$

$$D_i^- = D(A_i, A^-) = \sum_{j=1}^{n} w_j D([t_{ij}, 1 - f_{ij}], [0, 0]) \quad (4.19)$$

Step3：计算贴近度，即

$$R_i = \frac{D_i^-}{D_i^- + D_i^+} \quad (4.20)$$

式中：R_i 值越大，目标的威胁度越大。

与记分函数法一样，TOPSIS 法简单且容易理解，且几何意义明确，但不同的距离测度会得到不同排序结果。

3）多属性决策 PA 算法

多属性决策 PA 算法，即投影算法，是从向量投影值角度出发，将每个目标看成一个多维向量，则每个目标 $A_i(i = 1, 2, \cdots, m)$ 与理想目标 A^* 之间均有一个夹角，研究目标在理想目标上的投影值来进行目标评估排序。下面给出基于 Vague 值评估矩阵的投影评估方法，拓展了投影算法的应用，为威胁评估提供了一个新的途径。具体步骤如下：

Step1：确定加权规范矩阵 $Y = (y_{ij})_{mn}$。决策矩阵 $\tilde{A} = (\tilde{a}_{ij})_{mn}$ 经过预处理得到矩阵 $A = (a_{ij})_{mn}$，依据确定的指标权重，对矩阵 $A = (a_{ij})_{mn}$ 进行加权处理得到加权规范矩阵，即

$$Y = (y_{ij})_{mn} = (w_j a_{ij})_{mn} \quad (4.21)$$

Step2：确定理想目标，即

$$y^* = \{y_1^*, y_2^*, \cdots, y_n^*\} = ([\max_i t_{ij}^*, 1 - \min_i f_{ij}^*] \quad j \in I)$$

$$或(\left[\min_i t_{ij}, 1 - \max_i f_{ij}\right] \quad j \in J), j = 1, 2, \cdots, n$$

式中：I 为效益型指标集合；J 为成本性指标集合。

Step3：计算投影值，即

$$p_i = \frac{\sum_{j=1}^{n} \left[t_j^* t_{ij} + (1 - f_j^*)(1 - f_{ij}) \right]}{\sqrt{\sum_{j=1}^{n} \left[(t_j^*)^2 + (1 - f_j^*)^2 \right]}}, (i = 1, 2, \cdots, m) \quad (4.22)$$

利用式（4.22）求解目标 A_i 在理想目标上的投影，按照 p_i 大小对目标进行排序，p_i 值越大，目标威胁度越大。

如上所述，将 Vague 集相关理论应用到了典型的评估算法当中，可以拓展 Vague 集的应用，并为目标威胁评估提供了新的途径和方法。但是，该评估算法也存在如下不足之处：

（1）算法精度不高。

①三种典型的评估算法只能处理单一数据类型（Vague 值型），实际指标属于混合型（Vague 值与精确数），将精确数转化为 Vague 值就会导致威胁评估的结果精度不高，丢失指标部分信息。

②依据评估值矩阵进行评估存在优劣指标互补的不足。如果一个目标 A_i 的某个指标比另一个目标 A_j 的差，而且无论差多少，都可以通过其他指标比另一个目标好进行补偿，使得最终的威胁度 $A_i > A_j$，这样的威胁评估结果就会丢失部分指标信息。

（2）算法区分度不高。

①TOPSIS 法最大的不足在于计算得到的每个目标与正负理想目标的贴近度不能反映目标实际威胁度。如图 4.7 所示，在二维空间中（为方便讨论，只选取两个指标），理想目标点和负理想目标点连线的垂直平分线上，如果存在两个或两个以上目标，则它们的评估值都为 0.5。也就是说，TOPSIS 法不能反映目标与理想目标的绝对距离，也就无法进行绝对的评估排序。

②在 PA 算法中，假设指标向量是二维的（多维的以此类推），如图 4.8 所示。Y^+、Y^- 分别为理想目标和负理想目标，则二维坐标系中的矩形即为目标集。图中 A 与 B 为待评估的两个目标，且 AB 垂直 OY^+ 于 C，AA'、BB' 分别垂直 OY^- 于 A' 和 B'。依据传统投影算法

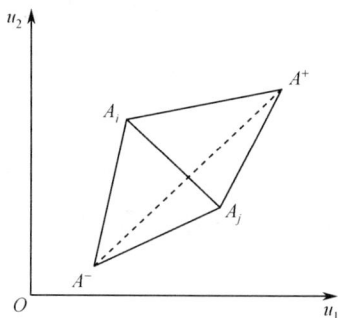

图 4.7　TOPSIS 法不足之处图解

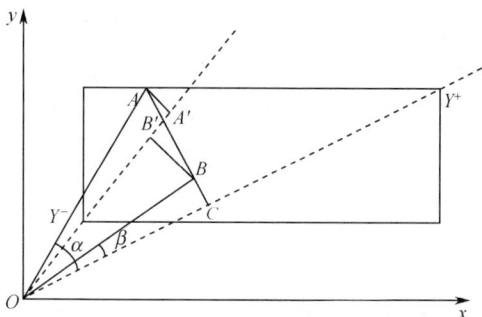

图 4.8　投影算法不足之处图解

的理论方法，A 和 B 在理想方案 Y^+ 上的投影都为 OC，即评估结果是一样的，它们两者之间无法排序。实际上，A 和 B 与理想目标的夹角分别为 α 和 β，并且有 $\alpha = \arctan(AC/OC)$ 和 $\beta = \arctan(BC/OC)$，由于 $AC > BC$，则可以得到 $\alpha > \beta$，即可说明目标 B 比 A 目标更接近于理想目标，则 B 的威胁度更大。

4. Vague 集关系模型评估法

根据决策者风险偏好的决策态度，定义 Vague 值的运算法则：

定义 4.6　设任意两个 Vague 值 $A = [t_a, 1 - f_a]$ 和 $B = [t_b, 1 - f_b]$，则称 Vague 值 $C = A \wedge B$ 为 A 和 B 的风险厌恶型决策 Vague 值，其支持证据 $t_c = \min\{t_a, t_b\}$，反对证据 $f_c = \max\{f_a, f_b\}$，当有两个以上 Vague 值时，以此类推。

定义 4.7　设任意两个 Vague 值 $A = [t_a, 1 - f_a]$ 和 $B = [t_b,$

79

$1 - f_b]$，则称 Vague 值 $C = A \neg B$ 为 A 和 B 的风险中立型决策 Vague 值，其支持证据 $t_c = \dfrac{t_a + t_b}{2}$，反对证据 $f_c = \dfrac{f_a + f_b}{2}$，当有两个以上 Vague 值时，以此类推。

定义 4.8 设任意两个 Vague 值 $A = [t_a, \; 1 - f_a]$ 和 $B = [t_b, \; 1 - f_b]$，则称 Vague 值 $C = A \bigvee B$ 为 A 和 B 的风险追求型决策 Vague 值，其支持证据 $t_c = \max\{t_a, \; t_b\}$，反对证据 $f_c = \min\{f_a, \; f_b\}$，当有两个以上 Vague 值时，以此类推。

在实际目标威胁评估中，指标值间微小的差异不能对目标最终的排序结果起决定性作用。一个目标在某个指标下偏好于另一个目标，应该指的是该指标值相差比较大。所以，对于每一个指标，根据实际情况首先设定一个阈值，如果两个目标的指标值的差值不超过这个阈值，则认为两个目标相同；否则，就在该指标下分析其对目标对的支持情况。下面根据指标对目标对的支持情况定义支持指标集、反对指标集以及中立指标集。

定义 4.9 对目标集中任意一个目标对 (A_i, A_k)，目标对是说明目标之间存在偏序关系，即认为目标 A_i 的威胁度大于目标 A_k 的威胁度，设定指标 I_j 差值的阈值为 $\delta_j (j = 1, 2, \cdots, n)$，则：

（1） $\{I_j \mid a_{ij} - a_{kj} > \delta_j\}$ 称为目标对 (A_i, A_k) 的支持指标集；

（2） $\{I_j \mid a_{kj} - a_{ij} > \delta_j\}$ 称为目标对 (A_i, A_k) 的反对指标集；

（3） $\{I_j \mid |a_{ij} - a_{kj}| \leqslant \delta_j\}$ 称为目标对 (A_i, A_k) 的中立指标集。

式中：a_{ij} 为定性指标 Vague 值的记分函数值或定量指标的精确数。

对于每个目标，通过 Vague 值的决策态度运算，最后得到一个 Vague 值，然后选用 4.1 节中基于风险偏好的记分函数，求解每个目标 Vague 值的记分值，依据得到的目标记分值对目标进行评估与排序。

综上所述，基于 Vague 集关系模型评估法的步骤如下：

Step1：根据区分度与算法有效性的要求，设定每个指标的阈值。在目标集中从第一个目标开始，找出与其他目标相比较的支持指标集、反对指标集和中立指标集，直至到最后一个目标结束。那么，就会得到每个目标与其他目标形成目标对的指标支持情况。

Step2：依据最小偏差组合权重优化模型得到指标权重，从第一个目标开始，建立目标集中每个目标对的 Vague 值 $[t_{(A_i,A_k)}，1-f_{(A_i,A_k)}]$，其中，$t_{(A_i,A_k)}$ 为支持指标集对应权重的和，$f_{(A_i,A_k)}$ 为反对指标集对应权重的和，$1-f_{(A_i,A_k)}-t_{(A_i,A_k)}$ 为中立指标集对应权重的和。

Step3：根据定义 4.6、定义 4.7 和定义 4.8，对任意目标 A_i，根据决策者的风险偏好选择 Vague 值的运算法则。

Step4：根据决策者的风险偏好，选择 Vague 值的记分函数，得到每个目标最终的记分值。

Step5：依据计算得到的各个目标的记分值，完成目标评估与排序。

假设某批次火力打击，我方坦克分队共有 M 辆坦克，发现 N 个目标，规定每辆坦克只能打击一个目标。用 $x_{ij}(i=1，2，\cdots，m；j=1，2，\cdots，n)$ 表示武器对目标的火力分配对：当第 i 辆坦克对第 j 个目标射击时，$x_{ij}=1$；当第 i 辆坦克不对第 j 个目标射击时，$x_{ij}=0$。假设此时第 i 辆坦克对第 j 个目标的射击毁伤概率为 q_{ij}，第 j 个目标对第 i 辆坦克的战场威胁度为 w_{ij}，第 j 个目标的战场价值为 r_j。

根据上述方法评估目标威胁度，目标威胁矩阵可写为

$$W = \begin{bmatrix} w_{11} & w_{12} & \cdots & w_{1n} \\ w_{21} & w_{22} & \cdots & w_{2n} \\ \vdots & \vdots & & \vdots \\ w_{m1} & w_{m2} & \cdots & w_{mn} \end{bmatrix} \qquad (4.23)$$

采用同样的方法评估目标战场价值，目标价值向量为

$$R = \begin{bmatrix} r_1 & r_2 & \cdots & r_n \end{bmatrix} \qquad (4.24)$$

基于 Vague 集关系模型的评估算法，处理步骤较为简单，容易理解，而且能够克服传统算法的不足，为目标威胁评估提供了新的思路和新的方法。

4.3 群目标整体威胁评估

营及营以上规模地面突击分队对敌作战时，通常根据作战任务和宏观战场态势，先进行兵力部署（连、排规模整体火力分配），兵力

部署的依据则是敌目标集群（简称群目标）的整体威胁度或战场价值评估。

通常，目标威胁具有两方面的含义，即对我不利性和对敌有利性，其核心内容是目标的作战能力。群目标整体威胁评估是通过单目标的威胁评估信息，结合战场态势共享信息，对群目标的企图和能力进行评估；整体价值评估是对目标的作战能力和我方对其打击效率进行综合评估。对群目标而言，战场价值评估相对于威胁评估更加有效。因此，这里的群目标整体威胁评估就是对群目标的作战能力的综合评估，这部分内容将在第 8 章中给出详细的论述。

目标集群的价值（威胁）评估是为兵力部署服务的，兵力部署是以群目标和群武器平台作为个体，进行较高层面的火力优化，且与战场态势、作战意图和战术联系紧密。而本书的研究对象为营规模的地面突击分队，其特点是目标集群（连排级的小分队）数量少、作战筹划时间充裕，其火力优化可由分队指挥员人工完成。因此，本书以单武器平台对多目标、多武器平台对多目标的火力优化控制进行研究，而有关兵力部署方面的高层火力优化，不再做进一步讨论。

第5章 武器平台火力优化控制

地面突击分队是以火力遂行作战任务的作战编成,地面突击分队的火力持续、密集、准确,将是战斗取胜的法宝,对战争的进程和结局有着重要的影响。火力已从过去从属的支援力量发展成主要的作战力量。火力的强大是作战取胜的关键,然而单一的火力难以完成现代作战任务,必须诸军兵种火力作战力量相互配合、共同使用,形成合成地面突击作战分队,才能达到战斗目的。

信息化条件下地面突击分队作战,必须突出火力的作用,强调以火力打击为主达成其作战目的。武器平台是地面突击分队实施火力打击的基础单元,也是执行火力优化控制的系统终端。武器平台火力主战是信息化条件下火力打击能力提高的客观反映,是加速作战进程、有效减少人员伤亡的重要举措。由此,本章对武器平台的火力优化控制实施过程进行详细的讨论。

5.1 火力运用原则

信息化条件下,武器平台火力打击具有以下突出特点:一是部分火力打击武器射程远,可在较远距离上实施非接触作战,隐蔽突然地打击预定作战目标;二是高性能传感器的大量使用,使武器平台的火力打击具有非常高的精确性和准确性,能够实施精确的点对点打击;三是集信息侦察、指挥控制、火力打击于一体的武器系统在战场上的广泛运用,实现了从各种传感器到发射平台的无缝链接,能够快速发现目标,快速实施火力打击,极大地提高火力反应速度;四是火力具有超越地面障碍、受天候气象影响较小等特点,具有广泛适用性,能够在各种环境中遂行多种作战任务。

考虑信息化条件下武器平台火力打击所特有的作战功能和特点,在地面突击分队作战中需要突出武器平台火力的地位作用,即以火力为主遂行作战任务。同时，火力主战也是有效减少人员伤亡、降低战争风险的重要手段。近几场局部战争实践充分表明，火力已成为作战中无可争议的主角。

根据美国陆军战术理论，地面突击分队的武器平台在实施火力打击时，通常遵循以下基本原则：

（1）先敌射击，首发命中。战斗中武器平台乘员应密切协同，积极行动，充分利用现有装备和信息资源，及时发现目标，先敌射击，并确保首发命中。考虑敌我双方的作战能力，应该尽可能地消灭作战能力大的目标，同时尽可能地保持自身的战斗能力。

（2）整体威胁程度最大原则。威胁程度较大的目标应尽可能首先予以摧毁，且优先分配给对其射击有利度较高的火力单元。因此，在交战的任意时刻尽可能地杀伤威胁大的目标。

（3）优先选择威胁最大的目标。在选择打击目标时，除上级指定目标外，应优先选择对我威胁最大的目标加以摧毁，有效地保存自己。

（4）控制弹药消耗，维持战斗携行量。现代战场环境下，弹药的补充受到多方面因素的限制，战斗中必须严格控制弹药的消耗，以确保分队连续攻击能力和持续的战斗力。

（5）灵活运用火力，适时火力机动。灵活机动火力于主要方向、重要地区和重要目标，达成并保持对敌火力优势，从各个方向上出其不意地给敌以毁灭性打击。

5.2　火力打击能力

地面突击分队武器平台射击效率的评价指标主要有射击命中概率、毁伤概率、平均命中弹数、平均毁伤目标数、平均弹药消耗量和平均射击时间等。在此，主要考虑射击命中概率和有效射程对武器平台的火力打击能力的影响。

5.2.1　命中概率

在一般武器平台射击理论教材中，都有多种计算射击命中概率方法的介绍，其中以公式法计算命中概率最为精确。在进行射击理论研究、实弹射击试验时，均采取公式法。地面突击分队武器平台对目标射击时，通常只有直接命中才可能毁伤目标。射击命中概率的大小主要取决于射击距离、弹药类型、目标大小、地形、气象情况和射手射击技术等，可表示为

$$
\begin{aligned}
p &= \lambda_{LF}\lambda_{WE}\lambda_{EM}\lambda_{GUN}\Phi\left(\frac{m\sqrt{M_C}}{\sqrt{E_{ZF}^2 + G_F^2}}\right)\Phi\left(\frac{h\sqrt{M_C}}{\sqrt{E_{ZG}^2 + G_G^2}}\right) \\
&= \lambda_{LF}\lambda_{WE}\lambda_{EM}\lambda_{GUN}\Phi\left(\frac{m\sqrt{M_C}}{E_{SF}}\right)\Phi\left(\frac{h\sqrt{M_C}}{E_{SG}}\right) \quad\quad (5.1) \\
&= \lambda_{LF}\lambda_{WE}\lambda_{EM}\lambda_{GUN}\Phi(f)\Phi(g)
\end{aligned}
$$

式中：λ_{LF} 为地形系数，$0 \leq \lambda_{LF} \leq 1$；$\lambda_{WE}$ 为气象系数，$0 \leq \lambda_{WE} \leq 1$；$\lambda_{EM}$ 为电磁系数，$0 \leq \lambda_{EM} \leq 1$；$\lambda_{GUN}$ 为射手射击技术系数，$0 \leq \lambda_{GUN} \leq 1$；$M_C$ 为目标体形系数；m 为目标宽度 1/2；h 为目标高度 1/2；E_{ZF}、E_{ZG} 分别为射击准备的方向和高低中数误差；G_F、G_G 分别为射弹散布的方向和高低中数误差；E_{SF} 和 E_{SG} 分别为射击的方向和高低中数误差；$\Phi(f)$ 为方向命中概率；$\Phi(g)$ 为高低命中概率。

地形系数、气象系数等在 3.4.1 节已经讨论过，这里不再赘述。

每名射手的射击技术素质以战前准备为基础，在战斗过程中会根据射弹命中情况随时改变。战前准备基础依据每名射手平时的训练与考核而定，即 $(\lambda_{GUN})_0 = \overline{\lambda}_{GUN}$。战场上，射手发射炮弹若命中目标，则令 $S_{IGN\_GH} = 1$；否则，$S_{IGN\_GH} = 0$。射手第 $k+1$ 发炮弹命中效果检测到后的射击技术素质为

$$
\begin{aligned}
(\lambda_{GUN})_{k+1} &= (\lambda_{GUN})_k - \lambda_{GUN\_UD} \cdot \\
&\quad ((p-1)(1-(\lambda_{GUN})_k))^{S_{IGN\_GH}}(p(\lambda_{GUN})_k)^{1-S_{IGN\_GH}} \quad (5.2)
\end{aligned}
$$

式中：λ_{GUN_UD} 为射手射击技术素质更新系数，$\lambda_{GUN\_UD} = 0.1$。

战斗过程中，通过战场侦察检测可知目标的类型，同时可确定目标宽度 1/2 和高度 1/2，再通过查典型目标体形系数表可获得各目标的体形系数。

射击的方向中数误差与坦克炮的型号、选用的弹种、敌我相对运动方式和敌我距离有关。通过对一定的射击方向中数误差进行曲线拟

合，可得到在各条件下的射击方向中数误差值。某口径的坦克炮以静对静方式、使用某型号炮弹射击时，射击方向中数误差与敌我距离的关系为

$$E_{\mathrm{SF}} = 0.0095d^3 - 0.0644d^2 + 0.5284d - 0.0968 \qquad (5.3)$$

同理，可计算出各条件下射击的高低中数误差值。

方向命中概率和高低向命中概率一般通过查 $\Phi(\beta)$（见附表1）函数表计算得出，$\Phi(\beta)$ 为

$$\Phi(\beta) = \frac{2\rho}{\sqrt{2\pi}} \int_0^\beta \mathrm{e}^{-\rho^2 z^2} \mathrm{d}z \qquad (5.4)$$

式（5.1）是按对称区间内分布的命中概率计算的，按照目标体型的方向和目标高度相应的表尺命中界和中数误差的比值，查 $\Phi(\beta)$ 函数表再按照乘法定理计算命中概率。下面介绍两种计算命中概率的方法。

1. 利用 $F(x) = \int_{-\infty}^x \frac{1}{\sqrt{2\pi}} \mathrm{e}^{-\frac{t^2}{2}} \mathrm{d}t$ 函数表计算命中概率

目前，表示射击误差的离散程度大都采用均方差。在进行现代火控系统射击误差分析时，其离散程度是以均方差表示，因而在计算目标命中概率时，也继续使用均方差表示射击误差离散程度。这与上述公式比较，只是改变了计算单元，即一个以中数误差为计算单元，另一个以均方差为计算单元，这是第一个不同之处。第二个不同之处是，因装有现代火控系统的武器平台，一般口径大、初速高、弹道低伸，在射击修正时以变更目标体型为主，而不应使用变更表尺法。因而将式（5.1）中通过目标命中界计算距离命中概率，改换为通过目标高低直接计算目标高低命中概率，再求出整个目标命中概率：

$$\Phi(f) = 2 \cdot F\left(\frac{m\sqrt{M_{\mathrm{C}}}}{\sigma_{\mathrm{SF}}}\right) - 1 \qquad (5.5)$$

$$\Phi(g) = 2 \cdot F\left(\frac{h\sqrt{M_{\mathrm{C}}}}{\sigma_{\mathrm{SG}}}\right) - 1 \qquad (5.6)$$

$$p = \Phi(f)\Phi(g) \qquad (5.7)$$

式中：p 为目标命中概率；$\Phi(f)$ 为目标方向命中概率；$\Phi(g)$ 为目标高低命中概率；m 为目标宽度 $1/2$；h 为目标高度 $1/2$；M_{C} 为目标体

形系数；σ_{SF}为方向均方差；σ_{SG}为高低均方差。

$F(x)$函数见附表2。

2. 利用多项式计算命中概率

用上述公式计算命中概率，优点是有一定的精度，对任何目标求命中概率均能使用，使用也比较方便。而利用多项式计算命中概率，是通过计算机将给定条件下对某目标射击的命中概率表示成射击距离的多项式。优点是计算命中概率时不需要查表，就可求出武器单元在通常射击距离上的目标命中概率，其缺点是只能对某个特定目标，按照事先提供的系数进行命中概率计算，这是多项式计算方法的局限性。其表达式为

$$p = a_0 + a_1 D + a_2 D^2 + a_3 D^3 + a_4 D^4 \qquad (5.8)$$

式中：p 为目标命中概率；a_0、a_1、a_2、a_3、a_4 为系数；D 为射击距离。

5.2.2　有效射程

有效射程是衡量地面突击分队武器平台火力打击能力的重要指标。随着武器平台火炮口径的增大，弹丸初速和威力的提高，武器平台的有效射程也随之增大，特别是装有现代火控系统的主战武器平台，其有效射程有明显提高，这对于地面突击分队作战具有重要的战术意义。

武器平台的有效射程，是指在规定的目标条件和射击条件下，达到预定射击效率指标的最大射程。在进攻战斗中，武器平台依据有效射程来确定开火距离；在防御战中，武器平台依据有效射程来确定开始射击地区。

西方国家把对统一的"标准靶"射击时，取首发命中率为50%所对应的射程称为有效射程。首发命中率大于50%的射程射击为有效射程内射击，首发命中率小于50%的射程射击为远距离射击。"标准靶"的规定条件如下：

纵向运动靶　高×宽 = 2.3m×2.3m（运动速度为10m/s）

横向运动靶　高×宽 = 2.3m×4.6m（运动速度为25mil/s，1mil = 25.4μm）

无论是"标准靶"的几何形状还是运动状态，基本上都能够反映地面突击分队武器平台作战目标的实际情况。我国各系列武器平台运用教材中均列出了"命中率为 50% 的距离"，这样做可能与国际接轨有关。根据有效射程定义计算有效射程，就是计算火炮对纵向运动"标准靶"或横向运动"标准靶"射击（瞄准点在靶心）时的首发命中率为 50% 的情况下所对应的射程。

设射手射击技术优秀 $\lambda_{GUN}=1$，天气条件良好 $\lambda_{WE}=1$，战场地理通视性优越 $\lambda_{LF}=1$，无电磁信息干扰 $\lambda_{EM}=1$，目标为典型的正面坦克，即有 $M_C=0.86$，$m=2.3m$，$h=1.15m$，我方采用某型武器平台停止间对运动的目标射击，可得到单发射击命中概率与射击距离的关系如图 5.1 所示。

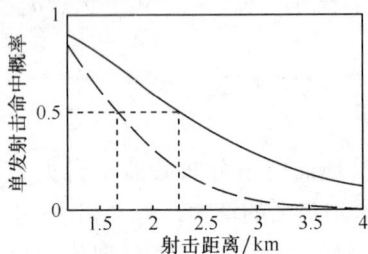

图 5.1　穿甲弹、破甲弹首发命中概率

注：实线为穿甲弹的单发射击命中概率曲线；虚线为破甲弹的单发射击命中概率曲线。

由上述有效射程定义可知，$p=50\%$ 时的射击距离为武器平台的有效射程，在有效射程内的射击为合理射击。由图 5.1 可知，穿甲弹的有效射程为 2.2km（$D_{EFF}=2.2$），破甲弹的有效射程为 1.7km（$D_{EFF}=1.7$），当射击距离在 2.2km 以内时，我方武器平台即可对目标实施合理射击。但当射击距离大于 2.2km 时，采用单发射击方式打击目标不能取得满意的命中效果，需要采用集火射击。

5.3　确定弹药消耗

弹药需求的计算是武器平台火力优化控制的重要内容之一，是确保实现武器平台火力打击作战目的的重要基础，也是科学计划、合理使用和进行弹药保障的基本依据。从武器平台火力打击弹药需求类型看，包括普通弹药、精确弹药和特种弹药；从弹药需求计算的内容看，包括压制弹药需求量计算、反坦克弹药需求量计算和特种弹药需求量计算。

5.3.1 弹药种类

目前，世界各国地面突击分队火力打击装备比较常用的弹药主要有榴弹、破甲弹、穿甲弹和碎甲弹四种，其毁伤效应包括穿甲效应、破甲效应、碎甲效应、破甲杀伤效应、冲击波效应和燃烧效应等。

1. 穿甲弹

穿甲弹主要用以歼灭敌人的主战装备，主要靠弹丸自身的动能贯穿装甲，通常有普通穿甲弹、超速穿甲弹和脱壳穿甲弹三种。弹体材料也由普通钢、钨合金钢向铀合金钢发展，弹丸的长径比也不断增大。穿甲弹穿透装甲后，其后效威力大，尤其是产生的大量破片，对车辆内部人员和装备部件的毁伤效果十分显著。

2. 破甲弹

破甲弹主要用以歼灭敌人的主战装备，它是利用弹丸爆炸后所产生的高速、高温、高压和高密度的聚能金属射流来摧毁装甲目标的。其弹体内的装药做成锥孔形状，当从锥孔相反的一端起爆炸药时，火药气体垂直于锥孔表面运动，其方向都指向锥孔轴线而汇成一股高速、高温、高压和高密度的聚能气流，将药型罩挤压、塑变为速度高、密度大而且细长的聚能金属射流，摧毁装甲目标。

3. 碎甲弹

碎甲弹主要用以歼灭敌人的主战装备，它是利用炸药的爆轰波能量来破坏装甲的。当弹头命中装甲时，弹头头部由于惯性作用，受压而变形或破碎，弹体内的塑性炸药扩张而堆积在钢甲上，当形成有效碎甲形状时，弹底引信起爆。炸药爆炸时产生强烈的冲击波，冲击波通过装甲，并在装甲内引起一种压缩波。压缩波比冲击波的速度慢，但压缩波会引起金属变形。当其传到装甲背面时，由于不同介质对波的反射作用，在甲板内又形成反射回来的拉伸波，当拉伸波与后面继续传来的压缩波相遇时，两波叠加，对甲板产生很大的叠加应力，使装甲金属破坏，内部产生裂缝，从而在装甲背面撕裂下碟形碎片。

4. 榴弹

榴弹主要利用弹丸爆炸时产生的大量破片来杀伤敌人的有生力量。当引信短延期装定时，也可用于对堑壕内的步兵和土木质工事射击。引信延期装定时，也可用于对较薄的装甲目标和较坚固的防御工事射击。榴弹命中装甲装备，不像穿甲弹、破甲弹那样能够击穿装甲进入装甲装备内部，毁伤车内部件和人员，而是靠大量的弹片、强大的爆炸冲击波和猛烈的冲击振动来毁伤车外部件、车内乘员和一些减振性能差的部件。

5.3.2 弹药威力

由 3.4.2 节弹药评估可知，弹药的毁伤威力可表示为

$$A_{DA} = \frac{\lambda_{ADA} T_{HICKNESS\_D}}{T_{HICKNESS\_U}} A_{SDA}$$

5.3.3 毁伤概率

考虑武器平台对作战目标的毁伤概率，直接受命中概率、命中部位装甲防护能力和弹药威力等因素影响，可由下述方法计算目标的防护能力：将不同的防护装甲转化为同防护能力的均质钢装甲，均质钢装甲厚度的不同反映出各装甲防护能力的差异，由此，可以获得目标的防护能力

$$A_{PR\_T} = \frac{\lambda_{PR} f(T_{HICKNESS})}{T_{HICKNESS\_U}} A_{SPR} A_{PR\_U} \tag{5.9}$$

式中：λ_{PR} 为装甲相对均质钢装甲的防护性系数；$T_{HICKNESS}$ 为目标装甲的厚度；$f(T_{HICKNESS})$ 为目标不同位置的装甲厚度函数；A_{SPR} 为特种防护能力；A_{PR_U} 为单位厚度均质钢装甲的防护能力，一般令 $A_{PR\_U} = 1$。

由此可知目标的毁伤概率为

$$p_{HS} = \begin{cases} p_{MZ}, & A_{PR\_T} - A_{DA} \leqslant 0 \\ e^{1 - \frac{A_{PR\_T}}{A_{DA}}} p_{MZ}, & A_{PR\_T} - A_{DA} > 0 \end{cases} \tag{5.10}$$

式中：p_{MZ} 为武器对目标的命中概率。

5.3.4　弹药消耗

确定武器平台弹药消耗量，需依据火力打击任务和相应的预期目标毁伤程度来考虑。确定毁伤程度本质上是战术问题。根据大量战争资料得出武器平台战术（射击）任务与毁伤程度的关系见表 5.1。

表 5.1　射击任务与毁伤程度的关系

射击任务		毁伤概率/%
压制	临时压制	10 ~ 15
	一般压制	20 ~ 30
	重点压制	35 ~ 45
歼灭		50 ~ 60

根据毁伤程度逆运算而求得的弹药消耗量，能够保证多次射击的平均效果达到规定的毁伤程度，因而是平均弹药消耗量。有时，为了使实际的射击效果不低于预期的毁伤程度，实际确定的弹药消耗量可适当多于按逆运算求得的弹药消耗量。

5.4　明确打击时机

对打击时机约束条件的处理方法之一是建立每个武器 - 目标对的射击时间窗，即确定目标到达该武器发射区远界和近界的时刻，将这两个时间点分别作为时间窗的前沿和后沿，武器要在该时间段之内对目标发射，地面突击分队火力优化分配方案的产生时间更要早于时间窗的后沿。但是，在多武器多目标的火力优化分配中，用时间窗来描述时间约束存在一定问题：窗口多、窗口长且大部分相互重叠，同一目标的所有时间窗不分等级，且火力优化和时间优化的并行性易导致解空间的组合爆炸；另一些时间窗模型只是一般组合优化算法在带时间窗的静态火力优化分配问题中的应用，类似于背包问题或排序问题，并不能真正解决地面突击分队作战中的动态火力优化分配问题。这些缺点使得算法在处理时间约束时不够灵活，优化效率低。正如一些学者所指出的，带时间窗的地面突击分队火力打击时机问题仍然没有得到有效的解决。

地面突击分队动态火力优化可视为一个实时过程，实时系统中问题解的正确性不仅取决于逻辑正确性，还取决于解所产生的时间，只有在规定时间之内输出的可行解才是一个具有实际意义的解。这个规定时间在实时问题中称为截止期，即任务完成的时间期限。由于对任务完成实行的要求不同，实时过程的截止期可分为软截止期、固定截止期和硬截止期。软截止期是指个别任务可以不满足截止期的时间要求，但可能会在一定程度上造成系统性能的下降；固定截止期是指当截止期到来，解不再有效，但是如果没有达到这个时间要求，其后果不是特别严重；硬截止期是指逾期会产生不可接受后果的固定截止期。在地面突击分队火力打击时机确定的问题中，这三类截止期同时存在，下面结合图 5.2 进行说明。

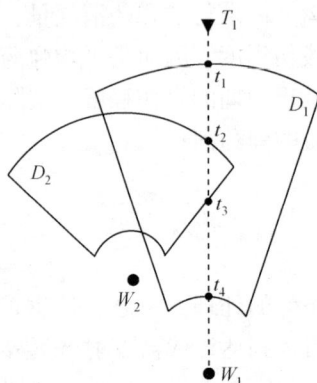

图 5.2　火力打击时机问题中各类截止期

在图 5.2 中，假定 W_1、W_2 为待分配的武器，来袭目标 T_1 的攻击对象是武器 W_1 所保护对象，D_1、D_2 分别为 W_1、W_2 针对 T_1 的发射区（形状已简化），目标 T_1 将进入这两个区域，且到达 D_1、D_2 远界的时刻分别为 t_1、t_2，到达 D_1、D_2 近界的时刻分别为 t_4、t_3。则图 5.2 所示地面突击分队火力打击时机问题的各类截止期如下：

（1）软截止期 T_R（t_1 和 t_2）。在作战过程中，抗击来袭目标的一个原则是早发现早摧毁，一旦目标进入武器发射区或可靠发射区远界并满足发射条件，就应该开火射击，以保证目标在整条行进路线上受

92

到更多次的火力打击。软截止期是目标到达每个武器的（可靠）发射区远界的时刻 t_1 和 t_2，因为在那之后，武器对目标的有效作战时间逐渐减少，目标可能受到打击的次数也随之减少。

（2）固定截止期 $T_G(t_3)$。当目标离开武器 W_2 的发射区近界之后，再产生该武器对目标的分配方案已经无效。但是这个时间不是硬截止期，因为如果到期 W_2 仍未对目标采取行动的话，还有武器 W_1 可用于交战。

（3）硬截止期 $T_Y(t_4)$。t_4 是固定截止期，也是硬截止期。因为如果在 t_4 之前没有产生任何武器目标分配方案并实施交战，目标将造成突防而直抵被保护对象。

因此，针对单武器平台的作战任务来说，如果要求在指定作战任务执行期限内完成对目标的打击，则需要在目标针对该武器平台的软截止期之后、固定截止期之前这段时间内实施火力打击行动。此外，针对每个作战目标进行火力打击的过程需要在一定的时间内完成，即在确保本次火力打击行动有效性的前提下，争取尽快完成打击任务，争取更多的作战时间，以便进行下一步的作战任务规划。有武器平台的火力打击时机表示如下：

$$\{t_k, \Delta t_k\} = f(T_R, T_G, T_Y) = \{T_R \leqslant t_k \leqslant T_G, 3 \leqslant \Delta t_k \leqslant 10\} \quad (5.11)$$

式中：t_k 为武器平台开始执行第 k 次火力打击的时间点；Δt_k 为武器平台执行第 k 次火力打击所限定的时长。

5.5　火力优化准则

对武器平台火力优化控制来说，在明确我方武器火力、敌方目标属性的前提下，需要依据一定的火力打击时机和优化打击准则来构建优化控制模型，为武器平台提供优化的、科学的火力打击方案，使得地面突击分队的作战任务通过火力优化控制转化成火力打击方案，并且最终通过火力打击等运用手段使其得以实现。其中，火力优化准则是实现火力优化控制的关键要素之一。武器平台按照一定相适应、具有科学性的火力优化准则进行火力打击，可以有效地达到作战目的、节省作战资源，并为下一步的作战行动提供便利条件。

依据武器平台面对的作战目标的数量不同，可将火力优化准则分为打击单目标的火力优化准则和打击多目标的火力优化准则两个方面。针对单目标实施火力打击或多目标实施火力打击时，武器平台需要采取不同的火力优化准则，以确保武器平台的火力打击能够取得令人满意的毁伤效果。

5.5.1 打击单目标的火力优化准则

1. 火力目标匹配原则

武器平台对单目标进行打击时，火力优化首先应坚持"火力－目标相匹配"的原则。根据目标的基本属性及作战特性选择相适应的武器和弹药。如我武器平台打击敌坦克时，应首先选穿甲弹，其次选破甲弹。若我武器平台打击对象是车载反坦克导弹时，在远距离时使用榴弹，摧毁其运载工具、发射装置；在近距离时使用机枪射击，杀伤其射手。对于直升机机载反坦克导弹，则应根据直升机的高度、与我距离等参数，优选高射机枪或平台车载火炮对其射击。

$$\{W_{ix},(A_M)_{iy}\} = f(\mathrm{cov}(T_j, W_{ix}, (A_M)_{iy})) = \{\max\{\mathrm{cov}(T_j, W_{ix}, (A_M)_{iy})\}$$
$$| \ W_{i1}, (A_M)_{i1}, \cdots, W_{ix}, (A_M)_{iy}, \cdots, W_{iX}, (A_M)_{iY}\}$$
$$(W_{ix} \in W_i, (A_M)_{iy} \in (A_M)_i, 1 \leqslant x \leqslant X, 1 \leqslant y \leqslant Y)$$

$$(5.12)$$

式中：T_j 为第 j 个目标；W_{ix} 为第 i 个武器平台上的第 x 个武器；$(A_M)_{iy}$ 为第 i 个武器平台上的第 y 种弹药。

2. 资源消耗最小原则

为了合理利用我方武器弹药的作战资源，在选定相匹配的作战武器平台及弹药后，应该在确保火力打击有效性的前提下，依据资源消耗最小原则，科学地确定武器平台针对该目标采取作战行动时所需的作战资源的数量。通过资源消耗最小原则可以使火力打击在取得期望的毁伤效果的同时，为后续的作战行动预留更多的作战资源，间接地使我方作战分队保持较高的作战能力，为作战分队指挥人员作战决策、指挥协调减轻压力。

$$\{W_{ix},(n_W)_{ix},(A_M)_{iy},(n_{AM})_{iy}\} = f\left(\mathrm{eng}(W_{ix},(n_W)_{ix},(A_M)_{iy},(n_{AM})_{iy})\right)$$

$$= \left\{ \mathrm{dmg}(T_j, W_{ix}, (n_W)_{ix}, (A_M)_{iy}, (n_{AM})_{iy}) \right.$$

$$> 0 \&\& \min \left\{ \mathrm{eng}(W_{ix}, (n_W)_{ix}, (A_M)_{iy}, (n_{AM})_{iy}) \right\}$$

$$\left| W_{i1}, (n_W)_{i1}, (A_M)_{i1}, (n_{AM})_{i1}, \cdots, W_{ix}, (n_W)_{ix}, (A_M)_{iy}, (n_{AM})_{iy}, \right.$$

$$\left. \cdots, W_{iX}, (n_W)_{iX}, (A_M)_{iY}, (n_{AM})_{iY} \right\}$$

$$(W_{ix} \in W_i, (A_M)_{iy} \in (A_M)_i, 0 \leqslant (n_W)_{ix} \leqslant (N_W)_{ix},$$

$$0 \leqslant (n_{AM})_{iy} \leqslant (N_{AM})_{iy}, 1 \leqslant x \leqslant X, 1 \leqslant y \leqslant Y) \quad (5.13)$$

式中：$(n_W)_{ix}$ 为所使用的第 i 个武器平台上第 x 种武器的数量；$(n_{AM})_{iy}$ 为所使用的第 i 个武器平台上第 y 种弹药的数量；eng 为资源消耗量计算函数；dmg 为毁伤效果计算函数；$(N_W)_{ix}$ 为第 i 个武器平台上第 x 种武器的总数量；$(N_{AM})_{iy}$ 为第 i 个武器平台上第 y 种弹药的总数量。

3. 以长治短原则

在确定了单目标打击所运用的武器和弹药的种类及数量之后，需要在具体实施火力打击的过程中，充分发挥作战兵力的体力、智力及其专业技能，了解兵力及其所依托的装备或建筑工事的特点、长处，把握所打击目标存在的薄弱环节及漏洞，以己之长攻彼之短，抓住有利时机，击其薄弱部位。

$$\{T_{jz}\} = f\left(\mathrm{ptk}(T_{jz}, W_{ix}, (A_M)_{iy}) \right)$$

$$= \left\{ \min \left\{ \mathrm{ptk}(T_{jz}, W_{ix}, (A_M)_{iy}) \right\} \ \middle| \ T_{j1}, \cdots, T_{jz}, \cdots, T_{jZ} \right\}$$

$$(T_{jz} \in T_j, 1 \leqslant z \leqslant Z)$$

$$(5.14)$$

式中；T_{jz} 为第 j 个目标的第 z 个薄弱环节；ptk 为武器平台技能发挥函数。

5.5.2 打击多目标的火力优化准则

1. 打击威胁最大目标原则

"保存自己，消灭敌人"是作战的基本原则，也是取得战争胜利的先决条件。由此，首先应确保我方武器平台能够有足够高的战场生存概率，消灭对自己威胁最大的目标，才能够有机会继续参与作战行动，为我方作战分队提供有效的打击效力。因此，在两军对抗过程中，当作战分队火力优化控制给出的火力打击方案出现单个武器平台应对多个敌目标时，应首先消灭对我武器平台威胁大的目标，特别是对我生存构成严重威胁的目标，应不惜一切代价消灭之。

$$\{T_j\} = f\big(\mathrm{thr}(T_j,W_i)\big) = \big\{\max\{\mathrm{thr}(T_j,W_i)\} \mid T_1,\cdots,T_j,\cdots,T_J\big\}$$
$$(T_j \in T, 1 \leqslant j \leqslant J) \qquad (5.15)$$

式中：thr 为威胁度计算函数。

2. 打击上级指定目标原则

当我方武器平台所需应对的多个作战目标中，没有可以对其构成严重威胁目标时，可以考虑是否有上级指派给我方作战单元的需要本批次打击毁伤的敌方目标。如果有上级指定目标，则说明该目标是分队作战指挥人员基于全局利害关系考虑选定的，是具有战略战术上重要作用的目标，如敌方作战指挥所、具有关键作用的火力节点等，对该类目标造成毁伤会使得敌方作战分队的作战能力急剧下降，甚至可以使其瘫痪，完全丧失战斗能力。因此，应当首先消灭上级指定目标，后消灭其他目标。

$$\{T_j\} = f\big(\mathrm{ass}(T_j,W_i)\big)$$
$$= \big\{\mathrm{ass}(T_j,W_i)\&\&\max\{\mathrm{imp}(T_j,W_i)\} \mid T_1,\cdots,T_j,\cdots,T_J\big\}$$
$$(T_j \in T, 1 \leqslant j \leqslant J) \qquad (5.16)$$

式中：ass 为指定度计算函数；imp 为重要度计算函数。

3. 打击战场价值最高目标原则

在作战武器平台确定无对自己具有严重威胁目标和上级指定目标之后，需要依据打击战场价值最高目标原则进行打击目标的选取。作战目标的战场价值是指依据作战目标的基本属性、当前状态及其担负的作战任务等因素所呈现出的目标对敌方作战分队的重要程度。目标战场价值决定了目标在作战过程中能够发挥作用的大小。对敌方作战分队越重要的目标，其战场价值越大，对我方作战分队的作战威胁就越大。因此，需要对作战目标的战场价值进行估计并排序，首先消灭战场价值最高的目标。

$$\{T_j\} = f\big(\mathrm{val}(T_j,W_i)\big) = \big\{\max\{\mathrm{val}(T_j,W_i)\} \mid T_1,\cdots,T_j,\cdots,T_J\big\}$$
$$(T_j \in T, 1 \leqslant j \leqslant J) \qquad (5.17)$$

式中：val 为战场价值计算函数。

4. 打击距离最近目标原则

当上述三种武器平台对多目标打击的火力优化准则均不适用或作用不明显的时候，如目标的战场价值相近或者很难估计，则需要依据武器平台与作战目标之间的距离来判断所需打击的目标，即需要执行打击距离最近目标准则。距离我方武器平台最近的目标最容易发现我方的武器平台并实施火力打击，对我方武器平台的威胁最大。因此，当上述三种火力优化准则失效时，需要确定我方武器平台与作战目标之间的距离，并首先消灭距离最近的目标。

$$\{T_j\} = f\left(\operatorname{dis}(T_j, W_i)\right) = \left\{\max\{\operatorname{dis}(T_j, W_i)\} \,\middle|\, T_1, \cdots, T_j, \cdots, T_J\right\}$$
$$(T_j \in T, 1 \leqslant j \leqslant J) \qquad (5.18)$$

式中：dis 为距离计算函数。

5. 适时协同与寻求火力支援

当目标威胁较大或分配给该武器平台的作战目标过多而依靠武器平台自身又不能消灭时，应适时要求火力协同或火力支援。如遇有武装直升机时，一方面用坦克炮和高射机枪积极应对，另一方面积极寻求炮兵等火力支援。如需要友邻坦克或步战车火力协同、火力支援时，遵循"多武器—目标"火力优化分配准则，具体内容参见第6章。

5.6 火力优化控制模型

依据 5.4 节火力打击时机和 5.5 节火力优化准则可以建立武器平台的火力优化控制模型。该火力优化控制模型是一种流程式数学模型，它通过一系列的条件与约束判断来确定优化的火力打击目标。依据武器平台火力优化准则，可将武器平台火力优化控制模型划分为对单目标的火力优化控制和对多目标的火力优化控制。

武器平台对单目标打击的火力优化模型可表示为

Step1：$\{t_k, \Delta t_k\} = f\left(T_R, T_G, T_Y\right)$

Step2：$\{W_{ix}, (A_M)_{iy}\} = f\left(\operatorname{cov}(T_j, W_{ix}, (A_M)_{iy})\right)$

Step3: $\{W_{ix},\ (n_{\mathrm{W}})_{ix},\ (A_{\mathrm{M}})_{iy},\ (n_{\mathrm{AM}})_{iy}\} = f\big(\mathrm{eng}(W_{ix},\ (n_{\mathrm{W}})_{ix},$ $(A_{\mathrm{M}})_{iy},(n_{\mathrm{AM}})_{iy})\big)$

Step4: $\{T_{jz}\} = f\big(\mathrm{ptk}(T_{jz},W_{ix},(A_{\mathrm{M}})_{iy})\big)$

武器平台对多目标打击的火力优化模型可表示为

Step1: $\{t_k,\Delta t_k\} = f\big(T_{\mathrm{R}},T_{\mathrm{G}},T_{\mathrm{Y}}\big)$

Step2: $\{T_j\} = f\big(\mathrm{thr}(T_j,W_i)\big)$

Step3: $\{T_j\} = f\big(\mathrm{ass}(T_j,W_i)\big)$

Step4: $\{T_j\} = f\big(\mathrm{val}(T_j,W_i)\big)$

Step5: $\{T_j\} = f\big(\mathrm{dis}(T_j,W_i)\big)$

Step6: $\{W_{ix},(A_{\mathrm{M}})_{iy}\} = f\big(\mathrm{cov}(T_j,W_{ix},(A_{\mathrm{M}})_{iy})\big)$

Step7: $\{W_{ix},\ (n_{\mathrm{W}})_{ix},\ (A_{\mathrm{M}})_{iy},\ (n_{\mathrm{AM}})_{iy}\} = f\big(\mathrm{eng}(W_{ix},\ (n_{\mathrm{W}})_{ix},$ $(A_{\mathrm{M}})_{iy},(n_{\mathrm{AM}})_{iy})\big)$

Step8: $\{T_{jz}\} = f\big(\mathrm{ptk}(T_{jz},W_{ix},(A_{\mathrm{M}})_{iy})\big)$

第6章　地面突击分队火力优化控制

随着数字化装备、战术互联网和指挥控制系统的应用普及，诸军兵种之间的协同作战能力显著提高，使地面突击分队能够在统一指挥协调下，以更合理的方式在更多的层次上、更广的范围内共同完成作战任务。地面突击分队作为一种局部战争的主要作战力量编成，集多种武器装备于一体，同时，在战场上也面临着多种作战目标。如何协调优化地面突击分队兵力火力，发挥整体协同优势，提高整体作战效能，已是亟待解决的问题。本章介绍的火力优化控制则是解决这一问题的有效手段。

6.1　火力运用原则

作为火力运用的高级形式，火力优化控制必须遵守以下四个原则：

（1）整体调控。整体调控是指地面突击分队作战指挥人员及其指挥机构在作战指挥的过程中，从全局出发，依据作战任务宏观调控参战的诸军兵种在不同作战方向上的作战行动。整体调控是对全局性联合作战的宏观协调，是使得诸军兵种能够充分发挥其综合作战效能的关键。地面突击分队各火力打击力量的协同作战作为联合作战的一部分，不仅具有多个维度的作战空间和复杂的协同组织，而且协同火力打击效果的好坏直接影响作战任务的达成，这就要求地面突击分队作战指挥人员必须站在全局的高度组织兵力火力。地面突击分队火力优化控制的整体协调就是要通过对战场态势的整体把握，结合各作战单元的装备技术特点和战术运用规律，积极主动地对各作战单元的打击任务、打击时机、打击规模和打击准则等进行优化控制，使地面突击分队火力打击力量既能有协调一致的作战行动，又能为其他军兵种作战单元的作战行动提供可利用的作战效果。

（2）坚定灵活。坚定灵活是指在作战过程中地面突击分队作战指挥人员既要按照作战任务实施指挥，又要根据战场态势的变化，审时度势，灵活组织，并保证火力打击的持续稳定。火力优化控制的坚定性是指作战过程中必须按照火力打击任务展开作战行动；火力优化控制的灵活性是指在火力打击的过程中，指挥员要善于根据战场态势的变化，及时修正火力打击方案，调整各作战单元的作战任务和打击目标，以确保地面突击分队各作战单元的火力打击行动协调一致。坚定灵活是作战指挥人员根据战场客观情况充分发挥主观能动性的具体体现，地面突击分队作战指挥人员必须正确运用与协调随机打击和任务打击，实现坚定与灵活的完美结合。地面突击分队协同作战要想达到这一点，就必须依据战场态势的变化实施有的放矢的火力优化控制。反映到具体作战行动上，就是火力优化控制实施行动既不能因某些局部变化的出现而轻易改变优化后的火力打击方案，又不能对战场态势的变化漠然视之、无动于衷，而是以作战指挥人员对战场态势的正确认识和准确预测为基础，对火力优化控制方案及其实施行动做出符合客观需要的调整。

（3）主动配合。主动配合是指地面突击分队作战指挥人员在组织协同作战过程时，要着眼全局，围绕火力打击任务，充分发挥主观能动性。作战指挥人员主动协同，地面突击分队火力积极配合。指挥员在实施火力优化控制时要树立的主动配合观念，是由信息化条件下地面突击分队作战特点所决定的，是充分发挥各作战单元整体威力，提高联合作战整体作战效能的客观要求。信息化条件下作战，大量高技术武器装备在战场上应用，使得作战进程和作战节奏加快，战场态势瞬息万变，同时导致了火力优化控制不可能在任何时候和任何条件下都能够按预定的打击方案进行。因此，为了保证火力优化控制及时、高效的实施，作战指挥人员必须牢固树立主动配合意识，在不违背原火力打击方案、作战任务的前提下，主动协调与其他诸军兵种作战单元之间的火力打击行动。特别是对于关系到整体作战任务的重要行动，更要全力以赴，必要时有"敢于牺牲"的决心来保证整体作战行动的顺利进行。

（4）精确计划。精确计划是指地面突击分队指挥员对参战兵力与火力的作战行动进行周密、精确的计划安排与优化控制。信息化条件下作战，由于战术互联网、指挥控制系统和各种高新技术武器装备不断应用于战场，分队的信息获取与处理能力、敌我识别能力、决策能力、机动能力和精确打击能力等都有了很大提高，呈现出参战力量多元、兵力兵器流动性大、作战行动迅速突然、战场情况瞬息万变、火力打击精确、战场信息流动时效性强等特点。在这种作战背景下，进行火力优化控制时，如果不严密组织，精确计划，任何一个环节出了问题，都可能导致各作战单元之间的相互影响与干扰，严重时还会导致整体火力打击行动的失控。在组织火力优化控制的过程中，为达到精确计划的目的，必须要注意三点：一是要求作战指挥人员周密计划与组织优化，精确计算地面突击分队火力打击过程中不同作战阶段的时间、地点、参战部队数量和物资消耗等，使之精确到与作战实际需求量基本吻合；二是充分利用战术互联网和指挥控制系统进行决策，以提高协同的精确性；三是加强火力优化控制演练，使参战各火力单元彼此熟悉对方的作战特点，掌握火力优化控制程序和方法，作战行动高度融合、协调一致。

6.2 火力打击能力

地面突击分队武器平台对目标射击时，射击命中概率为

$$
\begin{aligned}
p &= \lambda_{LF}\lambda_{WE}\lambda_{EM}\lambda_{GUN}\Phi\left(\frac{m\sqrt{M_C}}{\sqrt{E_{ZF}^2 + G_F^2}}\right)\Phi\left(\frac{h\sqrt{M_C}}{\sqrt{E_{ZG}^2 + G_G^2}}\right) \\
&= \lambda_{LF}\lambda_{WE}\lambda_{EM}\lambda_{GUN}\Phi\left(\frac{m\sqrt{M_C}}{E_{SF}}\right)\Phi\left(\frac{h\sqrt{M_C}}{E_{SG}}\right) \\
&= \lambda_{LF}\lambda_{WE}\lambda_{EM}\lambda_{GUN}\Phi(f)\Phi(g)
\end{aligned}
\tag{6.1}
$$

有效射程是衡量地面突击分队武器平台火力打击能力的重要指标。对某型作战单元武器平台来说，穿甲弹的有效射程为 2.2km（$D_{EFF} = 2.2$），破甲弹的有效射程为 1.7km（$D_{EFF} = 1.7$），当射击距离在 2.2km 以内时，我方武器平台即可对目标实施合理射击。但当射击距离大于 2.2km 时，采用单发射击方式打击目标不能取得满意

的命中效果，需要采用集火射击。

集火射击是为提高射击命中概率、增强火力打击效果而采用的一种射击方式，即多个武器平台同时对一个目标射击。设我方 m 个武器平台各发射一发炮弹打击同一目标，其集火射击的命中概率为

$$p(m) = 1 - \prod_{i=1}^{m} (1 - p_i) \qquad (6.2)$$

式中：p_i 为我方第 i 个武器平台的射击命中概率。

当 m 个武器平台的射击命中概率相同时，集火射击的命中概率为

$$p(m) = 1 - (1 - p)^m \qquad (6.3)$$

以图 5.1 给出的武器平台单发射击命中概率为基础，依据式（6.3）可得到集火射击命中概率与射击距离的关系，如图 6.1 所示。

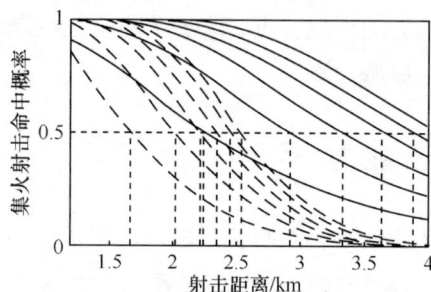

图 6.1　穿甲弹、破甲弹集火射击命中概率

注：实线为穿甲弹的集火射击命中概率曲线；虚线为破甲弹的集火射击命中概率曲线。

图 6.1 中，每组曲线由下至上依次为 1~6 辆某型武器平台的集火射击命中概率曲线。与单发射击一样，可认为集火射击命中概率 $p > 50\%$ 时，武器平台射击才有意义，即定义 $p = 50\%$ 时的集火射击距离为武器平台的广义有效射程。不同数量的武器平台参加集火射击时会有不同的有效射程，在各有效射程内达到既定数量的集火射击为合理射击。针对某型作战单元武器平台来说，穿甲弹和破甲弹的广义有效射程，见表 6.1。

102

表 6.1 穿甲弹、破甲弹广义有效射程

集火数量/辆	穿甲弹有效射程/km	破甲弹有效射程/km
1	2.248	1.671
2	2.926	2.021
3	3.344	2.222
4	3.644	2.354
5	3.887	2.455
6	>4	2.534

由图 6.1 可知，穿甲弹的集火射击效果明显好于破甲弹，当射击距离为 3km 时，2 发穿甲弹的集火射击命中概率远高于 6 发破甲弹的集火射击命中概率，所以破甲弹并不适合集火射击，要求只有在射击距离小于 2km 时才可采用破甲弹。穿甲弹的集火射击效果随着集火数量的增多明显提高，但当穿甲弹集火数量大于 3 发时，其集火射击效果增加不明显。综合考虑作战单元武器平台的射击命中概率及弹药资源消耗，要求穿甲弹的集火数量不大于 5 发。

在对目标实施远距离集火射击时，由于射手素质、地理环境、天气情况等不确定性因素的共同作用，使得在实际战场上广义有效射程的界限并不十分鲜明，所以在实际应用过程中需要对其改动，以增加有效射程的合理性。穿甲弹实用广义有效射程见表 6.2。

表 6.2 穿甲弹实用广义有效射程

有效射程	射击距离/km	集火数量/辆
$(D_{\text{EFF}})_1$	2.2	1
$(D_{\text{EFF}})_2$	3	2
$(D_{\text{EFF}})_3$	4	5

由此可确定我地面突击分队对目标实施有效打击时，针对不同距离上的目标所需采取集火武器的数量。打击单目标武器规模为

$$\widetilde{m} = f(\overline{d}, (D_{EFF})_{1,2,3}) = \begin{cases} 1, & \overline{d} \leqslant (D_{EFF})_1 \\ 2, & (D_{EFF})_1 < \overline{d} \leqslant (D_{EFF})_2 \\ 3 \sim 5, & (D_{EFF})_2 < \overline{d} \leqslant (D_{EFF})_3 \end{cases} \quad (6.4)$$

式中：$\overline{d}$ 为敌我分队的平均距离，即目标分布中心与我方武器分布中心之间的距离。

6.3 火力打击时机

6.3.1 射击预留时间模型

以时间窗模型中的截止期为基础，建立以装备战场机动时间为依据的地面突击分队火力优化分配的打击时机模型——射击预留时间模型。这里，射击预留时间模型主要考虑武器平台的战场机动时间。

机动是指为达成一定的战斗目的，将武器装备在空间位置上进行有组织的移动、调整或转移。武器平台战场机动时间是指武器平台完成战场机动任务（本书是指机动到相对各目标的有效射程之内）所需的运动时间。将武器平台运动到相对于目标的有效射程之内所经过的路程定义为机动距离，有

$$d_{MO} = \begin{cases} 0, & d \leqslant D_{EFF} \\ d - D_{EFF}, & d > D_{EFF} \end{cases} \quad (6.5)$$

式中：d 为武器平台与目标之间的距离；D_{EFF} 为武器平台的有效射程。

武器平台相对于目标的战场机动时间为

$$t_{MO} = \frac{d_{MO}}{\overline{v}} \quad (6.6)$$

式中：$\overline{v}$ 为武器平台的战场平均行进速度。

地面突击分队在战斗中一般进行多批次火力打击，需要多次生成火力优化分配方案，来明确地面突击分队各作战单元每批次打击任务。武器平台在射击空闲阶段（本次射击任务完成后到下次射击任务到达前），应根据对各目标的战场机动时间，明确最容易打击的前 $3 \sim 5$ 个目标，这些目标成为下次打击任务的可能性非常大，对这些

目标做好预先准备，可大大缩短射击反应时间。在收到射击任务后，迅速锁定目标，并在射击预留时间内对目标实施火力打击。在火力优化分配方案产生的同时，会对每个武器平台分配射击时间，限定武器平台必须在此时间段内完成本次射击任务，这个时间即为射击预留时间。针对不同任务，火力打击紧迫程度不同，会有不同的射击预留时间。几种典型情况的射击预留时间见表6.3，也可根据战场实际情况分配更有效的射击预留时间。

表 6.3　典型情况的射击预留时间

典型情况	射击预留时间/s
$t_{MO} = 0$	5
$0 < t_{MO} \leqslant 8$	8
$t_{MO} > 8$	10

　　射击预留时间模型基本上能够解决地面突击分队火力优化分配的时间约束问题，并巧妙地简化了多武器多目标的时间优化问题，提高了优化效率。但仍然存在两方面不足：一是固定的射击预留时间略显死板，虽然可以根据战场实际情况分配更有效的射击预留时间，但在实际作战过程中，突击分队不一定能够有充足的时间来思考并分配给各武器平台更适合的射击预留时间，这使射击预留时间模型更像是一种理论方法而非实际解决方案；二是在信息化条件下，地面突击分队作战空间不断扩大，武器平台射击距离不断拉长，仅根据原始的有效射程来划分射击预留时间已经不能准确反映战场的动态变化过程。

　　针对第二个问题，依据作战距离设定了三个作战阶段，使其更符合作战实际，并使得射击预留时间更加灵活。

　　依据信息化条件下地面突击分队的作战特点及武器平台的战技性能，可将其作战阶段划分如下：

　　（1）先期毁伤阶段：射击距离为 3 ~ 4km 的火力对抗阶段。在此射击距离范围内实施的火力打击称为对目标的先期毁伤。实施先期毁伤，是为了夺取战场的主动权，提早对目标实施火力打击，在其发挥作用之前造成毁伤，降低敌方分队的作战能力。

　　（2）火力压制阶段：射击距离为 2.2 ~ 3km 的火力对抗阶段。在

105

此射击距离范围内实施的火力打击称为对目标的火力压制。在此阶段，我方采用两个武器平台的集火射击就能确保较高的命中概率，此时的火力打击具有很高的性价比，可采取整体火力压制方式，对目标实施大规模火力打击。

（3）精确打击阶段：射击距离小于2.2km时的火力对抗阶段。在此射击距离范围内实施的火力打击称为对目标的精确打击。战机随时出现，稍纵即逝，武器平台需要以各自的最高优先级任务为作战依据，按照该级别的作战要求迅速实施火力打击，采取小规模、多批次的火力打击方式以便战场火力的灵活调度。将战场作战任务设定不同的优先级别，将武器平台收到的最高优先级任务作为武器平台的级别，各级别采取不同的打击策略，分别进行火力优化分配，生成各自的打击方案，实施火力打击。

依据上述作战阶段的划分，可拓宽有效射程概念，定义广义有效射程，即可将3km定义为第二个有效射程。作战阶段划分依据及广义有效射程概念的具体距离确定依据已经在6.2节中详细阐述。

战场上武器平台一般有执行任务状态和空闲状态，只有空闲状态的武器平台才能接收火力打击任务，而收到火力打击任务的武器平台必须在射击预留时间内完成射击任务。射击预留时间一般通过比较武器平台的战场机动时间或依据任务优先级而定。

武器平台的战场机动距离定义为武器平台运动到对目标的有效射程内所经过的路程。由于在战场作战区域内有两个有效射程，所以每个武器平台有两个战场机动距离：

$$\boldsymbol{d}_{\mathrm{MO}} = \begin{bmatrix} d_{\mathrm{MO1}} & d_{\mathrm{MO2}} \end{bmatrix} = \begin{bmatrix} \max\{d-2.2,0\} & \max\{d-3,0\} \end{bmatrix} \quad (6.7)$$

式中：$\boldsymbol{d}_{\mathrm{MO}}$ 为武器平台战场机动距离向量；d_{MO1} 为相对于第一有效射程（原有效射程）的战场机动距离；d_{MO2} 为相对于第二有效射程的战场机动距离；d 为射击距离。

武器平台的战场机动时间可表示为

$$\boldsymbol{t}_{\mathrm{MO}} = \frac{\boldsymbol{d}_{\mathrm{MO}}}{v} = \begin{bmatrix} t_{\mathrm{MO1}} & t_{\mathrm{MO2}} \end{bmatrix} \quad (6.8)$$

式中：$\boldsymbol{t}_{\mathrm{MO}}$ 为武器平台战场机动时间向量；t_{MO1} 为相对于第一有效射程的战场机动时间；t_{MO2} 为相对于第二有效射程的战场机动时间。

由于火力打击紧迫程度不同，不同任务的射击时间有所差异。针对不同战场作战阶段，同一任务的射击预留时间也会不同。典型情况的射击预留时间 t_{SR} 见表6.4，也可根据战场实际情况分配更有效的射击预留时间。

表6.4　典型情况的射击预留时间　　单位：s

作战阶段	第一优先级任务	第二优先级任务	第三优先级任务	$t_{MO1} < 6s$	$t_{MO1} > 6s$	$t_{MO2} < 8s$	$t_{MO2} > 8s$
先期毁伤	—	—	—	—	—	8	10
火力压制	—	—	—	6	8	—	—
精确打击	4	5	6	—	—	—	—

地面突击分队在向下一个作战阶段过渡的过程中，当有5个武器平台对目标的射击距离小于该有效射程时，则按下一个战场作战阶段的火力打击策略对地面突击分队进行作战规划。改进的射击预留时间对战场作战过程有更精确的描述，更有效地解决了地面突击分队动态火力优化分配时间约束——火力打击时机的确定问题。

6.3.2　战场紧迫程度模型

改进的射击预留时间虽然较好地符合战场作战实际，但对射击预留时间模型存在的第一个问题仍然毫无办法。为了同时解决火力打击时机的灵活性及与战场实际情况的相符性，提出了求解地面突击分队火力打击时机的战场紧迫程度模型。

战场紧迫程度模型从整体出发，以地面突击分队整体火力打击态势为依据，确定每批次火力打击时间间隔，收到打击任务的武器平台迅速实施火力打击，并不设定单武器平台射击时限，提高了射击灵活性。而战场紧迫程度的确定需要依据我方地面突击分队作战任务、战场上受到的威胁以及敌方分队投入战场规模等因素，符合地面突击分队作战实际。

地面突击分队在战斗中一般通过分批次射击，组织多批次火力进攻，实施歼敌任务。只有满足打击时机，地面突击分队才依据火力优化分配方案所明确的打击任务实施火力打击，而通过判断战场紧迫程度可以确定地面突击分队火力打击时机。战场紧迫程度是指战场敌我作战分队兵力火力投入、装备火力威慑及火力打击力度等态势对我方地面突击分队完成作战任务的有利程度：

$$\mathrm{Urg} = \max\{\mathrm{Urg_M}, \mathrm{Urg_N}, \mathrm{Urg_T}\}, (0 \leqslant \mathrm{Urg} \leqslant 1) \qquad (6.9)$$

式中：$\mathrm{Urg_M}$ 为作战任务紧迫程度；$\mathrm{Urg_N}$ 为新目标紧迫程度；$\mathrm{Urg_T}$ 为威胁紧迫程度。

上述三个战场紧迫程度评价指标相互独立，只要任意一个达到紧迫程度临界值 $\mathrm{Urg} = 1$，我方地面突击分队即进入饱和打击状态。

作战任务紧迫程度与任务完成程度有关，作战任务完成程度已在 3.4.5 节中讨论过，则作战任务紧迫程度为：

$$\mathrm{Urg_M} = \min\left\{ \frac{0.5}{(R_C)_{k-1} + 0.1}, \frac{0.5}{(R_C)_{k-2} + 0.1}, \frac{0.5}{(R_C)_{k-3} + 0.1}, 1 \right\}$$

$$(6.10)$$

式中：k、$k-1$、$k-2$ 为地面突击分队火力打击批次。

当连续三批次火力打击的任务完成程度都不足 50% 时，作战任务紧迫程度达到临界值，即 $\mathrm{Urg_M} = 1$。式（6.10）中数据 0.5 和 0.1 是综合各专家给出的仿真模拟数据得到的，本章之后的一些公式中也通过该方法给出了定量数据，不再叙述其确定依据。

新目标紧迫程度与新目标发现率、我方武器平台数量有关。定义新目标发现率 ΔN_p 为第 p 次与第 $p-1$ 次全面战场侦察、检测新发现目标数量之差，则新目标紧迫程度：

$$\mathrm{Urg_N} = \min\left\{ \frac{4 \times (\Delta N_p + \Delta N_{p-1} + \Delta N_{p-2})}{M} \times \mathrm{sign}, 1 \right\} \quad (6.11)$$

式中：M 为我方地面突击分队武器总数。

当连续三次战场侦察均有新目标发现，并且三次发现新目标的总和大于我方地面突击分队武器总数量的 1/4 时，新目标紧迫程度达到临界值，即 $\mathrm{Urg_N} = 1$。

威胁紧迫程度由目标基础威胁属性决定。目标基础威胁属性与我方武器平台有效射程、敌我距离和目标广义类型有关。目标类型从目标的狭义类型和广义类型两方面考虑。狭义类型是指将目标按照具体装备型号分类，当战场上目标的狭义类型无法检测到或目标为尚不明确类型时，可用目标的广义类型代表目标类型。广义类型将目标分为信息装备、主战装备和保障装备，其威胁度 λ_T 见表6.5。

表6.5 目标广义类型威胁度

目标广义类型	目标广义类型威胁度 λ_T
信息装备	1.15
主战装备	1.2
保障装备	1

则目标基础威胁属性为

$$\text{Th} = \max\left\{\frac{2 \times D_{\text{EFF}} - \dfrac{\tilde{d}}{\lambda^{\text{T}}}}{D_{\text{EFF}}}, 0\right\} \tag{6.12}$$

式中：$\tilde{d}$ 为某个目标与我方作战分队之间的距离。

将目标基础威胁属性分为五个等级，见表6.6。

表6.6 目标基础威胁属性等级

目标基础威胁属性分级条件	目标基础威胁属性等级
Th = 0	A
0 < Th ≤ 0.65	B
0.65 < Th ≤ 1.04	C
1.04 < Th ≤ 1.32	D
1.32 < Th ≤ 2	E

则威胁紧迫程度为

$$\text{Urg}_T = \min\left\{\frac{2.2 \times (N_D + N_E)}{M}, 1\right\} \tag{6.13}$$

式中：N_D、N_E 分别为威胁紧迫程度为 D 级、E 级的目标的数量。

当目标基础威胁属性为 D、E 级目标总数的 2.2 倍大于我方地面突击分队武器总数量时，威胁紧迫程度达到临界值，即 $Urg_T = 1$。

地面突击分队火力打击时机可以通过地面突击分队两批次火力打击时间间隔来描述。设我方武器平台两次射击最小时间间隔为 T_{min}，则可确定地面突击分队两批次火力打击时间间隔为

$$\Delta T = f(T_{min}, Urg) = min\left\{\frac{T_{min}}{Urg}, 25\right\} \tag{6.14}$$

设定两批次射击时间间隔不能长于 25s，以保持对敌方分队的持续火力威慑。两批次打击时间间隔也可通过上级命令直接下达。

可以看出：战场紧迫程度模型并没有设定具体的单武器平台作战时限，给武器平台射击相当大的灵活性；充分考虑地面突击分队火力打击特点，从整体考虑地面突击分队作战的战场紧迫程度，以明确各批次火力打击时间间隔的方式确定武器平台的射击时机，并将会以此确定每批次火力打击的规模，完成地面突击分队火力优化分配模型的构建。本书采用战场紧迫程度模型来确定地面突击分队火力打击时机。

6.4 火力打击规模

确定地面突击分队火力打击时机——两批次火力打击的时间间隔，即明确了地面突击分队下批次火力打击的起始时间。在此基础上，需要依据武器平台射击命中概率、射击距离及战场紧迫程度等因素，明确下批次火力打击的作战规模——单目标打击规模和武器－目标总规模，并对参战武器规模做出一定调整，最终确定下批次火力打击的武器－目标总规模。确定单目标打击规模，能够使得每批次对每个目标的射击均是有效的（目标以一定概率被命中）；确定武器－目标总规模，能够使每批次火力打击对地面突击分队整体作战计划的实施具有较好的推进作用，有利于达成战斗目的。

6.4.1 确定打击规模

单目标打击规模已由 6.2 节给出，本节仅讨论多目标打击规模问题。

地面突击分队每批次火力打击武器－目标总规模可以用参与打击的武器平台总数量和被打击目标总数量来描述。假设战场上我方地面突击分队武器总量为 M，并对 N 个目标有打击任务。

当战场紧迫程度未达到临界值（Urg $\neq$ 1）时，每批次需要打击的目标总数量与战场紧迫程度、我方地面突击分队总武器数量和作战阶段有关：

$$n = \begin{cases} f(\mathrm{pri}), & \bar{d} \leq (D_{\mathrm{EFF}})_1 \\ \min\{\lceil(\mathrm{Urg} \times (M-9)+5)/2\rceil, N\}, & (D_{\mathrm{EFF}})_1 < \bar{d} \leq (D_{\mathrm{EFF}})_2 \\ \min\{\lceil(\mathrm{Urg} \times (M-8)+6)/4\rceil, N\}, & (D_{\mathrm{EFF}})_2 < \bar{d} \leq (D_{\mathrm{EFF}})_3 \end{cases}$$

$$(6.15)$$

式中："$\lceil \ \rceil$" 为向下取整；pri 为目标类型优先级，不同优先级目标与打击数量的关系见表 6.7。

表 6.7　优先级与打击目标数量关系

优先级	目标种类	打击目标数量
1	具有特殊价值的目标	1
	上级指定的目标	
	侧面正对我方的目标	
	未完成任务的目标	
2	威胁（价值）最大的目标	2
3	距离最近的目标	3

每批次参与火力打击的武器数量由需要打击的目标数量和敌我距离确定：

$$m = \min\{\max\{\widetilde{m} \times n, \lambda_{\mathrm{D}} \times n\}, M\} \qquad (6.16)$$

式中: λ_D 为敌我距离系数, 见表 6.8。

表 6.8　敌我距离系数

敌我距离系数	判别条件
1	$\bar{d} \le D_{EFF}$
2	$D_{EFF} < \bar{d} \le 1.5 \times D_{EFF}$
3	$1.5 \times D_{EFF} < \bar{d} \le 2 \times D_{EFF}$
注: D_{EFF} 为狭义有效射程或第一个广义有效射程, 即 $D_{EFF} = (D_{EFF})_1 = 2.2$	

当战场紧迫程度达到临界值 ($\text{Urg} = 1$) 时, 我方所有武器平台均参加每批次的火力打击, 有

$$m = f(M) \tag{6.17}$$

式 (6.17) 表示选取所有处于射击空闲阶段的武器参加火力打击。通常有两类战场紧张局势, 会使战场紧迫程度达到临界值。对于不同的战场态势, 将会采取不同的打击方式。

第一类, 当 $\text{Urg}_M = 1$ 或 $\text{Urg}_N = 1$ 且 $\text{Urg}_T \ne 1$ 时, 采取集火式饱和打击。以 $T_{\min}$ 为打击时间间隔, 每批次我方地面突击分队所有处于射击空闲阶段的武器同时发起火力打击, 打击目标的数量为

$$n = \min\left\{\frac{m}{\lambda_D}, N\right\} \tag{6.18}$$

第二类, 当 $\text{Urg}_T = 1$ 时, 采取分火式打击。由于敌我距离较近, 由表 6.8 可知, 单个武器对目标射击即可保证较高的射击命中概率。建立由高至低的目标价值、目标威胁序列, 依次选定对各目标具有最高命中概率的武器实施打击; 实时更新目标价值、目标威胁序列, 使我方各个处于射击空闲阶段的武器均以 $T_{\min}$ 的时间间隔打击目标。

由此, 可确定地面突击分队每批次火力打击武器 – 目标总规模为

$$n = f(\text{Urg}, M, N, \lambda_D) \tag{6.19}$$

$$m = f(\text{Urg}, M, n, \lambda_D, \tilde{m}) \tag{6.20}$$

6.4.2　选定打击目标

在地面突击分队武器 – 目标总打击规模确定后, 需要在武器集合

和目标集合中分别选择出下批次火力打击的目标及参与射击的武器，在满足打击时机条件后，上述选择的武器按照所分配的作战任务迅速对目标实施火力打击。由于战场上不同目标、武器的战场地位、作战能力、作战任务等的不同，不同的选择方案会对作战结果有着较大的影响，所以要把握好战场态势，依据目标、武器的各项战术技术属性，恰当地选择打击目标及参战武器，才能营造战场优势态势，尽快完成作战任务。

目标的选择需要依照以下原则：首先明确目的，择其要害。地面突击分队火力打击目标选择应遵循"体系破击，系统瘫痪"的原则，并根据作战任务的需求，围绕尽快达成作战目的来选择火力打击目标；然后分清威胁，先急后缓。依据地面突击分队作战的不同阶段，搞清各阶段敌方分队对我作战行动的威胁来源，将这些类目标依次排序，先急后缓地选择打击目标，以达到最佳的火力打击效果。综合地面突击分队作战特点，可以从以下几个方面来选择打击目标：

（1）具有特殊价值的目标（情报指示的非常规目标）n_1。

（2）上级指定的目标（非装备类目标）n_2：敌方指挥中心 n_{21}、重要防御工事 n_{22}、重要保障补给 n_{23}。

（3）未完成任务的目标 n_3。

（4）侧面正对我方的目标 n_4。

（5）威胁（价值）最大的目标 n_5。

（6）距离最近的目标 n_6。

（7）补充目标 n_7。

则目标选择的总数量为

$$n = n_1 + n_2 + n_3 + n_4 + n_5 + n_6 + n_7 \tag{6.21}$$

式中：$n_2 = n_{21} + n_{22} + n_{23}$；$n$ 为式（6.19）所确定的打击目标总数量，由 n_7 调节总数量的平衡。

针对每一种类的目标都按属性或按威胁（价值）由高到低排序，排序越靠前的目标越早被选中。不同种类的目标按优先级的顺序逐类选择，目标被重复选择时自动跳过，直至选择的目标总数等于 n。若

$n_1 + n_2 + n_3 + n_4 + n_5 + n_6 < n$ 时，则由 n_7 进行补充。n_7 选择原则：从优先级位于前两位的两类打击目标中，按照各自属性序列，轮流由前至后逐个选择，直至式两端平衡。

地面突击分队不同作战阶段具有不同的作战规划及打击策略，会有不同种类的重点打击目标，则可通过打击目标种类优先级来反映目标种类的重要程度，以此确定目标选择顺序。各阶段目标打击优先级及对各目标的选取数量见表 6.9。目标数量是每批次可选取单类目标的上限值，即当某类目标数量少于上限值时，此类目标全部选取；当某类目标数量多于上限值时，只选取规定数量的目标。

表 6.9 各阶段目标打击优先级及目标选取数量

种类编号	目标种类	先期毁伤阶段		火力压制阶段		精确打击阶段	
		优先级	目标数量	优先级	目标数量	优先级	目标数量
n_1	具有特殊价值的目标	1	4	1	3	1	3
n_2	上级指定的目标	2	3	2	2	2	2
n_3	未完成任务的目标	3	3	6	1	6	0
n_4	侧面正对我方的目标	4	2	5	1	5	2
n_5	威胁（价值）最大的目标	5	1	4	2	3	3
n_6	距离最近的目标	6	1	3	2	4	3

通过表 6.9 可对战场上所有目标 N 的选取顺序进行排序，目标选取顺序与作战阶段、目标优先级和目标总数有关：

$$\hat{n} = f\left(\bar{d}, (D_{\mathrm{EFF}})_{1,2,3}, \mathrm{pri\_T}, N\right) \qquad (6.22)$$

式中：pri_T 为目标选取优先级。

通过式（6.22）很容易确定式（6.17）中各类目标的选取数量。对选出的打击目标还需要由指挥员确定对其打击的程度——打击任务等级，即明确对目标的打击任务向量，进而明确下批次打击任务——作战任务矩阵。一般默认打击程度为最高任务等级——完全摧毁。这里需要明确对上级指定目标（非装备类目标）的目标毁伤等级评估指标，具体内容参见第 8 章。

6.4.3 选定参战武器

武器（一般指主战装备，发挥火力打击能力）的选择需要依照以下原则：首先依据能力，选择适用。要根据实际参加作战的地面突击分队武器数量、射程、精度、弹药种类和毁伤效果等，选择与所选出的打击目标相适应的武器，保证在能够有效地完成作战任务的同时，不造成资源的浪费。其次依据目的，保障重点。依据地面突击分队作战各阶段的重点作战任务，选定足够量的武器，使得我方地面突击分队可对敌重点部位做出有效的火力打击，以利于快速实现作战目的。此外，在武器资源充沛的情况下，可参战武器必须状态良好，即武器状态向量 $W_i = [W_{1i} \ W_{2i} \ W_{3i}]^T$ 的各状态分量须满足

$$\begin{cases} W_{1i} \geqslant 0.3 \\ W_{2i} \geqslant 0.5 \\ W_{3i} \geqslant 0.3 \end{cases}$$

综合来看，可从以下几个方面来选择作战武器：

（1）具有特殊作战能力的武器 m_1：精确制导炸弹 m_{11}、攻击直升机 m_{12}。

（2）上级指定的参战武器 m_2。

（3）打击威胁最大的武器 m_3。

（4）距离最近的武器 m_4。

（5）射击技术好的武器 m_5。

（6）补充武器 m_6。

则武器选择的总数量为

$$m = m_1 + m_2 + m_3 + m_4 + m_5 + m_6 \qquad (6.23)$$

式中：$m_1 = m_{11} + m_{12}$；m 为式（6.20）所确定的参战武器总数量，由 m_6 调节总数量的平衡。

武器的选择原则及 m_6 数量调节原则均与打击目标选择原则相同，但被选择的武器必须处于射击空闲阶段。

地面突击分队不同作战阶段具有不同的作战规划及打击策略，针对不同种类的重点打击目标，会有与之相适应的不同种类的武器，可通过参战武器优先级来反映参战武器的适应程度，以此确定武器选择

顺序。各阶段参战武器选择优先级及各武器选取数量见表6.10。

表6.10 各阶段武器打击优先级及武器选取数量

武器种类	种类编号	先期毁伤阶段		火力压制阶段		精确打击阶段	
		优先级	目标数量	优先级	目标数量	优先级	目标数量
射击技术好的武器	m_1	1	5	3	3	5	1
上级指定的参战武器	m_2	2	4	1	4	3	3
打击威胁的最大武器	m_3	3	4	2	3	1	4
距离最近的武器	m_4	4	2	4	1	2	3
特殊作战能力的武器	m_5	5	1	5	1	4	1

通过表6.10可对战场上所有武器 M 的选取顺序进行排序，武器选取顺序与作战阶段、武器优先级和武器总数有关：

$$\hat{m} = f\left(\bar{d}, (D_{\text{EFF}})_{1,2,3}, \text{pri\_W}, M\right) \quad (6.24)$$

式中：pri_W 为武器选取优先级。

通过式（6.24）很容易确定式（6.19）中各类武器的选取数量。

由此，可确定打击目标和参战武器：

$$\{n_1, n_2, n_3, n_4, n_5, n_6, n_7\} = f\left(\bar{d}, (D_{\text{EFF}})_{1,2,3}, n, \hat{n}\right) \quad (6.25)$$

$$\{m_1, m_2, m_3, m_4, m_5, m_6\} = f\left(\bar{d}, (D_{\text{EFF}})_{1,2,3}, m, \hat{m}\right) \quad (6.26)$$

6.5 火力优化控制模型

在实际作战中，通常是多武器对多目标进行射击，这就需要把各武器按一定的原则分配给各个目标，这种武器对目标的分配原则是火力分配准则，也称为打击准则，打击准则的数学函数表示称为目标函数。地面突击分队的火力优化打击准则一般有最大毁伤目标数量、最大毁伤威胁度、最大毁伤价值和最少弹药消耗量等，依据具体问题还可能有相适应的打击准则。

建立合理有效的火力优化控制模型是进行火力优化的关键，根据作战目标和准则可建立最大毁伤目标数量模型、最大毁伤威胁度模型、最大毁伤价值模型、最少弹药消耗模型和多指标混合模型。

战场基本假设情况：某批次火力打击时，我方地面突击分队共有 M 个武器平台，发现 N 个目标，规定每个武器平台只能打击一个目标。用 x_{ij}（$i = 1$，2，$\cdots$，m；$j = 1$，2，$\cdots$，n）表示武器对目标的火力分配对：当第 i 个武器平台对第 j 个目标射击时，$x_{ij} = 1$；当第 i 个武器平台不对第 j 个目标射击时，$x_{ij} = 0$。假设此时的战场紧迫程度为 Urg，设定武器平台两次射击最小时间间隔为 T_{min}，战场敌我距离为 d，敌我距离系数为 λ_{D}，第 i 个武器平台对第 j 个目标的射击毁伤概率为 q_{ij}，第 j 个目标对第 i 个武器平台的战场威胁度为 w_{ij}，第 j 个目标的战场价值为 r_{j}，第 i 个武器平台对第 j 个目标有效射击时的弹药消耗量为 u_{ij}。

6.5.1 最大毁伤目标数量模型

最大毁伤目标数量准则是指地面突击分队作战武器每批次火力分配的火力打击方案能够使得目标毁伤的数量最多。毁伤目标数量越多，越能够打乱其作战部署及规划，给我方地面突击分队充足的作战反应时间。

武器对目标的射击毁伤概率与武器的射击命中概率、弹药的毁伤威力及目标的防护能力有关。由式（5.10）可知，我方武器平台的射击毁伤概率为

$$q = p_{HS} = \begin{cases} p_{MZ}, & A_{PR\_T} - A_{DA} \leq 0 \\ e^{1 - \frac{A_{PR\_T}}{A_{DA}}} p_{MZ}, & A_{PR\_T} - A_{DA} > 0 \end{cases} \tag{6.27}$$

火力分配决策变量矩阵为

$$X = \begin{bmatrix} x_{11} & x_{12} & \cdots & x_{1n} \\ x_{21} & x_{22} & \cdots & x_{2n} \\ \vdots & \vdots & & \vdots \\ x_{m1} & x_{m2} & \cdots & x_{mn} \end{bmatrix} \tag{6.28}$$

用 q_{ij} 表示第 i 个武器平台对第 j 个目标的射击毁伤概率，则有毁伤概率矩阵为

$$Q = \begin{bmatrix} q_{11} & q_{12} & \cdots & q_{1n} \\ q_{21} & q_{22} & \cdots & q_{2n} \\ \vdots & \vdots & & \vdots \\ q_{m1} & q_{m2} & \cdots & q_{mn} \end{bmatrix} \qquad (6\text{-}29)$$

最大毁伤目标数量模型为

$$\begin{cases} \max F_1 = \max \sum_{j=1}^{n} \left[1 - \prod_{i=1}^{m} (1 - q_{ij})^{x_{ij}} \right] \\ \Delta T = f(T_{\min}, \mathrm{Urg}) \\ \tilde{m} = f\left(\bar{d}, (D_{\mathrm{EFF}})_{1,2,3} \right) \\ n = f(\mathrm{Urg}, M, N, \lambda_{\mathrm{D}}) \\ m = f(\mathrm{Urg}, M, n, \lambda_{\mathrm{D}}, \tilde{m}) \\ \{n_1, n_2, n_3, n_4, n_5, n_6, n_7\} = f\left(\bar{d}, (D_{\mathrm{EFF}})_{1,2,3}, n, \hat{n} \right) \\ \{m_1, m_2, m_3, m_4, m_5, m_6\} = f\left(\bar{d}, (D_{\mathrm{EFF}})_{1,2,3}, m, \hat{m} \right) \\ \sum_{j=1}^{n} x_{ij} = 1 \\ \sum_{i=1}^{m} x_{ij} \leqslant \tilde{m} \end{cases} \qquad (6.30)$$

式中：ΔT 为地面突击分队两批次火力打击时间间隔；$\tilde{m}$ 为单目标打击规模；n 为每批次火力打击目标选择数量；m 为每批次火力打击参战武器数量；$\{n_1, n_2, n_3, n_4, n_5, n_6, n_7\}$ 为各类目标选择数量；$\{m_1, m_2, m_3, m_4, m_5, m_6\}$ 为各类武器选择数量。

6.5.2 最大毁伤威胁度模型

最大毁伤威胁度是指地面突击分队作战武器每批次火力分配的火力打击方案能够使得目标对我方武器平台的威胁度毁伤最大，即射击

118

后目标对我方武器平台的威胁度下降最大。一般在被动型战斗——遭遇战和仓促准备的防御战中，对目标的威胁度作出评估。目标威胁度毁伤越大，目标整体对我方突击分队的威胁越小，能够给我方突击分队充足的时间进行战场规划部署，在合适的时间予以反击。

根据前面提出的方法评估目标威胁度，用 w_{ij} 表示第 j 个目标对第 i 个武器平台的战场威胁度，则有目标威胁矩阵为

$$W = \begin{bmatrix} w_{11} & w_{12} & \cdots & w_{1n} \\ w_{21} & w_{22} & \cdots & w_{2n} \\ \vdots & \vdots & & \vdots \\ w_{m1} & w_{m2} & \cdots & w_{mn} \end{bmatrix}$$

则最大毁伤威胁度模型为

$$
\begin{cases}
\max F_2 = \max \sum_{i=1}^{m} \sum_{j=1}^{n} w_{ij} q_{ij} x_{ij} \\
\Delta T = f(T_{\min}, \mathrm{Urg}) \\
\tilde{m} = f\left(\bar{d}, (D_{\mathrm{EFF}})_{1,2,3}\right) \\
n = f(\mathrm{Urg}, M, N, \lambda_{\mathrm{D}}) \\
m = f(\mathrm{Urg}, M, n, \lambda_{\mathrm{D}}, \tilde{m}) \\
\{n_1, n_2, n_3, n_4, n_5, n_6, n_7\} = f\left(\bar{d}, (D_{\mathrm{EFF}})_{1,2,3}, n, \hat{n}\right) \\
\{m_1, m_2, m_3, m_4, m_5, m_6\} = f\left(\bar{d}, (D_{\mathrm{EFF}})_{1,2,3}, m, \hat{m}\right) \\
\sum_{j=1}^{n} x_{ij} = 1 \\
\sum_{i=1}^{m} x_{ij} \leqslant \tilde{m}
\end{cases}
\quad (6.31)
$$

6.5.3 最大毁伤价值模型

最大毁伤价值是指地面突击分队作战武器每批次火力分配的火力打击方案能够使得目标的战场价值毁伤最大。一般在主动型战斗——进攻战和充分准备的防御战中，对目标的战场价值做出评估。目标战

场价值毁伤越大，目标整体作战能力越小，实力越弱，越有利于我方突击分队完成作战任务。

根据战场基本假设，用 r_j 表示第 j 个目标的战场价值，则目标价值向量为

$$\boldsymbol{R} = \begin{bmatrix} r_1 & r_2 & \cdots & r_n \end{bmatrix} \tag{6.32}$$

最大毁伤价值模型为

$$\begin{cases}
\max F_3 = \max \sum_{j=1}^{n} r_j \left[1 - \prod_{i=1}^{m} (1 - q_{ij})^{x_{ij}} \right] \\
\Delta T = f(T_{\min}, \mathrm{Urg}) \\
\tilde{m} = f\left(\bar{d}, (D_{\mathrm{EFF}})_{1,2,3} \right) \\
n = f(\mathrm{Urg}, M, N, \lambda_{\mathrm{D}}) \\
m = f(\mathrm{Urg}, M, n, \lambda_{\mathrm{D}}, \tilde{m}) \\
\{n_1, n_2, n_3, n_4, n_5, n_6, n_7\} = f\left(\bar{d}, (D_{\mathrm{EFF}})_{1,2,3}, n, \hat{n} \right) \\
\{m_1, m_2, m_3, m_4, m_5, m_6\} = f\left(\bar{d}, (D_{\mathrm{EFF}})_{1,2,3}, m, \hat{m} \right) \\
\sum_{j=1}^{n} x_{ij} = 1 \\
\sum_{i=1}^{m} x_{ij} \leqslant \tilde{m}
\end{cases} \tag{6.33}$$

6.5.4 最少弹药消耗量模型

最少弹药消耗量是指地面突击分队作战武器每批次火力分配的火力打击方案在确保射击任务（目标被毁伤）的前提下使得所消耗的弹药量最少。弹药消耗量越少，越有利于我方地面突击分队在战斗的中后期发挥出战斗力，并有武器保障和弹药保障能够对突然来袭的敌方分队做出迅速回应。

武器对目标的弹药消耗量与武器的射击毁伤概率及打击方式有关。设定武器对目标的毁伤概率大于 70% 时为可靠射击，武器满足可靠射击消耗的最少弹药量即为有效打击弹药量。

单发射击时，若武器的射击毁伤概率满足可靠射击条件，即

$q > 70\%$,则有效打击弹药量为 $u = 1$。集火射击时武器平台对目标的毁伤概率为

$$q(m) = 1 - (1 - q)^m$$

由幂函数性质可知,对任意 $0 < q < 1$,一定存在一个实数 $\overline{m}$,使得

$$1 - (1 - q)^{\overline{m}} = 0.7 \tag{6.34}$$

则集火射击有效打击弹药量为

$$u = \max\{\lceil \overline{m} \rceil, 1\}$$

容易验证,单发射击有效打击弹药量计算公式可并入集火射击有效打击弹药量计算公式,则武器对目标的弹药消耗量为

$$u = \max\{\lceil \overline{m} \rceil, 1\} \tag{6.35}$$

用 u_{ij} 表示第 i 个武器平台对第 j 个目标有效射击时的弹药消耗量,则有弹药消耗量矩阵为

$$U = \begin{bmatrix} u_{11} & u_{12} & \cdots & u_{1n} \\ u_{21} & u_{22} & \cdots & u_{2n} \\ \vdots & \vdots & & \vdots \\ u_{m1} & u_{m2} & \cdots & u_{mn} \end{bmatrix} \tag{6.36}$$

最少弹药消耗量模型为

$$\begin{cases} \max F_4 = \max \sum_{i=1}^{m} \sum_{j=1}^{n} u_{ij} x_{ij} \\ \Delta T = f(T_{\min}, \mathrm{Urg}) \\ \widetilde{m} = f(\overline{d}, (D_{\mathrm{EFF}})_{1,2,3}) \\ n = f(\mathrm{Urg}, M, N, \lambda_D) \\ m = f(\mathrm{Urg}, M, n, \lambda_D, \widetilde{m}) \\ \{n_1, n_2, n_3, n_4, n_5, n_6, n_7\} = f(\overline{d}, (D_{\mathrm{EFF}})_{1,2,3}, n, \hat{n}) \\ \{m_1, m_2, m_3, m_4, m_5, m_6\} = f(\overline{d}, (D_{\mathrm{EFF}})_{1,2,3}, m, \hat{m}) \\ \sum_{j=1}^{n} x_{ij} = 1 \\ \sum_{i=1}^{m} x_{ij} \leqslant \widetilde{m} \end{cases} \tag{6.37}$$

6.5.5 多指标目标函数模型

打击准则在各自所反映的火力优化分配侧重点上均有较好的阐述与概括，但都不能全面反映作战的实际要求，通常要同时考虑多个打击准则，在多个指标的评价下，取得相对最优的火力优化分配结果。

由于上述四个目标函数均为无量纲数，因此采用线性加权法将其合并，设权重分别为 a_1、a_2、a_3、a_4，则多指标目标函数模型为

$$
\begin{cases}
\max F_5 = \max\{a_1 F_1 + a_2 F_2 + a_3 F_3 - a_4 F_4\} \\[2mm]
F_1 = \sum_{j=1}^{n} \left[1 - \prod_{i=1}^{m} (1 - q_{ij})^{x_{ij}} \right] \\[2mm]
F_2 = \sum_{i=1}^{m} \sum_{j=1}^{n} w_{ij} q_{ij} x_{ij} \\[2mm]
F_3 = \sum_{j=1}^{n} r_j \left[1 - \prod_{i=1}^{m} (1 - q_{ij})^{x_{ij}} \right] \\[2mm]
F_4 = \sum_{i=1}^{m} \sum_{j=1}^{n} u_{ij} x_{ij} \\[2mm]
\Delta T = f(T_{\min}, \mathrm{Urg}) \\[2mm]
\widetilde{m} = f\left(\bar{d}, (D_{\mathrm{EFF}})_{1,2,3} \right) \\[2mm]
n = f(\mathrm{Urg}, M, N, \lambda_D) \\[2mm]
m = f(\mathrm{Urg}, M, n, \lambda_D, \widetilde{m}) \\[2mm]
\{n_1, n_2, n_3, n_4, n_5, n_6, n_7\} = f\left(\bar{d}, (D_{\mathrm{EFF}})_{1,2,3}, n, \hat{n} \right) \\[2mm]
\{m_1, m_2, m_3, m_4, m_5, m_6\} = f\left(\bar{d}, (D_{\mathrm{EFF}})_{1,2,3}, m, \hat{m} \right) \\[2mm]
\sum_{j=1}^{n} x_{ij} = 1 \\[2mm]
\sum_{i=1}^{m} x_{ij} \leqslant \widetilde{m}
\end{cases}
\qquad (6.38)
$$

第7章 火力优化控制方案生成的智能算法

求解火力优化模型（生成火力优化控制方案）的准确性和实时性，对武器平台火力打击效果有着决定性的影响。随着武器平台与目标数量的增多，过去求解静态火力分配问题时所使用的传统算法如隐枚举法、分支定界法、割平面法等，一方面很难满足大维数的火力分配问题求解，另一方面不能满足动态火力优化控制对实时性要求。一些收敛速度快的智能算法如人工神经网络算法、粒子群算法等，为解决这一问题提供了新的思路和途径。本章给出了遗传算法、人工免疫算法和粒子群算法三种智能优化算法及其改进算法求解火力优化控制模型的方法步骤，并对其解的有效性进行了比较和分析。

7.1 算法评价准则

随着对"武器－目标"分配模型求解问题研究的深入，大量智能优化算法及其改进算法相继运用，均取得了不错的效果。智能算法求解优化目标函数逐渐显示出优越性，已成为求解目标函数的必然趋势。但不同的研究人员从不同的角度评价所运用的算法，或在不同的仿真平台上进行评价，来说明各自算法有效性，主观性强，不能客观地比较得出相对更优的算法。因此，本节提出了一些统一的算法评价准则来横向比较多种算法，消除主观因素的影响，找出客观上寻优能力较强的算法，用于求解地面突击分队火力优化方案。

依据算法的不同属性可以将算法的评价做出不同的分类。依据算法运用的场合，可将算法评价分为工程评价和仿真评价；依据算法的内容，可将算法评价分为代码编制质量评价、算法精准度评价和算法执行效率评价。算法评价准则的类别见表7.1。

表 7.1 算法评价准则的类别

评价准则	工程评价	仿真评价	代码编制质量评价	精准度评价	执行效率评价
正确性	√	—	√	—	—
可靠性	√	—	√	—	—
可重用性	√	—	√	—	—
可移植性	√	—	√	—	—
可维护性	√	—	√	—	—
可测试性	√	—	√	—	—
收敛精度	—	√	—	√	—
鲁棒性	—	√	—	√	—
群活性	—	√	—	√	—
时间代价	√	√	—	—	√
空间代价	√	—	—	—	√

本书着重从仿真评价方面讨论算法的评价准则，建立统一的算法评价准则体系。

7.1.1 算法收敛精度

算法收敛精度表示算法运行结果逼近最优值的程度，用来衡量解的准确性。讨论算法收敛精度前，先明确智能算法中各类解及解空间的定义。

定义 7.1 将所有由可行域（不考虑物理意义）内的输入数据计算得到的解定义为基本解，基本解所在的空间定义为基本解空间 Φ_A。

定义 7.2 将满足战场实际物理意义的解的集合定义为可行解空间 Φ_P，其他解的集合定义为非可行解空间 Φ_{NP}。

定义 7.3 将满足实际精度的解的集合定义为满意解空间 Φ_S。各类解空间的包含关系如图 7.1 所示。不计计算代价而得到的火力优化分配问题的最佳解定义为最优解 y_{best}，有 $y_{best} \in \Phi_S$；实际作战时（或仿真模拟作战过程时）通过火力优化分配模型求得的解称为执行解 y，有 $y \in \Phi_P$。

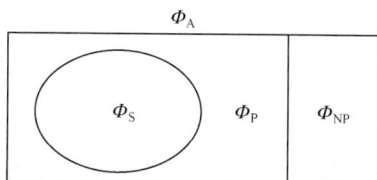

图 7.1　各类解空间的集合表示

智能算法可通过执行解的相对误差来描述其收敛精度，计算公式为

$$E_y = \left| \frac{\bar{y} - y_{\text{best}}}{y_{\text{best}}} \right| \times 100\% \qquad (7.1)$$

式中：$\bar{y}$ 为 n 次运行智能算法得到的执行解的均值，可表示成

$$\bar{y} = \frac{\sum_{i=1}^{n} y_i}{n}$$

式中：y_i 为第 i 次运行智能算法得到的执行解。

智能算法也可通过执行解的适应度的相对误差来描述其收敛精度，计算公式为

$$E_{\text{fit}} = \left| \frac{\overline{\text{fit}} - \text{fit}_{\text{best}}}{\text{fit}_{\text{best}}} \right| \times 100\% \qquad (7.2)$$

式中：fit_{best} 为最优解 y_{best} 的适应度值；$\overline{\text{fit}}$ 为 n 次运行智能算法得到的执行解的适应度的均值，可表示成

$$\overline{\text{fit}} = \frac{\sum_{i=1}^{n} \text{fit}_i}{n}$$

式中：fit_i 为执行解 y_i 的适应度值。

运用智能算法求解火力优化分配问题，得到执行解或执行解的适应度的相对误差越小，算法的精度越高，优化能力也就越好。

7.1.2　算法鲁棒性

算法鲁棒性表示算法在随机初始化及其他参数随机选择的情况下得到的执行解的相对稳定性。智能算法可通过执行解的方差来描述其

鲁棒性，计算公式为

$$R_y = \dfrac{\displaystyle\sum_{i=1}^{n} \left(y_i - \overline{y} \right)^2}{n-1} \tag{7.3}$$

智能算法也可通过执行解的适应度的方差来描述其鲁棒性，计算公式为

$$R_{\mathrm{fit}} = \dfrac{\displaystyle\sum_{i=1}^{n} \left(\mathrm{fit}_i - \overline{\mathrm{fit}} \right)^2}{n-1} \tag{7.4}$$

运用智能算法求解火力优化分配问题，得到执行解或执行解的适应度的方差越小，算法的鲁棒性越强，优化能力越好。

7.1.3 算法群活性

算法群活性表示算法在解空间搜索范围的大小，用来衡量算法的潜在优化能力。它可以通过执行解的相对分散程度来描述，定义为多次运行算法的最后 10 代种群执行解的相对分散程度之和的均值，计算公式为

$$A_y = \dfrac{\displaystyle\sum_{i=1}^{n}\left(\dfrac{\displaystyle\sum_{j=G-10}^{G}\sum_{k=1}^{P} \left(y_{ijk} - \overline{y}_{ij} \right)^2}{10} \right)}{n} \tag{7.5}$$

式中：G 为算法运行代数；P 为种群规模；y_{ijk} 为每代种群中每个个体所对应的执行解；$\overline{y}_{ij}$ 为每代种群执行解的均值。

智能算法也可通过执行解的适应度的相对分散程度来描述其群活性，计算公式为

$$A_y = \dfrac{\displaystyle\sum_{i=1}^{n}\left(\dfrac{\displaystyle\sum_{j=G-10}^{G}\sum_{k=1}^{P} \left(\mathrm{fit}_{ijk} - \overline{\mathrm{fit}}_{ij} \right)^2}{10} \right)}{n} \tag{7.6}$$

式中：fit_{ijk} 为每代种群中每个个体的适应度；$\overline{\mathrm{fit}}_{ij}$ 为每代种群适应度的均值。

运用智能算法求解火力优化分配问题，得到执行解或执行解的适

126

应度与其最优值的相对分散程度越大，算法的群活性越好，潜在的优化能力越强。

7.1.4　算法时间代价

在不同的计算机硬件、软件环境下程序的执行时间会有所差异，这种差异大多在算法完成后进行测试估计，很难从理论上进行深入探讨，使得各算法间的时间代价比较变得复杂。对算法时间代价定义的有如下三种：

（1）通过对算法执行的硬件平台、软件环境标准化来实现，即各算法采用标准的计算机硬件平台、软件环境和相同的运行次数，计算出算法运行时间的均值定义为算法执行时间，计算公式为

$$T = \frac{\sum_{i=1}^{n} t_i}{n} \tag{7.7}$$

式中：t_i 为第 i 次运行智能算法所需要的时间。

这种定义方式的优点是算法执行时间直观，易于理解，并且便于计算统计比较；缺点是难以找到统一、合适的硬件平台和软件环境。

（2）把智能算法程序中的关键执行操作（如加、减、乘、除、比较等运算）指定为基本操作，明确执行每项基本操作所消耗的时间，通过统计算法执行各基本操作的次数来获得算法的总运行时间，即为算法的执行时间，计算公式如下为

$$T = \sum_{k=1}^{K} n_k t_k \tag{7.8}$$

式中：t_k 为第 k 种基本操作的执行时间；n_k 为智能算法中执行第 k 种基本操作的次数。

这种定义方式的优点是执行时间的统计不受算法运行平台的制约，通用性强，易于比较；缺点是对各项基本操作消耗时间难以把握，其准确程度对算法运行时间的估计有很大影响。

（3）明确每执行一次待优化函数所需的时间，通过统计智能算法程序执行优化函数的总次数来获得算法的总运行时间，即为算法的执行时间，计算公式为

$$T = n \cdot t_{\text{basic}} \qquad (7.9)$$

式中：n 为程序执行优化函数的总次数；t_{basic} 执行一次待优化函数所需时间。

这种定义方式的优点是执行时间的统计不受算法运行平台的制约，通用性强，并且计算量少，易于统计实现；缺点是计算算法执行时间的精确度略有下降。在对算法执行时间计算的精确度要求不高的情况下（只需明确其数量级时）本方法具有较大的优势。

仿真条件下，标准的计算机硬件平台、软件环境相对容易获取，采用第一种时间代价计算方法，可以得到较精确的时间代价；实际应用过程中，采用第三种时间代价计算方法，可以在计算准确度和计算复杂度之间得到较好的平衡。

7.2 标准测试模型

7.2.1 测试模型及参数设定

在明确智能算法优化能力评价准则的同时，还应给定检验其优化能力的标准测试模型，以使得算法之间具有可比性，达到算法评价的目的。测试模型的选择需具有普适性及典型性，即测试模型能反映火力优化分配中所涉及的基本问题。选定如下两个通用模型作为测试模型：

模型①——最大毁伤价值模型 $\qquad \max \sum\limits_{j=1}^{n} c_j \left[1 - \sum\limits_{i=1}^{m} (1 - r_{ij})^{x_{ij}} \right]$

$$(7.10)$$

模型②——最大毁伤威胁模型 $\qquad \max \sum\limits_{i=1}^{m} \sum\limits_{j=1}^{n} w_{ij} x_{ij} \qquad (7.11)$

值得注意的是，上述两个模型是以式（6.28）和式（6.30）为基础得到的，并不是真正的最大毁伤价值目标函数和最大毁伤威胁目标函数，但能够全面地反映 6.5 节四个目标函数的特点。选定了两个规模的标准测试数据 c_j 和 r_{ij}，以多方面反映算法的优化能力，分别是 "8×5" 和 "11×7"（参战武器数量×打击目标数量），见表 7.2～表 7.5。同时可以将最大毁伤价值模型的数据 r_{ij} 作为最大毁

伤威胁模型的数据 w_{ij} 进行算法测试。

表 7. 2　"8×5" 参数 c_j 设定

目标	1	2	3	4	5
c_j	0. 277	0. 278	0. 097	0. 265	0. 084

表 7. 3　"8×5" 参数 r_{ij} 设定

武器	武器对目标的毁伤概率 r_{ij}				
	1	2	3	4	5
1	0. 727	0. 420	0. 340	0. 696	0. 313
2	0. 776	0. 710	0. 793	0. 807	0. 622
3	0. 419	0. 762	0. 749	0. 714	0. 636
4	0. 310	0. 570	0. 555	0. 719	0. 745
5	0. 796	0. 658	0. 559	0. 531	0. 253
6	0. 582	0. 536	0. 751	0. 626	0. 462
7	0. 200	0. 300	0. 443	0. 700	0. 632
8	0. 100	0. 300	0. 231	0. 600	0. 637

表 7. 4　"11×7" 参数 c_j 设定

目标	1	2	3	4	5	6	7
c_j	0. 7	0. 5	1. 0	0. 9	0. 7	0. 7	0. 5

表 7. 5　"11×7" 参数 r_{ij} 设定

武器	武器对目标的毁伤概率 r_{ij}						
	1	2	3	4	5	6	7
1	0	0. 5	0	0	0. 7	0. 5	0
2	0. 7	0	0. 5	0. 8	0. 8	0. 7	0. 5
3	0. 5	0. 7	0. 9	0. 0	0. 7	0	0
4	0	0	0. 7	0. 6	0	0. 5	0. 8
5	0. 6	0	0. 5	0. 7	0. 5	0. 0	0. 7

武器	武器对目标的毁伤概率 r_{ij}						
	1	2	3	4	5	6	7
6	0.8	0.5	0	0	0.7	0.5	0.5
7	0.5	0	0.7	0.6	0	0.8	0.5
8	0	0.7	0.7	0.6	0	0.5	0.7
9	0.5	0.7	0	0.8	0.7	0.6	0
10	0.5	0.5	0.5	0.7	0	0	0.5
11	0	0.7	0.8	0.5	0.5	0	0.7

7.2.2 模型优化指标

通过大量试验统计，两个模型针对两组测试数据的最优解见表 7.6。

表 7.6 模型的最优解

最优解	不同模型、不同规模下的最优解			
	"8×5" 模型①	"8×5" 模型②	"11×7" 模型①	"11×7" 模型②
y_{best}	0.889401	5.925000	4.463000	8.500000

依据坦克分队作战特点及作战任务需求，设定火力优化分配目标函数优化指标如下：

算法收敛精度 $E_y \leqslant 5\%$ (7.12)

算法鲁棒性 $R_y \leqslant 0.01$ (7.13)

算法时间代价 $T \leqslant 0.5s$ (7.14)

由于算法的群活性用来衡量算法的潜在优化能力，不能直接体现算法的优化能力，所以这里不设定算法的群活性指标。当几个算法对两个测试模型及两组测试数据的优化结果相当时，单独计算这些算法的群活性。

7.3 遗传算法

遗传算法（GA）是模拟生物在自然环境中的遗传进化过程而形成的一种自适应全局优化概率搜索算法。它最早由美国密执安大学的 Holland 教授提出，起源于 20 世纪 60 年代对自然和人工自适应系统的研究。70 年代 De Jong 基于遗传算法的思想在计算机上进行大量的纯数值函数优化计算试验。在一系列研究工作的基础上，80 年代由 Goldberg 进行归纳总结，形成了遗传算法的基本框架。

7.3.1 标准遗传算法

遗传算法是以自然界中的生物进化过程为背景，将生物进化过程中的繁殖、选择、杂交、变异和竞争等概念引入算法中。

遗传算法是将问题的解表示成染色体，在标准遗传算法（Standard Genetic Algorithm，SGA）中一般用二进制码串来表示。解的特定集合称为种群，解中的变量称为基因。将种群置于问题的环境中，每个染色体将会有不同的适应度，依据适者生存的原则，从中选择出适应环境的染色体进行复制，即为再生，也称选择，通过交叉、变异两种基因操作产生出新一代更适应环境的染色体群，这样一代代不断进化，最后收敛到一个最适应环境的个体上，求得问题的最优解。

标准遗传算法的求解过程（图 7.2）：

Step1：确定编码方案并随机产生初始种群，种群中个体的数目需要事先确定，种群中每个个体表示为染色体的基因编码。

Step2：设计适应度函数并计算各个个体的适应度函数值，判断是否符合解的精度要求或最大进化代数限制。若符合，则输出最优个体及其所代表的最优解，并停止计算；否则，转向 Step 3。

Step3：以个体的适应度函数值为依据选择再生个体，适应度高的个体被选中的概率高，适应度低的个体被选中的概率低，甚至可能被淘汰。

Step4：按照一定的交叉概率和交叉方法，生成下一代新个体。

Step5：按照一定的变异概率和变异方法，生成下一代新个体。

Step6：得到由交叉和变异操作产生新一代的种群，并返回 Step 2。

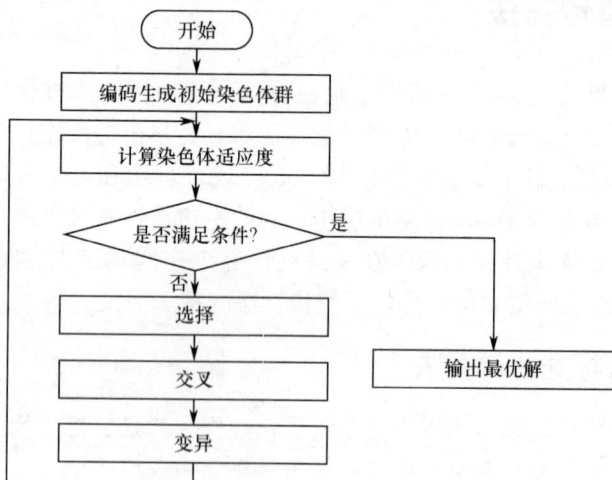

图 7.2　标准遗传算法的求解过程

7.3.2　改进的遗传算法设计

国内外一些研究专家学者已经将遗传算法应用于火力优化分配目标函数的求解，随着研究的深入，发现 SGA 求解目标函数虽然满足求解时效性要求，但极易出现早熟收敛现象，因此，需要对 SGA 做出一定改进，以提高算法的收敛精度。本节给出了一种改进方案，仿真试验证明，改进的遗传算法（Improved Genetic Algorithm，IGA）满足地面突击分队火力优化分配目标函数优化指标。

采用整数编码方式，以武器总数作为染色体的长度，基因位的序号即为武器的编号；染色体每个基因位上记录目标的编号，图 7.3 为某一条染色体编码。规定每个作战单元只能打击一个目标，但每个目标可同时受到多个作战单元打击。

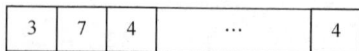

图 7.3　染色体编码

132

以式（7.10）、式（7.11）中模型①、②的目标函数作为适应度函数满足算法对适应度函数的要求，可以评价染色体的好坏。

SGA 采用的参数设置方式对算法性能有一定的限制。当染色体差异较大时，选择算子在淘汰劣势染色体的同时，也遗失了存在于劣势染色体中的部分优良基因；当个体差异很小时，没有足够的操作引入新的基因，会使搜索效率降低，收敛速度减慢。交叉算子采用单点交叉，交叉面积不够大，限制了新生成基因的多样性。变异算子采用单点变异，变异数量少，使得变异算子对种群进化作用有限。本节对这三种算子提出了改进，并增加保留算子和新生算子，提高算法的鲁棒性，使其寻优能力更强。改进的算法中，种群常态下有最优染色体、一般染色体和变异染色体，在特定情况下会生成新生染色体。算子功能及其与染色体的关系见表 7.7。

表 7.7　算子功能及其与染色体的关系

算子种类	代号	功能	染色体种类
保留算子	A	保留父代中最优染色体	最优染色体
复制算子	B	在四类一般染色体中有选择的复制	
交叉算子	C_1	最优染色体与一般染色体交叉	一般染色体
	C_2	一般染色体与变异染色体交叉	
	C_3	一般染色体与一般染色体交叉	
变异算子	D_1	最优染色体变异	变异染色体
	D_2	一般染色体变异	
新生算子	E	以最优染色体为依据生成新染色体	新生染色体

保留算子使算法能够保留种群的最优染色体，种群不会出现退化现象。

复制算子在四类一般染色体中分别做出随机选择，在保留优秀染色体的同时可以保持染色体的多样性。

交叉算子对三类染色体采用均匀交叉，可以增加染色体的多样性，提高全局搜索能力。均匀交叉首先随机产生一个与个体编码长度相同的二进制标志字 $Z = \begin{bmatrix} z_1 & z_2 & \cdots & z_m \end{bmatrix}$，然后按下列规则从 X_1、Y_1 两个父代染色体中产生两个新染色体 X_2、Y_2：若 $z_i = 0$，则 X_2 的第 i 个基因继承 X_1 的对应基因，Y_2 的第 i 个基因继承 Y_1 的对应基因；若 $z_i = 1$，则 X_1、Y_1 的第 i 个基因相互交叉，生成 X_2、Y_2 的第 i 个基因。

变异算子一部分对每代中最优染色体进行单个基因位的变异，以提高算法的局部寻优能力；另一部分对一般染色体进行多基因位的变异，以增加种群的多样性。

新生算子在算法运行的特定时期才会使用。在算法迭代过程中，当种群最优染色体有 H 次未发生变化，说明算法已收敛到最优值或局部最优，则按照下列规则对种群进行更新：对所有一般染色体进行搜索，如果与最优染色体相同，则对其进行 $M' \times 1$ 变异，产生新染色体。$M' \times 1$ 变异指将最优染色体以近似其长度的次数进行多次单基因位变异，生成一个新染色体。采用多次单基因位变异而不采用单次多基因位变异，目的是在增加种群的多样性程度的同时，使新生的个体能够继承一部分优质粒子的基因片段，提高新生染色体的质量。

SGA 的染色体更新按照各遗传算子的概率以轮盘赌的方式进行，这种策略可能会产生较大的抽样误差，容易出现早熟和停滞现象，轮盘赌方式还会占用相当多的算法运行时间。本节依据种群的总数量确定每代中各类染色体的数量比例，使得在进化过程中各类遗传算子始终存在作用，并有计划的规划各类染色体的生成，可以显著提高算法的收敛精度，并且计划性策略还可以显著减少因计算各类概率而消耗的时间。以种群数量 POP = 50 为例，各类染色体的数量见表 7.8。

表 7.8　各类染色体数量

染色体种类	数量
A	2
B	8
C_1	2
C_2	8
C_3	20
D_1	2
D_2	8

在四类一般染色体中的复制算子选择数量见表 7.9。

表 7.9　复制算子选择数量

染色体种类	复制算子选择数量
B	1
C_1	1
C_2	3
C_3	3

综上所述，可得到算法流程如下：

Step1：初始化种群规模 POP，最大进化代数 GENERATION。

Step2：随机生成 POP 个染色体作为初始种群。

Step3：计算每个染色体的适应值并排序。

Step4：判断是否需要更新染色体，如果需要则进行新生操作，生成新染色体，转到 Step3。

Step5：保留父代最优染色体。

Step6：在四类一般染色体中有选择的复制。

Step7：对三类染色体分别进行三种交叉操作。

Step8：进行最优变异和一般变异。

Step9：新种群替代旧种群，如果未达到最大进化代数，转到 Step3。

Step10：最优染色体解码作为最优解输出。

7.3.3　仿真测试

设定 IGA 种群规模 POP = 50，最大进化代数 GENERATION = 100。算法运行的硬件平台是 CPU 为 2.67GHz 内存为 2GB 笔记本电脑，软件仿真环境是 Visual C++ 6.0（SP6），可得到两个模型的最优武器 – 目标分配方案见表 7.10，最大目标函数值见表 7.11，染色体种群最佳适应度（实线）、平均适应度（虚线）的进化过程如图 7.4 所示。这里需要注意的是"11×7"模型②的最优武器 – 目标分配方案不唯一。

135

表 7.10 最优武器-目标分配方案

目标	"8×5"模型① 武器分配方案	"8×5"模型② 武器分配方案	"11×7"模型① 武器分配方案	"11×7"模型② 武器分配方案
1	1, 5	1, 5	5, 6	6
2	2, 3	3	8, 11	8
3	6	6	3	3, 11
4	4, 7	2, 7	9, 10	9, 10
5	8	4, 8	1, 2	1, 2
6	—	7	7	—
7	—	4	4, 5	—

表 7.11 模型的最大目标函数值

最大目标函数值	"8×5"模型①	"8×5"模型②	"11×7"模型①	"11×7"模型②
H	0.889401	5.925000	4.463000	8.500000

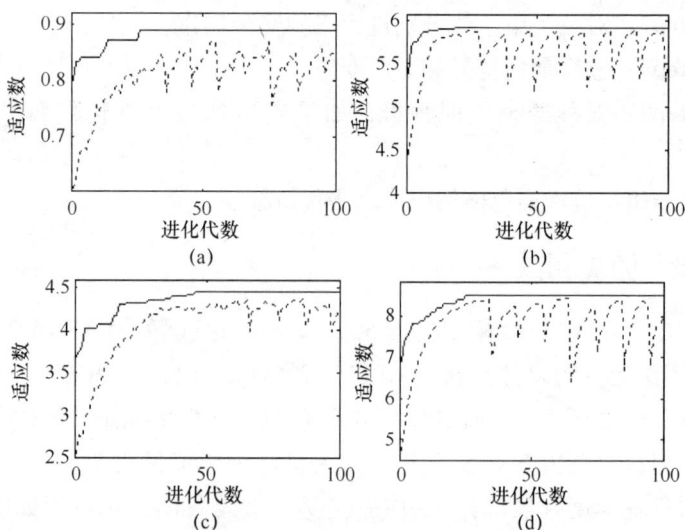

图 7.4 算法适应度进化过程

(a) "8×5"模型①; (b) "8×5"模型②; (c) "11×7"模型①; (d) "11×7"模型②

136

SGA、IGA 两种算法分别运行 1000 次得到其对目标函数的优化能力见表7.12～表7.14。

表 7.12 算法收敛精度

收敛精度 E_y	"8×5" 模型①	"8×5" 模型②	"11×7" 模型①	"11×7" 模型②
SGA	2.772 802%	0.191 932%	5.865 418%	2.105 882
IGA	0.137 758%	≈ 0%	0.709 523%	0.004 706%

表 7.13 算法鲁棒性

鲁棒性 R_y	"8×5" 模型①	"8×5" 模型②	"11×7" 模型①	"11×7" 模型②
SGA	0.000 243	0.000 944	0.013 369	0.022 902
IGA	0.000 009 059	≈ 0	0.001 290 725	0.000 039 880

表 7.14 算法的时间代价

时间代价 T／(s)	"8×5" 模型①	"8×5" 模型②	"11×7" 模型①	"11×7" 模型②
SGA	0.001 503	0.001 188	0.002641	0.001 406
IGA	0.004 910	0.002 335	0.007 123	0.002 586

由表 7.10 可以看出，针对同一规模的作战任务，选择不同的打击准则会生成不同的火力打击方案，即有不同的火力打击效果。因此，应充分考虑地面突击分队作战实际，选择最准确合理的打击准则，生成最优火力打击方案，提高地面突击分队火力打击威力。

由表 7.11 可知，针对两个模型和两个规模的测试参数，IGA 均能够找到目标函数的最优值，具有较强的寻优能力。

由图 7.4 可知，从整体上来看，IGA 均能在 50 代之内寻找到目标函数的最优值，算法具有较好的寻优能力；平均适应度在算法中后期会出现较为明显的周期性波动，这是改进算法中新生算子作用的缘故，以其提高种群的多样性，拓宽种群搜索空间。比较来看，对规模"8×5"的收敛速度要快于规模"11×7"，说明武器－目标打击规模越大，IGA 的优化能力越弱，这就限制了本算法的应用范围，当武器－目标打击规模过大时，本算法有可能失效；IGA 对模型②的收敛速度要快于模型①，模型②的函数相对于模型①的函数要光滑，容易找到极值点，这就对地面突击分队提出了打击准则的选择要求，即在战场态势较为紧张的时候，尽可能选择模型②以确保算法的优化效果。

由表 7.12 ~ 表 7.14 可以看出，相对于 SGA 来说，IGA 的收敛精度及鲁棒性有较大的提升（至少 1 个数量级），具有较强的战场适用性；算法的时间代价增大 1 倍，但其绝对时间代价仍然很小。针对两个模型和两个规模的测试参数，IGA 的收敛精度、鲁棒性及时间代价均满足火力优化分配目标函数优化指标要求，可以用于求解地面突击分队火力优化分配目标函数。

7.4 人工免疫算法

人工免疫算法（AIA）是受人体免疫系统的体细胞理论和网络理论启发而提出的一种仿生智能计算方法。它最早于 1991 年由比利时的 Bersini 和法国的 Varela 提出，并逐渐成为人工智能研究的一个热点。目前，人工免疫算法理论研究主要集中在基于免疫网络学说的人工免疫网络模型、基于免疫特异性的否定选择算法、克隆选择算法和免疫进化算法。

7.4.1 标准人工免疫算法

人工免疫算法基于生物免疫系统基本机制，实现了类似于生物免疫系统的抗原识别、细胞分化、记忆和自我调节等功能，两者概念间的对应关系见表 7.15。

表 7.15 生物免疫系统与人工免疫算法概念对应关系

生物免疫系统概念	人工免疫算法概念
抗原	待优化问题
抗体	问题的可行解
亲和度	可行解的质量

标准人工免疫算法（Standard Artificial Immune Algorithm，SAIA）

实现步骤如下：

Step1：进行抗原识别，理解待优化问题，定义亲和度评价函数。

Step2：随机产生一个初始抗体种群。

Step3：对抗体种群中的每一个可行解进行亲和度评价。

Step4：判断是否满足算法终止条件，如果满足则终止算法寻优过程，输出计算结果；否则，继续寻优计算。

Step5：计算抗体浓度。

Step6：进行免疫处理，包括免疫选择、克隆、变异和克隆抑制。

Step7：抗体群更新，以随机生成的新抗体替代抗体群中亲和度较低的抗体，形成新一代抗体种群，转 Step3。

目前，国内外专家学者对火力优化分配目标函数求解的研究主要集中在改进的遗传算法和改进的粒子群算法上，对人工免疫算法在这方面的应用研究很少。与进化算法相比，人工免疫算法在提高收敛速度的同时，能够较好地保持种群的多样性，从而比较有效地克服早熟收敛等问题，因此适合于求解地面突击分队火力优化分配目标函数。本节给出了一种人工免疫算法的改进方案，并且通过仿真测试验证该改进的人工免疫算法（Improved Artificial Immune Algorithm，IAIA）对地面突击分队火力优化分配目标函数优化的有效性。

7.4.2 改进的人工免疫算法设计

人工免疫算法的抗原为武器－目标分配问题，抗体为满足模型①、模型②目标函数的武器－目标分配矩阵 $X = (x_{ij})_{M \times N}$，亲和度可通过相应的目标函数评价。

抗体采用整数编码方式，以武器总数作为抗体的长度，抗体位的序号即为武器编号；抗体位上记录目标的编号。每批次武器－目标分配每个武器只能打击一个目标，但每个目标可同时受多个武器打击。图 7.5 为由某一分配矩阵 X 转换为相应抗体的过程，即抗体编码过程。

与其他智能优化算法类似，人工免疫算法寻优过程也要依靠算子实现，一般分为抗体评价算子和抗体更新算子两类。抗体评价算子包

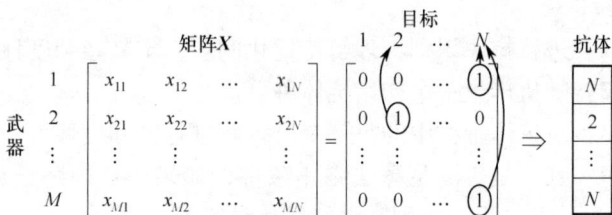

图 7.5 抗体编码过程

括亲和度评价算子和抗体浓度算子,在此只选择亲和度算子评价抗体,抗体浓度的评价将由抗体位浓度计算和最优抗体抑制体现。抗体更新算子包括选择算子、交叉算子、变异算子和克隆抑制算子。为充分发挥交叉算子和变异算子的全局搜索能力将其合并为全局更新算子,取消克隆抑制算子以避免抗体群多样性缺失,新增局部更新算子用于提高算法的局部搜索能力,新增最优抗体抑制算子用来提高抗体群多样性。

选择算子采取锦标赛选择方式。锦标赛选择是从抗体群中随机选择 n_{ts} 个个体作为一组,其中 n_{ts} < POP(POP 为抗体群规模)。被选择的 n_{ts} 个个体相互竞争,亲和度最高的个体作为本次锦标赛选择的选出个体。某次锦标赛选择算子运行过程如图 7.6 所示。图 7.6 中:圆的总数表示抗体群规模,圆的大小表示其亲和度大小;灰色圆的数量表示本次锦标赛选择规模;实心灰色圆表示通过个体相互竞争得出的最高亲和度抗体,将其作为本次锦标赛选择的选出个体。

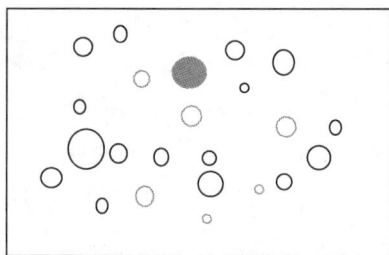

图 7.6 锦标赛选择算子运行过程

锦标赛选择的规模过大会使得当前最优个体主导抗体群，抗体群的多样性迅速下降，陷入局部最优；规模过小，则不良个体被选中的概率就会增大。因此，锦标赛规模需选择适中，并且随着进化逐步减小以提高算法运行后期抗体群的多样性。锦标赛选择规模可表示为

$$n_{ts} = \frac{POP}{a_{ts}} - \frac{POP}{b_{ts}} \times \frac{t}{GENERATION} \qquad (7.15)$$

式中：$a_{ts} = 5$；$b_{ts} = 10$；t 当前进化代数；GENERATION 为最大进化代数。

运用锦标赛选择选出 POP – 1 个抗体，加上 1 个通过最优保存策略从上一代克隆的最优抗体，得到下一代初始抗体群。

全局更新算子采用"$(1 + \lambda)$ – 选择"更新机制。"(μ, λ) – 选择"和"$(\mu + \lambda)$ – 选择"是在进化策略中使用的确定性排序选择方法，其中 μ 表示父代个体数目，λ 为每个父代个体产生子代个体的数目。通过一定进化策略生成 $\mu \times \lambda$ 个子代后，"(μ, λ) – 选择"将会选择其中最好的 μ 个子代作为下一代群体，"$(\mu + \lambda)$ – 选择"将从父代和子代的并集中选出最好的 μ 个子代作为下一代群体。本节采用"$(1 + \lambda)$ – 选择"方法（$\mu = 1$），对 1 个父代个体运用具有全局搜索能力的交叉算子和变异算子对抗体进行更新，生成 λ 个子代，从上述 $1 + \lambda$ 个个体中选出最好的 1 个作为下一代个体，其中交叉算子与变异算子运行次数比约为 1∶3。某次"$(1 + \lambda)$ – 选择"全局更新算子运行过程如图 7.7 所示。图 7.7 中：灰色圆表示由锦标赛选择生成的下一代初始抗体，作为"$(1 + \lambda)$ – 选择"中的父代个体；浅灰色圆表示经过交叉操作（带有斜线的浅灰色圆）和变异操作（不带斜线的浅灰色圆）生成的子代个体；浅灰色实心圆表示从父代（灰色圆）和子代（浅灰色圆）的并集中选出的最优个体作为下一代初次更新抗体。

λ 过小很难发挥出"$(1 + \lambda)$ – 选择"全局更新算子的全局搜索能力；过大则会占用过长的运行时间。λ 可通过下式求得

$$\lambda = \min\left(\max\left(\left\lceil\frac{M}{2}\right\rceil, a_\lambda\right), b_\lambda\right) \tag{7.16}$$

式中：$a_\lambda = 4$；$b_\lambda = 8$；"$\lceil\ \rceil$"为上取整运算。

通过"（$1+\lambda$）-选择"全局更新算子生成的 POP - 1 个抗体和通过最优保存策略得到的 1 个抗体共同构成了下一代初次更新抗体群。

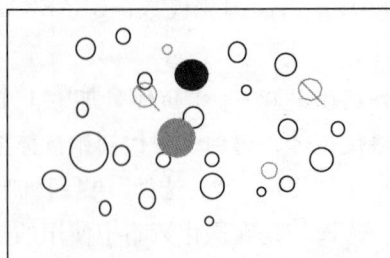

图 7.7　全局更新算子运行过程

通常采用的交叉操作如单点交叉、多点交叉、均匀交叉、算术交叉等，它们的共同点是限制在两个个体之间，当交叉的两个个体相同时，它们都不再奏效。本节采用多体交叉，充分利用抗体群中多个个体的信息，改进普通交叉的局部性与片面性；同时采用单向交叉方式，只有被选择执行交叉操作的个体的抗体位改变，交叉数据供体的抗体位不变。某次抗体交叉过程如图 7.8 所示。

图 7.8　抗体交叉过程

抗体交叉位在抗体长度范围内随机选取。抗体交叉对象在抗体群内随机选取。交叉对象的数量在一定范围内随机选取，参与交叉的抗体过少则抗体群中个体的信息不能够充分利用，过多则会占用过长的运行时间，由此交叉对象的数量可限定在如下范围：

$$\min(a_c, M) \leqslant \text{CrossoverNum} \leqslant \min(b_c, M) \qquad (7.17)$$

式中：CrossoverNum 为抗体交叉对象的数量；$a_c = 4$；$b_c = 8$。

通常采用的变异操作如随机变异、顺序变异等，它们的共同点是无经验、无方向的随机变异，变异产生优质个体的概率极低。本节利用抗体群进化的历史信息——抗体位浓度来引导抗体变异的方向，提高变异产生优质个体的概率。定义抗体位浓度记忆库为

$$\boldsymbol{D} = (d_{ij})_{M \times N} \qquad (7.18)$$

$$d_{ij} = \frac{\sum_{s=1}^{t} \sum_{p=1}^{\text{POP}} x_{ijsq}}{t \times \text{POP}} \quad (s = 1, 2, \cdots, t; q = 1, 2, \cdots, \text{POP})$$

式中：x_{ijsq} 为第 s 代、第 q 个抗体表示的第 i 个武器对第 j 个目标的武器 – 目标分配特征数。

显然：抗体位的数据越好，在抗体群中出现的次数也就越多，对应的 d_{ij} 就越大；抗体位的数据越差，在抗体群中出现的次数也就越少，对应的 d_{ij} 就越小。将每个武器的抗体位数据排序，生成抗体位浓度序列矩阵 $\boldsymbol{S} = (s_{ij})_{M \times N}$，由某个 $\boldsymbol{D} = (d_{ij})_{4 \times 4}$ 生成 $\boldsymbol{S} = (s_{ij})_{4 \times 4}$ 的过程如图 7.9 所示。

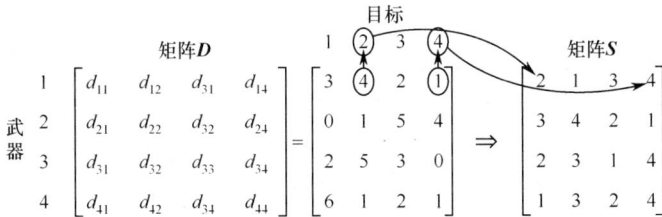

图 7.9　抗体位浓度序列矩阵生成过程

定向变异利用抗体位浓度序列矩阵 $\boldsymbol{S}$ 前几列（除第一列）较优的数据对抗体执行变异操作，某次抗体变异过程如图 7.10 所示。

图 7.10 抗体变异过程

抗体变异位在抗体长度范围内随机选取。抗体变异对象（用于抗体变异的矩阵 S 的列数）过少可能会错过尚未被发掘的较好的数据，过大则变成了无经验、无方向的随机变异，由此抗体变异对象可由下式求得：

$$\text{MutationObj} = \min\left(\max\left(\left\lceil \frac{M}{4} \right\rceil, a_{\text{mo}} \right), b_{\text{mo}} \right) \qquad (7.19)$$

式中：MutationObj 为抗体变异对象；$a_{\text{mo}} = 2$；$b_{\text{mo}} = 5$。

抗体变异数量选取原则与抗体交叉数量选取原则相同，则抗体变异数量可限定在如下范围：

$$\min(a_{\text{mn}}, M) \leqslant \text{MutationNum} \leqslant \min(b_{\text{mn}}, M) \qquad (7.20)$$

式中：MutationNum 为抗体变异数量；$a_{\text{mn}} = 2$；$b_{\text{mn}} = 5$。

局部更新算子采用 Memetic 更新机制。Memetic 框架结构以遗传算法框架为基础，引入局部邻域搜索策略使每次迭代的所有个体都达到局部最优。遗传搜索进行种群的全局广度搜索，局部搜索进行个体的局部深度搜索。Memetic 框架结构充分吸收遗传算法和局部搜索算法的优点，它不仅具有很强的全局寻优能力，同时在每次交叉和变异后均进行局部搜索，通过优化种群分布，及早剔除不良个体，进而减少迭代次数，加快算法的求解速度，这样既保证了较高的收敛性能，又能够获得高质量解。宏观上看，Memetic 框架结构实现了全局的种群进化与局部的个体学习的协同。本节采用 Memetic 框架结构，在"$(1 + \lambda)$ - 选择"全局更新的基础上，对初次更新抗体采取局部搜索

144

操作，生成再次更新抗体。

武器－目标分配问题属于离散问题，可选取广义球形空间结构作为个体的邻域空间，邻域空间半径为

$$R = n \times e \tag{7.21}$$

式中：e 为解空间单位长度，本节抗体采用整数编码方式，则 $e = 1$；n 为邻域空间半径相对于解空间单位长度的倍数。

局部更新操作首先在父代个体邻域空间中随机生成若干个子代个体，然后从父代和子代的并集中选出亲和度最高个体作为下一代抗体。邻域空间半径过小，算法的局部优化能力很低，过大算法则变成了全局随机变异，由此邻域空间半径可通过下式求得：

$$R = \min\left(\max\left(\left\lceil \frac{M}{4} \right\rceil, a_n \right), b_n \right) \tag{7.22}$$

式中：$a_n = 2$；$b_n = 5$。

某次 Memetic 局部更新算子运行过程如图 7.11 所示。图 7.11 中：浅灰色圆表示由"（$1 + \lambda$）－选择"全局更新生成的下一代初次更新抗体，作为局部更新父代个体；灰色圈表示父代个体的邻域空间，半径为 R；黑色边、灰色心的圆表示在局部邻域内变异生成的子代个体；黑色实心圆表示从父代（浅灰色圆）和子代（黑色边、灰色心的圆）的并集中选出最优个体作为下一代再次更新抗体。

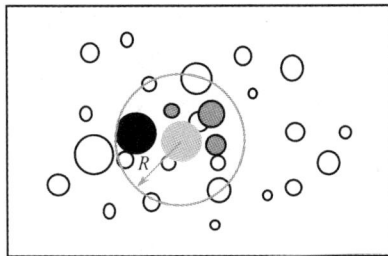

图 7.11　局部更新算子运行过程

抗体局部更新位在抗体长度范围内随机选取。抗体局部更新步长在抗体邻域空间半径内随机选取。抗体局部更新方向正、负随机选取

（抗体整数编码导致需选定抗体局部更新的方向并确定方向的合理性）。抗体局部更新数量的选取原则与抗体交叉数量选取原则相同，则抗体局部更新数量可限定在如下范围：

$$\min(a_{mnl}, M) \leqslant \text{MutationNum\_Local} \leqslant \min(b_{mnl}, M) \quad (7.23)$$

式中：MutationNum_Local 为抗体局部更新数量；$a_{mnl} = 2$；$b_{mnl} = 4$。

通过 Memetic 局部更新算子生成的 POP − 1 个抗体和通过最优保存策略得到的 1 个抗体共同够成了下一代再次更新抗体群。

随着算法的运行，由于自适应锦标赛选择、"$(1 + \lambda) -$ 选择"全局更新和 Memetic 局部更新三种进化机制的奖优惩劣作用，抗体群的多样性明显下降，会出现多个抗体相同且为局部最优的情况，使得算法运行中后期抗体进化缓慢。此时需要对抗体群中对抗体进化促进作用较低的抗体（重复的局部最优抗体）采取高频变异操作，以提高抗体群的多样性，这就是最优抗体抑制。采用最优抗体抑制机制能够有效提高算法中后期寻优能力。

最优抗体抑制位在抗体长度范围内随机选取。最优抗体抑制变异对象在抗体位值域（目标总数 N）内随机选取。最优抗体抑制数量应相对较多，可在如下范围随机选取：

$$\min(a_{in}, M) \leqslant \text{InhibitNum} \leqslant \min(b_{in}, M) \quad (7.24)$$

式中：InhibitNum 为最优抗体抑制数量；$a_{in} = 3$；$b_{in} = 6$。

通过最优抗体抑制机制生成的 POP − 1 个抗体和通过最优保存策略得到的 1 个抗体共同构成了下一代最终的抗体群。

综上所述，得到改进的人工免疫算法流程如图 7.12 所示。

7.4.3 仿真测试

算法的基本信息设定与 7.3.3 节遗传算法设定相同，即种群规模 POP = 50，最大进化代数 GENERATION = 100。算法运行的硬件平台与软件仿真环境也同于 7.3.3 节，则可得到两个模型的最优武器 − 目标分配方案见表 7.16，最大目标函数值见表 7.17，抗体体种群最佳亲和度（实线）、平均亲和度（虚线）的进化过程如图 7.13 所示。

146

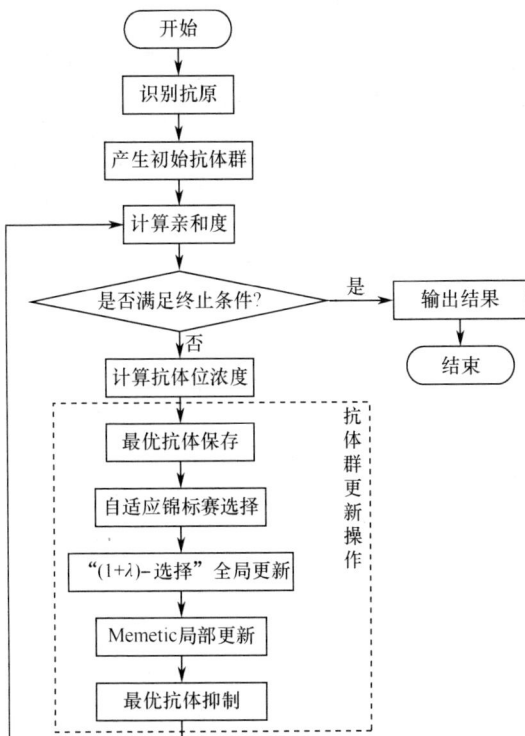

图 7.12　算法流程

表 7.16　最优武器 – 目标分配方案

目标	"8×5"模型① 武器分配方案	"8×5"模型② 武器分配方案	"11×7"模型① 武器分配方案	"11×7"模型② 武器分配方案
1	1, 5	1, 5	5, 6	6
2	2, 3	3	8, 11	8
3	6	6	3	3, 11
4	4, 7	2, 7	9, 10	9, 10
5	8	4, 8	1, 2	1, 2
6	—	—	7	7
7	—	—	4	4, 5

表 7.17　模型的最大目标函数值

最大目标函数值	不同模型、不同规模下的最优解			
	"8×5"模型①	"8×5"模型②	"11×7"模型①	"11×7"模型②
H	0.889401	5.925000	4.463000	8.500000

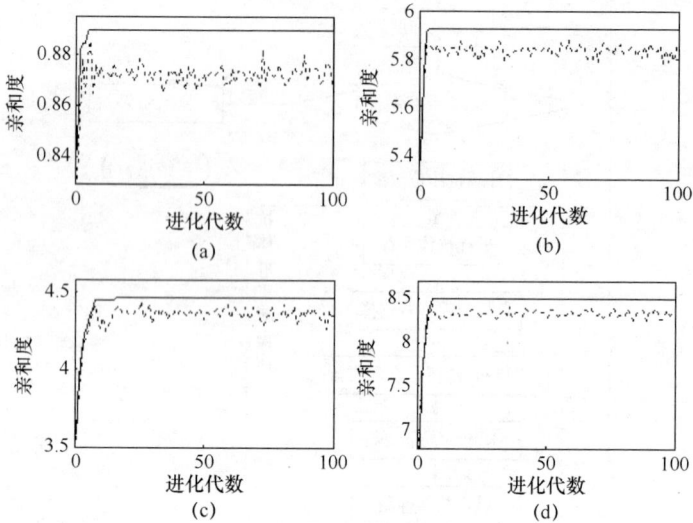

图 7.13　算法亲和度进化过程

(a)"8×5"模型①；(b)"8×5"模型②；(c)"11×7"模型①；(d)"11×7"模型②。

SAIA、IAIA 两种算法分别运行 1000 次得到其对目标函数的优化能力见表 7.18 ~ 表 7.20。

表 7.18　算法收敛精度

收敛精度 E_y	"8×5"模型①	"8×5"模型②	"11×7"模型①	"11×7"模型②
SAIA	0.921028	0.000439	2.021055	0.211765
IAIA	0.025236	0	0.078311	0

表 7.19　算法鲁棒性

鲁棒性 R_y	"8×5"模型①	"8×5"模型②	"11×7"模型①	"11×7"模型②
SAIA	0.000078	0.000000338	0.004345	0.002038
IAIA	0.000001821	0	0.000170	0

表 7. 20　算法的时间代价

时间代价 T/s	"8×5" 模型①	"8×5" 模型②	"11×7" 模型①	"11×7" 模型②
SAIA	0.001920	0.001812	0.002910	0.002812
IAIA	0.019930	0.018769	0.030452	0.029950

由表7.16可以看出，与遗传算法寻优结论一样，针对同一规模的作战任务，选取不同的打击准则会生成不同的火力打击方案，就会有不同的火力打击效果。因此，应充分考虑地面突击分队作战实际，选择最准确合理的打击准则，生成最优火力打击方案，提高地面突击分队火力打击威力。采用不同的算法求解同一个模型，只要算法优化能力足够强，则一定能够找到最优解，并且不同算法寻找到的最优解相同。

由表7.17可知，针对两个模型和两个规模的测试参数，IAIA 均能够找到目标函数的最优值，具有较强的寻优能力。

由图7.13可知，从整体上来看，IGA 均能在20代之内寻找到目标函数的最优值，算法具有极高的寻优能力；平均适应度在算法运行过程中一直存在波动现象，是变异算子和最优抗体抑制机制算子作用的结果。比较来看，可以与 IGA 得出相同的结论：对规模 "8×5" 的收敛速度要快于规模 "11×7"，说明武器 - 目标打击规模越大，IAIA 的优化能力越弱；IAIA 对模型②的收敛速度要快于模型①，模型②的函数相对于模型①的函数要光滑，容易找到极值点。

由表7.18 ~ 表7.20可以看出，相对于 SAIA 来说，IAIA 的收敛精度及鲁棒性有相当大的提升（几十倍），具有较强的战场适用性，算法的时间代价有明显的增大，但其绝对时间代价仍然很小。针对两个模型和两个规模的测试参数，IAIA 的收敛精度、鲁棒性及时间代价均满足火力优化分配目标函数优化指标要求，可以用于求解地面突击分队火力优化分配目标函数。

7.5　改进算法对比

7.3节和7.4节提出的两种改进的智能优化算法，对于求解地面突击分队火力优化分配目标函数均取得了良好效果，相对于各自的标准算法，在略微牺牲（满足模型优化指标）算法时间代价的基础上，其目标函数收敛精度及鲁棒性有了显著提高，均可用于地面突击分队火力优化控制的模型解算。下面讨论两种改进算法的相对优越性及相对适用性。

IGA、IAIA 算法的基本信息设定与 7.2.1 节遗传算法设定相同，即种群规模 POP＝50，最大进化代数 GENERATION＝100。算法运行的硬件平台与软件仿真环境也同于 7.3.3 节。由 7.3.3 节和 7.4.3 节可知，两种改进算法均能找到目标函数的最优值，即针对各模型均能够得到最优的武器－目标分配方案。图 7.14 展示了 IGA 算法适应度（细黑线）、IAIA 算法亲和度（粗灰线）的进化过程对比，图 7.15 展示了 IGA 算法平均适应度（虚线）、IAIA 算法平均亲和度（实线）的进化过程对比。

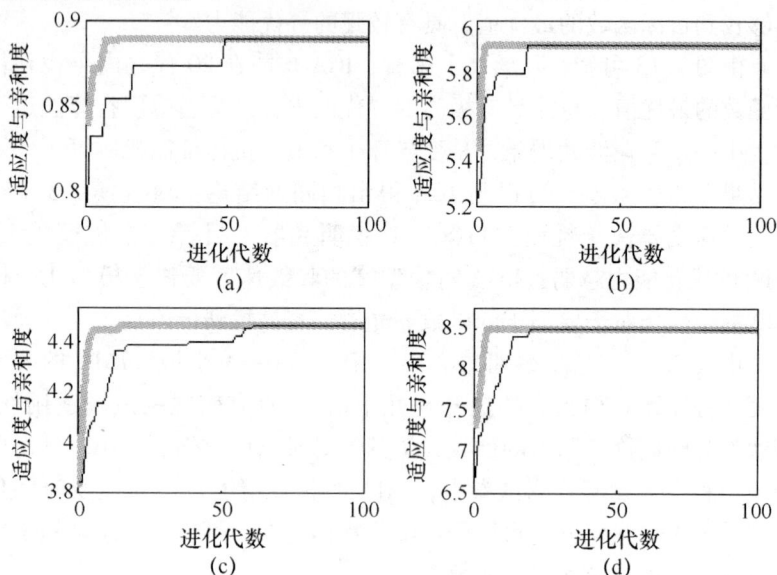

图 7.14 算法适应度进化过程对比

（a）"8×5" 模型①；（b）"8×5" 模型②；

（c）"11×7" 模型①；（d）"11×7" 模型②。

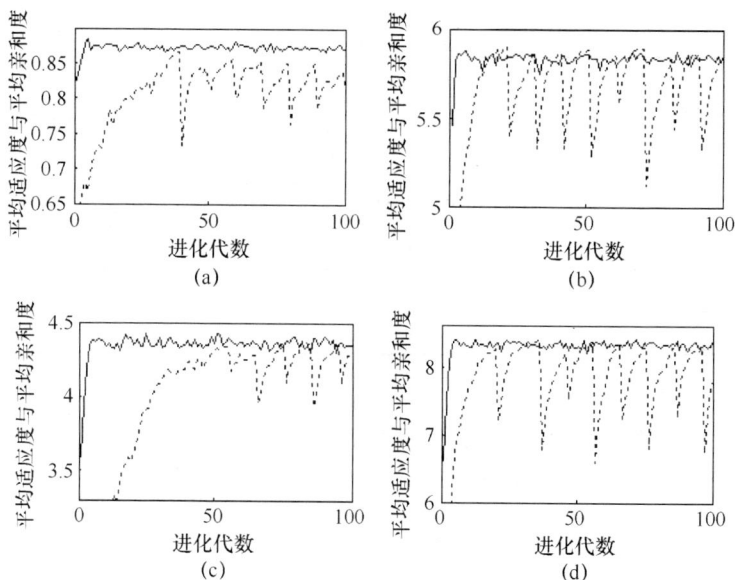

图 7.15　算法平均适应度进化过程对比

（a）"8×5" 模型①；（b）"8×5" 模型②；

（c）"11×7" 模型①；（d）"11×7" 模型②。

IGA、IAIA 两种算法分别运行 1000 次，得到算法的群活性见表 7.21，目标函数值分布见表 7.22～表 7.25 和图 7.16～图 7.19 所示，图 7.16～图 7.19 中，灰色为 IGA 目标函数值分布，黑色为 IAIA 目标函数值分布。

表 7.21　算法群活性

群活性 A_y	"8×5" 模型①	"8×5" 模型②	"11×7" 模型①	"11×7" 模型②
IGA	0.178911	4.208709	4.165360	23.566419
IAIA	0.024656	1.110869	3.898654	3.804016

表 7.22　"8×5" 模型①目标函数值分布

区间序号	目标函数值 H 分布区间	H 分布情况/%	
		IGA	IAIA
1	$H < 0.86$	0.1	0
0.2	$0.86 \leqslant H < 0.87$	0.2	0

（续）

区间序号	目标函数值 H 分布区间	H 分布情况/%	
		IGA	IAIA
3	$0.87 \leqslant H < 0.88$	0.10	0
4	$0.88 \leqslant H < 0.886$	9.6	2.8
5	$0.886 \leqslant H < 0.8892$	15.1	0
6	$0.8892 \leqslant H < 0.89$	74.0	97.2
7	$H \geqslant 0.98$	0	0

表 7.23 "8×5" 模型②目标函数值分布

区间序号	目标函数值 H 分布区间	H 分布情况/%	
		IAIA	IGA
1	$H < 5.88$	0	0
2	$5.88 \leqslant H < 5.83$	0	0
3	$5.89 \leqslant H < 5.90$	0	0
4	$5.90 \leqslant H < 5.91$	0	0
5	$5.91 \leqslant H < 5.92$	0	0
6	$5.92 \leqslant H < 5.93$	100.0	100.0
7	$H \geqslant 5.93$	0	0

表 7.24 "11×7" 模型①目标函数值分布

区间序号	目标函数值 H 分布区间	H 分布情况/%	
		IGA	IAIA
1	$H < 4.1$	0	0
2	$4.1 \leqslant H < 4.2$	0	0
3	$4.2 \leqslant H < 4.3$	0.9	0
4	$4.3 \leqslant H < 4.4$	21.7	0.7
5	$4.4 \leqslant H < 4.45$	44.7	9.5
6	$4.45 \leqslant H < 4.5$	32.7	89.8
7	$H \geqslant 4.5$	0	0

152

表 7.25 "11×7" 模型②目标函数值分布

区间序号	目标函数值 H 分布区间	H 分布情况/%	
		IGA	IAIA
1	$H < 8.05$	0	0
2	$8.05 \leqslant H < 8.15$	0	0
3	$8.15 \leqslant H < 8.25$	0	0
4	$8.25 \leqslant H < 8.35$	0	0
5	$8.35 \leqslant H < 8.45$	0.2	0
6	$8.45 \leqslant H < 8.55$	98.8	100.0
7	$H \geqslant 8.55$	0	0

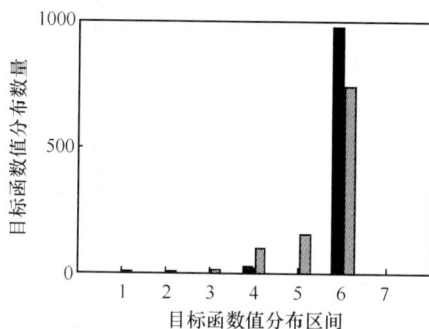

图 7.16 "8×5" 模型①目标函数值分布

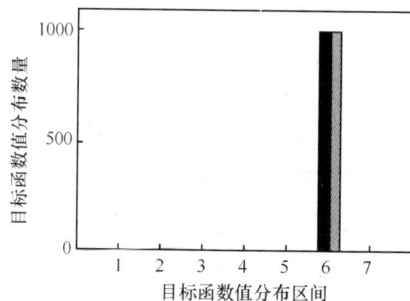

图 7.17 "8×5" 模型②目标函数值分布

由图 7.14 可以看出, 针对两组测试参数下的两个模型, 运用 IA-

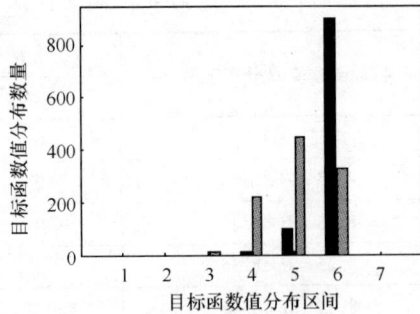

图 7.18 "11×7"模型①目标函数值分布

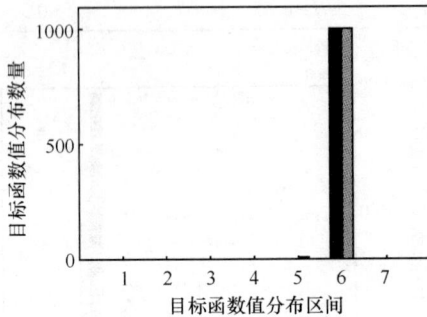

图 7.19 "11×7"模型②目标函数值分布

IA 解算目标函数的收敛速度均大于 IGA，求解模型①时的效果尤为明显。这里的收敛速度是指算法迭代次数，并不是指算法的运行时间。由表 7.14 和表 7.20 各自的第二行数据对比可知，IGA 的运行时间要小于 IAIA（近 1 个数量级的差距）。这是由于 IAIA 每一代需要执行的免疫算子较多，占用时间较长。

由图 7.15 可以看出，针对两组测试参数下的两个模型，在整个算法运行过程中，IGA 的平均适应度均明显小于 IAIA 的平均亲和度，并且 IGA 的平均适应度具有较强烈的波动，以提高种群的多样性，说明 IGA 的潜在优化能力要高于 IAIA，这在表 7.21 中算法群活性的比较中得到证实。

由表 7.22 ~ 表 7.25 中数据可以看出，相对于 IGA 来说，IAIA 的目标函数值分布均要更靠近于目标函数的最优解，IAIA 具有较高的寻优率。针对模型①，IAIA 的优化能力要明显高于 IGA，在图 7.16 和图 7.18 中有较为直观的展示。针对模型②，两种算法均几乎以 1 的概率寻找到目标函数的最优解，而 IGA 的运行时间明显短得多，所以 IGA 对模型②具有较强的适用性。即当地面突击分队火力优化分配打击准则为最大毁伤目标数量和最大毁伤价值时，选用 IAIA；当打击准则为最大毁伤威胁度和最少弹药消耗量时，选用 IGA；当打击准则为多指标优化时，须视情况而定。

7.6 粒子群算法

7.3 节和 7.4 节给出了两种离散式的智能优化算法，离散化的进化策略非常适合于求解地面突击分队火力优化问题。在智能优化算法中，还有一类主要用于求解连续问题的群智能计算理论与方法。群智能计算作为智能优化算法的一类优化策略，目前得到了广泛的研究与发展。如 1991 年 Dorigo 提出的蚁群算法，1995 年 Kennedy 提出的粒子群算法，1998 年 Alexandre 提出的捕食搜索算法，2005 年 Karaboga 提出的人工蜂群算法等。

粒子群优化（PSO）算法是一种基于群体智能理论的优化算法，它由 Kennedy 和 Eberhart 于 1995 年提出，并得到众多学者的广泛研究，目前已成功应用于函数优化、神经网络训练、多目标优化和模糊控制系统等优化领域。

7.6.1 标准粒子群算法

粒子群优化算法随机初始化一群粒子，每个粒子代表多维空间中的一个点，它是待优化函数 f 最值的一个潜在解，随着算法运行，粒子不断逼近函数的最值。粒子速度和位置更新公式可描述为

$$
\begin{aligned}
v_{t+1} &= (v_{\mathrm{inh}})_t + (v_{\mathrm{ind}})_t + (v_{\mathrm{glo}})_t \\
&= wv_t + c_1 r_1 ((p_{\mathrm{best}})_t - x_t) + c_2 r_2 ((g_{\mathrm{best}})_t - x_t)
\end{aligned}
\tag{7.25}
$$

$$
x_{t+1} = x_t + v_{t+1} \tag{7.26}
$$

式中：t 为迭代代数；w 为惯性权系数；c_1、c_2 分别为自我认知系数和群体认知系数；r_1、r_2 为相互独立的随机数。

由速度更新公式可以看出，粒子的速度由三部分控制：粒子继承速度 v_{inh}，在一定程度上保留前一状态的速度；粒子自我认知速度 v_{ind}，向粒子自身历史最好位置 p_{best} 飞行的速度；粒子群体认知速度 v_{glo}，向粒子群体历史最好位置 g_{best} 飞行的速度。

标准粒子群优化算法的流程如下：

Step1：在初始化范围内，对粒子群进行随机初始化，包括随机位置和速度。

Step2：计算每个粒子的适应值。

Step3：对于每个粒子，将其适应值与所经历过的最好位置的适应值进行比较，如果更好，则将其作为粒子的个体历史最优值，用当前位置更新个体历史最好位置。

Step4：对每个粒子，将其历史最优适应值与群体内或邻域内所经历的最好位置的适应值进行比较，若更好，则将其作为当前的全局最好位置。

Step5：根据式（7.25）、式（7.26）对粒子的速度和位置进行更新。

Step6：若未达到终止条件，则转 Step 2。

一般将终止条件设定为一个足够好的适应值或达到一个预设的最大迭代代数。

标准的 PSO 适合于处理连续优化问题，在复杂的组合优化问题上的应用相当有限。目前，已有学者利用 PSO 来解决旅行商问题和单机调度问题，但所采用的方法都是先通过映射技术把离散问题转化为连续问题，然后利用 PSO 对连续问题进行优化。

7.6.2 改进的粒子群算法设计

对于火力优化配置问题，每个粒子位置对应一个火力优化配置方案，粒子的飞行表示粒子从一个配置方案到另一个配置方案的选择。随着算法的收敛，粒子逐渐逼近最优配置方案。设种群中粒子位置的集合为

$$X = \{x_1, x_2, \cdots, x_{POP}\}$$

式中：POP 为种群大小。

种群中粒子位置如图 7. 20 所示。

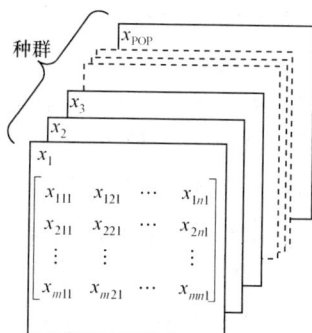

图 7. 20 种群粒子位置

在算法运行过程中，每一个粒子都以一定的速度按照既定的规则飞行。设粒子的速度集合为

$$V = \{v_1, v_2, \cdots, v_{POP}\}$$

种群中第 s 个粒子的速度可表示为

$$\boldsymbol{v}_s = \begin{bmatrix} v_{11s} & v_{12s} & \cdots & v_{1ns} \\ v_{21s} & v_{22s} & \cdots & v_{2ns} \\ \vdots & \vdots & & \vdots \\ v_{m1s} & v_{m2s} & \cdots & v_{mns} \end{bmatrix}$$

式中：v_{ijs} 为实数。

将第 i 个火力单元与第 j 个目标的组合视为一个火力分配对 $\langle i \sim j \rangle$。v_{ijs} 表示第 s 个粒子飞行速度朝向火力分配对 $\langle i \sim j \rangle$ 的分量。v_{ijs} 越大，粒子朝向 $\langle i \sim j \rangle$ 飞行的速度越大，粒子向这个火力优化配置方案进化的可能性就越大。

由于火力优化配置是离散问题，所以需要对粒子更新公式做出适应性改动。笔者在做出适应性改动的同时，也提出了改进方法，使算法更可靠。

保持速度更新公式中粒子继承速度更新方式不变，对粒子自我认知速度和粒子群体认知速度做出如下改进：

$$\boldsymbol{v}_{t+1} = (\boldsymbol{v}_{inh})_t + (\boldsymbol{v}_{ind})_t + (\boldsymbol{v}_{glo})_t = w\boldsymbol{v}_t$$
$$+ c_1 r_1 (a_1 ((\boldsymbol{p}_{best})_t - \boldsymbol{x}_t) + b_1 \boldsymbol{O})$$

157

$$+ c_2 r_2 (a_2 ((\boldsymbol{g}_{\text{best}})_t - \boldsymbol{x}_t + b_2 \boldsymbol{O}) \tag{7.27}$$

式中：a_1、a_2 为粒子向最优解飞行的权重系数；b_1、b_2 为速度累加系数；$\boldsymbol{O}$ 为 $m \times n$ 大小的全 1 矩阵。

在原始更新公式中，当粒子处在 g_{best} 位置时，两个认知速度为 0，粒子只根据继承速度沿直线飞行，且当 $w < 1$ 时，飞行速度逐渐减慢，种群粒子集聚，出现早熟现象。引入速度累加系数可以在一定程度上解决这个问题。算法运行初期，速度累加量很小，算法中粒子认知速度的更新主要依靠 p_{best} 和 g_{best}。算法运行后期，速度累加量积累到一定程度，可以改变粒子飞行速度的大小及方向，拓宽其飞行空间。当粒子处在 g_{best} 位置时，粒子也可朝着不同的方向飞行，探索更好的位置，避免陷入局部最优。但速度累加量不能过大，过大会使粒子飞行杂乱无章，导致算法不收敛。

速度更新过程中，每个火力分配对 $\langle i \sim j \rangle$ 的自我认知速度需满足 $|((v_{\text{ind}})_t)_{ijs}| \leqslant V_{\text{max}}$，群体认知速度需满足 $|((v_{\text{glo}})_t)_{ijs}| \leqslant V_{\text{max}}$，$V_{\text{max}}$ 表示粒子认知的最大飞行速度。只限制粒子更新的认知速度分量而不限制三个分量叠加后的粒子速度，可充分提高算法运行后期粒子飞行速度的大小，避免粒子收敛到局部最优值。

对粒子位置更新公式改进如下：

$$\hat{\boldsymbol{x}}_{t+1} = \boldsymbol{x}_t + \boldsymbol{v}_{t+1} \tag{7.28}$$

$$\boldsymbol{x}_{t+1} = f(\hat{\boldsymbol{x}}_{t+1}) \tag{7.29}$$

式中：$\hat{\boldsymbol{x}}_{t+1}$ 为粒子位置的中间过程量。

种群中第 s 个粒子位置的中间过程量可表示为

$$\hat{\boldsymbol{x}}_{t+1,s} = \begin{bmatrix} \hat{x}_{11s} & \hat{x}_{12s} & \cdots & \hat{x}_{1ns} \\ \hat{x}_{21s} & \hat{x}_{22s} & \cdots & \hat{x}_{2ns} \\ \vdots & \vdots & & \vdots \\ \hat{x}_{m1s} & \hat{x}_{m2s} & \cdots & \hat{x}_{mns} \end{bmatrix}$$

式中：$\hat{x}_{ijs}$ 为实数。

$\hat{x}_{ijs}$ 越大，表示将第 i 个火力单元分配给第 j 个目标的打击效果越好。设粒子 s 中，对应每个火力单元 i 的火力分配对 $\{\langle i \sim j \rangle \mid j = 1, 2, \cdots, n\}$ 中最好的打击效果为

$$\bar{x}_i = \max\{\hat{x}_{ijs} \mid j = 1,2,\cdots,n\}$$

式中：$\bar{x}_i$ 为实数。

将粒子 s 中，每个火力单元 i 最好的打击效果 $\bar{x}_i$ 与对应火力分配对 $\{\langle i \sim j \rangle \mid j = 1,2,\cdots,n\}$ 的粒子位置的中间过程量 $\hat{x}_{ijs}$ 分别比较。若 $\hat{x}_{ijs} = \bar{x}_i$，则令 $x_{ijs} = 1$，表示将第 i 个火力单元分配给第 j 个目标；若 $\hat{x}_{ijs} \neq \bar{x}_i$，则令 $x_{ijs} = 0$，表示第 i 个火力单元不分配给第 j 个目标。运用上述比较方法，完成粒子位置的更新，即完成新的火力优化配置方案的确定。

将地面突击分队火力优化配置的目标函数作为粒子群算法的适应度函数，满足算法对适应度函数的要求，可以评价粒子的好坏。毁伤目标数量的期望值越大，火力优化配置的目标函数值就越大，粒子适应度也越高，粒子也越好。

迭代终止条件：当粒子达到最大进化代数 GENERATION 时迭代终止，或当群体历史最好位置，保持 INV 代不变时迭代终止。

基本粒子群算法初始化的粒子是随机分配的可行解，这使得初期粒子所对应解的质量普遍偏低。在此多次并行运行基本粒子群算法，由于 r_1、r_2 两个随机数的作用，使得每次运算粒子都会有不同的飞行轨迹，种群会有不同的进化方向，得到不同的运算结果，求得多个的局部最优解，即优质粒子。优质粒子的获取采用基本粒子群算法，并减少每次运算的迭代次数以减少算法运行时间。然后将得到的优质粒子作为初始粒子，用改进的粒子群算法进行粒子优化，可显著提高解的质量，得到问题的最优解，所对应的火力优化配置方案更加科学合理，方案生成的实时性也满足实战要求。算法的流程如图 7.21 所示。

动态减小惯性权系数 w，可以使算法更加稳定，收敛效果好。算法运行初期，每个粒子有较大的自我认知系数 c_1 和较小的群体认知系数 c_2，可提高粒子全局搜索能力。算法运行后期，每个粒子有较小的自我认知系数 c_1 和较大的群体认知系数 c_2，确保算法收敛。在算法运行后期提高粒子认知的最大飞行速度 $V_{\max}$，可以拓宽粒子搜索范围，避免收敛到局部最优值。

159

图 7.21 粒子群算法流程

7.6.3 仿真测试

粒子群算法参数见表 7.26。

表 7.26 粒子群算法参数

参数	选取优质粒子		计算最优方案	
	初期	后期	初期	后期
c_1	2.2	2.1	3.2	2.1
c_2	1.9	3.2	1.9	4.2
V_{max}	0.56	0.7	0.56	0.75
w	$1.1 - 0.3t/GENERATION$		$1.1 - 0.4t/GENERATION$	
GENERATION	50		100	
INV	25		50	
r_1、r_2	$0 \sim 0.25$ 的随机数			
a_1、a_2	6			
b_1、b_2	0.15			

采用表 7.2 和表 7.3 中给出的数据，运用"8×5 模型①"进行

仿真测试。

在 VISUAL C++环境下，通过 C 语言编程实现上述模型的求解过程，最终得到火力优化配置方案见表 7.27。

表 7.27　最优火力优化配置方案

目标	1	2	3	4	5
火力单元	1, 5	2, 3	6	4, 7	8

由表 7.27 可见，运用改进的粒子群算法解算火力优化模型，同样可以给出最优的武器目标分配方案，验证了粒子群算法解算火力优化模型的有效性，同时也说明了求解连续性问题的群智能优化算法也可以用于求解离散性的火力优化问题。

为了验证本算法的可靠性与稳定性，对上述问题进行 50 次循环解算，最优适应值分布如图 7.22 所示。

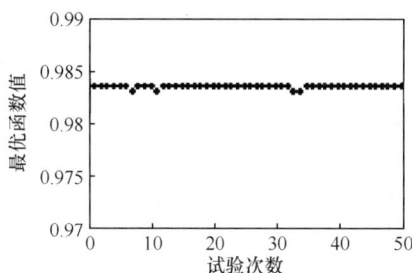

图 7.22　50 次循环解算运行结果

改进粒子群算法寻优结果为最优解的概率达到 90% 以上，保证了算法的可靠性。

第8章 目标毁伤评估

目标毁伤评估是实现火力优化控制不可缺少的反馈环节。通过目标毁伤评估，对本次火力打击结果进行评估检测，明确打击后的战场态势，为下一时刻的作战力量部署、火力打击优化决策提供依据，形成地面突击分队火力优化的闭环反馈控制。本章将着重对单目标、多目标的毁伤评估技术进行阐述。

8.1 目标毁伤评估原则

数字化地面突击分队目标毁伤评估是对战场态势动态变化的实时感知，是实现火力优化闭环反馈控制的关键环节。目标毁伤评估的准确、及时与否，对地面突击分队的火力优化控制具有重大影响。信息化条件下，地面突击分队作战目标呈现出种类多、数量大、变化快等特点，给目标毁伤评估带来一定的困难。为满足地面突击分队作战需求，目标毁伤评估应遵循以下基本原则：

（1）合理性原则。数字化地面突击分队作战会面临多种作战目标，如敌方主战坦克、建筑工事、指挥所等。不同的目标种类、数量与规模具有不同的作战特点及战场作用。相应地，在不同的作战条件下，地面突击分队对目标的毁伤程度也有不同的期望与要求。因此，在对目标进行毁伤评估的过程中，要依据不同目标种类及其作用，采用不同的标准进行目标毁伤评估，使其能够切实反映出地面突击分队火力打击效果，便于上级指挥员依据目标作战能力的毁伤状况，准确地把握当前战场态势，从而进行更有效的火力优化控制。

（2）实时性原则。当前信息化战场条件下，战场态势瞬息万变、战机稍纵即逝，及时准确地掌握作战进程，把握敌方武器装备的机动与部署、兵力和火力运用的漏洞及弱点，是取得信息化战争"制信息权"的主要手段与途径。因此，在对战场信息采集、传输、处理与运用时，必须考虑时效性要求。火力优化控制的各个环节，都力求做到以最短的耗时达到最优的效果，以保证战场信息的实时性及有效性。目标毁伤评估作为数字化地面突击分队信息采集与运用的重要内容、火力优化闭环控制的重要环节——反馈环节，同样需要遵循实时性原则。

（3）定量与定性相结合原则。目标毁伤的量化评估是目标毁伤定性描述的进一步细化，它是火力优化控制系统实现自主决策的基础。但现代战场情况是易变和多变的，对目标毁伤评估的要求也是多样的。在目标毁伤评估的过程中，应根据"量化评估虽细化但费时，定性评估虽粗化但省时"的特点，坚持定量与定性相结合的原则，视具体情况灵活处理。

（4）层次性原则。在不同的作战阶段，需要采用不同的目标毁伤评估模式。如敌我双方近距离交战后，为了火力转移，一般先进行单目标毁伤评估；而当某个战斗阶段完成，为了对兵力进行再次部署，或评估作战任务完成情况时，就需要群目标毁伤评估。

8.2　单目标毁伤评估

在对数字化地面突击分队实施武器平台级火力优化控制时，通常会运用单目标毁伤评估来判断本批次武器平台火力打击的效果。通过单目标毁伤评估，可明确我方特别关心的、对战场局势影响较大的目标的当前状态，也可明确某个目标近一段时间内的变化趋势，并且通过分析可推断某类作战目标的防护性、机动性等作战能力指标，为群目标毁伤评估提供数据支撑。

8.2.1　目标种类

信息化战场上，数字化地面突击分队面对的作战目标种类繁多、作战用途及特点也变化多端，科学地选择与评估地面突击分队火力打击目标，是实现精准打击的前提和基础，是合理的组织实施地面突击分队火力优化控制的主要内容之一。通常，可以按照目标的位置、形状、性质、作用和打击方式等对陆战场目标进行分类。例如：军事目标按照战场位置和类型，可分为陆地目标、水面目标和空中目标；按目标的大小形态，可分为点目标、线目标和面目标；按照对目标打击所采取的手段，可分为软打击目标和硬打击目标。从地面突击分队作战的角度出发，目标主要可以分为以下五类：主战类目标；指挥、信息电子类目标；纵深重要目标；集结待机目标；阵地防御目标。

但针对目标毁伤评估，上述从作战角度进行的目标分类并不适用，会造成信息重复运用或信息缺失。因此，为了便于对目标进行毁伤评估，需要明确地面突击分队在各种战场条件下可能面对的所有作战目标，并依据作战目标的特点对其进行分类。本书依据目标的作战功能属性对其分类：

（1）主战类目标：主要包括重型坦克、轻型坦克、步兵战车和自行火炮等。

（2）信息类目标：主要包括营、连指挥车、指挥所、自动化站和侦察车等。

（3）保障类目标：主要包括保障运输车、维修站（所）、油料库和弹药库等。

（4）防御类目标：主要包括野战工事、障碍物和雷场等。

8.2.2 目标属性

不同种类的作战目标具有不同的战技性能及作战运用。例如：主战坦克具有极强的火力打击能力，较强的机动能力和防护能力，主要用于实施火力突击；侦察车具有极强的信息能力，较强的机动能力等，主要用于进行战场信息的获取与传输等工作。但作为作战目标，各目标又具有很多相似的特点，如各目标的运用均是为了战斗的最终目的：消灭敌方、保存己方，各目标均承担着信息化条件下地面突击分队不可或缺的作战功能。一般而言，作战目标具有以下五种基本能力属性：

（1）火力打击能力：作战目标在一定的战场条件下完成火力打击任务的能力，如造成对作战对象摧毁、杀伤的能力。显然，不同种类的作战目标火力打击能力不同，有些作战目标甚至不具备火力打击能力，如防御类目标和部分保障类目标。同一作战目标在不同的作战环境下的火力打击能力也不相同。火力打击能力反映了目标遂行毁伤、歼敌类作战任务的能力，同时反映了目标在战场上对我方作战分队的威胁程度，是信息化条件下地面突击分队作战目标的基本属性之一，是评价其作战能力的重要指标。

（2）信息能力：作战目标在一定的战场条件下完成的与战场信息相关的作战任务的能力，如战场信息的获取、传输、处理与运用（评估）等能力。信息化条件下的作战着重强调"信息主导、火力主战"的基本作战原则，信息能力是作战目标极为重要的基本属性之一，在现代战场上具有调控全局、引领方向的作用。由能够完成与战场信息相关作战任务的目标种类可知，其信息能力涉及的方面十分广泛，各类目标之间很难进行横向的信息能力比较与评价。但各目标纵向信息能力评估已经能够满足地面突击分队单目标毁伤评估的需求。

（3）保障能力：作战目标在一定的战场条件下完成装备、物资的运输、维修和抢修等保障任务的能力。保障能力是目标完成作战任务的重要辅助条件，充足的装备、物资等保障能够有效地提高目标的作战能力。信息化战场条件下作战目标的保障能力已由原先的点对点保障、计划性保障，转变到目前的体系保障、整体优化协调保障，目标的保障能力有了极大提高，同时对目标的战技性能、作战任务完成能力影响深远。因此，目标的保障能力也是数字化地面突击分队作战目标评价的基本属性之一。

（4）防护能力：作战目标在一定的战场条件下承受敌方火力打击、电磁干扰等的能力。信息化条件下，地面突击分队作战目标的防护能力由原先的对单一装甲防护能力的评价，转变为对抗火力打击、抗电磁干扰、抗核化生打击等防护能力的综合评价。军事作战的最根本目标就是"消灭敌人、保存自己"，而保存自己的主要手段就是提高作战兵力、武器装备等的防护能力。不同种类目标的防护能力相差悬殊，同一目标在不同作战阶段、不同的战场态势中由于其自身的完好性、作战重要程度等的影响，其防护能力也不相同。因此，有必要深入考虑目标防护能力这一基本属性。

（5）机动能力：作战目标在一定的战场条件下实施作战空间转移、遂行战场机动任务的能力。除建筑物类作战目标外，各作战目标均具有一定的战场机动能力。战场机动是遂行作战任务基本手段，是完成歼敌任务的基本行动之一。战场机动依据其发起方式可分为任务驱动型和态势驱动型两类，而依据机动目的又可划分为有预谋机动、应急机动、随动和伴动等类型。战场机动作为一种完成其作战任务的主要辅助手段，间接地影响了目标火力打击能力、防护能力等基本属性。因此，目标的机动能力应作为评价的基本属性之一。

参照 3.3.4 节中对目标状态的处理方式，依据上述目标属性进行拓展扩充，建立新的目标状态矩阵。

假设战场某时刻检测到 N 个目标，建立敌方目标状态矩阵：

$$T = \begin{bmatrix} T_1 & T_2 & \cdots & T_N \end{bmatrix} \qquad (8.1)$$

式中：T_j $(j = 1, 2, \cdots, N)$ 为第 j 个目标的状态向量，可表示为

$$T_j = \begin{bmatrix} T_{1j} & T_{2j} & T_{3j} & T_{4j} & T_{5j} \end{bmatrix}^T \qquad (8.2)$$

式中：T_{1j} 为目标火力打击能力的状态；T_{2j} 为目标信息能力的状态；T_{3j} 为目标保障能力的状态；T_{4j} 为目标防护能力的状态；T_{5j} 为目标机动能力的状态。T_{lj} $(0 \leqslant T_{lj} \leqslant 1, l = 1, 2, 3, 4, 5)$ 越大，表明第 j 个目标的第 l 种属性状态越完好。令新检测到的完好目标 j' 的状态向量 $T_{j'} = \begin{bmatrix} 1 & 1 & 1 & 1 & 1 \end{bmatrix}^T$，被完全摧毁的目标 j'' 的状态向量 $T_{j''} = \begin{bmatrix} 0 & 0 & 0 & 0 & 0 \end{bmatrix}^T$。

8.2.3　属性权重

目标的基本能力属性决定了其功能和作用，同时决定了目标的作战运用特点。如主战装备具有较强的火力打击能力和防护性能，而保障能力较弱。因此，较之保障能力，主战装备的火力打击能力和防护能力两个基本属性相对重要。由此可知，不同目标的基本属性重要程度不同。同一种类不同目标的基本属性重要程度也不同，如信息类目标中，指挥所比侦察车具有更强的信息处理能力，但机动能力则相对较弱；保障类目标中，保障运输车的保障能力比维修站弱，而机动能力则相对较强。因此，针对不同目标，需要对各作战能力的重要程度进行判断与评估，找出相对重要的目标属性、作战能力，明确作战运用的重点方向，并据此进行一系列优化打击、毁伤评估，实现数字化地面突击分队的火力优化控制。

对地面突击分队作战目标的各基本属性重要程度进行评估，确定

各基本属性重要程度的权重，首先需要建立目标与其基本属性之间的效用关系，见表8.1。

表8.1　各目标基本属性的效用

目标种类		目标属性效用				
		火力打击能力效用	信息能力效用	保障能力效用	防护能力效用	机动能力效用
主战类目标	重型坦克	10	3	1	6	5
	轻型坦克	9	3	1	5	6
	步兵战车	9	3	1	4	6
	装甲输送车	9	3	1	4	6
	自行火炮	9	3	1	4	4
	反坦克火炮/反坦克导弹	10	3	1	5	4
信息类目标	旅、营级指挥所	1	10	1	6	4
	指挥自动化站	1	9	1	5	5
	侦察车	1	9	1	4	5
保障类目标	保障运输车	1	3	9	5	6
	维修站（所）	1	3	10	5	4
	气象站	1	3	9	4	1
	油料库	1	3	10	6	1
	弹药库	1	3	10	6	1
防御类目标	野战工事	1	2	1	10	1
	障碍物	1	2	1	9	1
	雷场	1	2	1	10	1

　　针对每种作战目标，通过将五种作战能力的效用值进行归一化处理，则可得到目标各基本属性的权重。如重型坦克各目标属性的权重依次为火力打击能力0.4、信息能力0.12、保障能力0.04、防护能力0.24和机动能力0.2。

　　依据上述假设，建立敌方目标属性权重矩阵

$$W_{\mathrm{T}} = \begin{bmatrix} (W_{\mathrm{T}})_1 & (W_{\mathrm{T}})_2 & \cdots & (W_{\mathrm{T}})_N \end{bmatrix} \qquad (8.3)$$

式中：$(W_{\mathrm{T}})_j$ $(j = 1, 2, \cdots, N)$ 为第 j 个目标的属性权重向量，可表示为

$$(W_{\mathrm{T}})_j = \begin{bmatrix} (W_{\mathrm{T}})_{1j} & (W_{\mathrm{T}})_{2j} & (W_{\mathrm{T}})_{3j} & (W_{\mathrm{T}})_{4j} & (W_{\mathrm{T}})_{5j} \end{bmatrix}^{\mathrm{T}}$$

$$(8.4)$$

其中：$(W_{\mathrm{T}})_{1j}$ 为目标火力打击能力的权重，$(W_{\mathrm{T}})_{2j}$ 为目标信息能力的权重；$(W_{\mathrm{T}})_{3j}$ 为目标保障能力的权重；$(W_{\mathrm{T}})_{4j}$ 为目标防护能力的权重；$(W_{\mathrm{T}})_{5j}$ 为目标机动能力的权重。$(W_{\mathrm{T}})_{1j} + (W_{\mathrm{T}})_{2j} + (W_{\mathrm{T}})_{3j} + (W_{\mathrm{T}})_{4j} + (W_{\mathrm{T}})_{5j} = 1$。$(W_{\mathrm{T}})_{lj}$ $(0 \leqslant (W_{\mathrm{T}})_{lj} \leqslant 1, l = 1, 2, 3, 4, 5)$ 越大，表明第 j 个目标的第 l 种属性的权重越高。

8.2.4 目标价值

除了目标属性和目标状态等因素，目标战场价值对目标毁伤评估也具有一定的影响。目标价值是指在特定的战场态势条件下，目标相对于己方的重要程度和相对于敌方的威胁程度的综合评价结果。通过目标价值的评估，可以对敌方作战分队从单目标到多目标的价值高低及其整体分布情况有全面的了解与掌握，为我方地面突击分队火力优化控制的实施提供依据。

不同种类目标具有不同的战场价值，同一目标在不同时刻、不同的战场态势下，战场价值也不相同。因此，需要运用科学、可行的方法进行目标价值的评估。目前目标价值评估的方法种类繁多，如3.4.3 节中所介绍的，有层次分析法、线性规划法、专家法、模糊推理法、多属性决策法、贝叶斯网络推理法和智能计算方法等。这些方法各有所长，分别适应不同的情形。它们的有机结合，可以取长补短，提高信息处理的有效性和处理效率，满足一定场合的需求。在目标毁伤评估环节中，目标价值评估的方法与第 4 章中的目标威胁评估方法有所不同。在信息流的信息运用、火力流的打击方案阶段：当目标评估为价值评估时，直接利用这一结果作为此处的目标价值；当目标评估为威胁评估时，需采用新的方法来评估目标价值。在此给出一种采用神经网络与遗传算法（RBF - GA）混合的智能算法评估目标价值的方法与步骤。该算法综合了（径向基函数 RBF）神经网络任

意函数逼近能力和遗传算法的全局优化能力，能够充分利用战前先验知识经验，降低战场不确定因素的影响，有较高的评估精度。

1. RBF 神经网络设定

RBF 神经网络是一种具有较强的输入、输出映射功能的三层静态前馈网络，包括输入层、隐含层和输出层，其结构如图 8.1 所示。输入层直接由信号源节点构成，其作用只是接收输入信号并将其传递到隐含层；隐层节点由径向基函数构成，通常选取为高斯函数，当高斯函数的中心点（中心向量、中心宽度）确定以后，从输入层到隐含层的映射关系也就确定了；输出层实现了对隐层节点非线性径向基函数输出的线性组合。

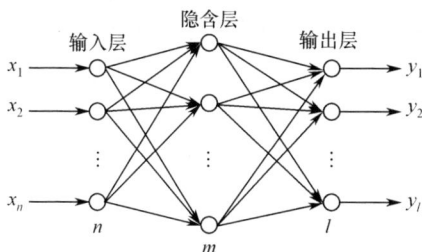

图 8.1 RBF 神经网络结构

输入层可将输入数据传递到隐含层，隐层节点由辐射状作用函数构成，通常选取高斯函数

$$u_k = \exp\left(-\frac{(X - C_k)^{\mathrm{T}}(X - C_k)}{2\sigma_k^2}\right), k = 1, 2, \cdots, m \qquad (8.5)$$

式中：$X = \begin{bmatrix} x_1 & x_2 & \cdots & x_n \end{bmatrix}$ 为网络的输入向量；$C_k = \begin{bmatrix} c_{k1} & c_{k2} & \cdots & c_{kn} \end{bmatrix}$ 为第 k 个隐层节点的中心向量；σ_k 为第 k 个隐层节点的中心宽度；m 为 RBF 神经网络隐含层的维数，可依据 $m = \left\lfloor \dfrac{3}{2}n \right\rfloor$ 确定，也可通过试验确定。

输出层为隐层节点输出的线性组合，由于本问题只涉及一个输出——目标价值，即 $l = 1$，则有

$$y = \sum_{k=1}^{m} w_k u_k - \theta \qquad (8.6)$$

式中：w_k 为第 k 个隐层节点到输出层的权重系数；θ 为输出调节系数。

由此可知，RBF 神经网络有中心向量、中心宽度、输出权重和输出调节系数四组参数。传统参数优化方法有容易陷入局部极小、可能需要对象函数的导数信息等缺点，而遗传算法能够以全局并行搜索技术来搜索种群中最优个体，以求得满足要求的最优解。采用遗传算法优化 RBF 神经网络参数（RBF – GA），克服了传统算法的缺点，并可以一次性完成网络参数的训练。

2. 评估指标选取

信息化条件下地面突击分队的指挥控制系统能够实时、准确地掌握战场上目标的类型、数量、毁伤情况等信息，为地面突击分队火力优化控制提供有力的数据支撑。指挥员需要准确地把握战场局势，合理地选取目标评估准则，并能够根据战场局势的变化适时转换评估准则，评估并选取目标实施打击，使得战场局势朝着最有利于我方的方向发展。由此选取评估指标：目标类型 I_{TYPE}、目标方向 I_{DIR}、目标状态 I_{STA}、目标群集程度 I_{CRO}、上级指定目标 I_{APP} 和目标任务等级 I_{TASK}。则可确定神经网络第 i 个输入量为

$$\boldsymbol{X}_i = \begin{bmatrix} X_{1i} & X_{2i} & X_{3i} & X_{4i} & X_{5i} & X_{6i} \end{bmatrix}$$

$$= \begin{bmatrix} (I_{TYPE})_i & (I_{DIR})_i & (I_{STA})_i & (I_{CRO})_i & (I_{APP})_i & (I_{TASK})_i \end{bmatrix}$$

$$(8.7)$$

即目标价值评估模型输入参数个数为 $n = 6$，可确定隐含层维数为 $m = 9$。

3. RBF 神经网络参数辨识

通过指数分析法得到目标各指标的价值指数（训练样本的输入部分），运用层次分析法综合确定目标的战场价值（训练样本的输出部分），再通过专家分析校正，对个别误差较大的样本做出修定，得到最终的目标价值样本集：

$$\boldsymbol{V} = \{\boldsymbol{V}_1, \boldsymbol{V}_2, \cdots, \boldsymbol{V}_N\} \qquad (8.8)$$

$$\boldsymbol{V}_i = \begin{bmatrix} \boldsymbol{X}_i & y_i \end{bmatrix}$$

$$= \begin{bmatrix} V_{1i} & V_{2i} & V_{3i} & V_{4i} & V_{5i} & V_{6i} & V_{7i} \end{bmatrix}$$

$$= \begin{bmatrix} (I_{TYPE})_i & (I_{DIR})_i & (I_{STA})_i & (I_{CRO})_i & (I_{APP})_i & (I_{TASK})_i & (V_{TAR})_i \end{bmatrix}$$

式中：N 为训练样本的个数。

由于战场侦察到的目标各指标的物理意义不同，其量纲和取值范围也不同，数据值差别较大。为消除其影响，目标各指标数据在进入输入层之前需做标准化处理。假设有 N 个训练样本，其输入部分有 n 个数据，则训练样本输入部分的标准化过程为

$$\tilde{x}_{ji} = \frac{V_{ji} - \bar{V}_j}{\sigma'_j}, \bar{V}_j = \frac{\sum\limits_{i=1}^{N} V_{ji}}{N}, \sigma'_j = \sqrt{\frac{\sum\limits_{i=1}^{N} (V_{ji} - \bar{V}_j)^2}{N-1}} \quad (8.9)$$
$$(i = 1, 2, \cdots, N; j = 1, 2, \cdots, n)$$

式中：V_{ji} 为训练样本 $\boldsymbol{V}_i$ 标准化前的输入部分；$\tilde{x}_{ji}$ 为训练样本 $\boldsymbol{V}_i$ 标准化后的输入部分；经过标准化后的第 i 个训练样本的输入部分 $\tilde{\boldsymbol{X}}_i = \begin{bmatrix} \tilde{x}_{1i} & \tilde{x}_{2i} & \cdots & \tilde{x}_{ni} \end{bmatrix}$。

训练样本的输出部分在样本生成阶段已限定在适合 RBF 神经网络参数优化的范围内，第 i 个训练样本的输出部分取原数据，即 $\tilde{y}_i = (V_{\text{TAR}})_i$。

第 i 个训练样本标准化后可表示为

$$\tilde{\boldsymbol{V}}_i = \begin{bmatrix} \tilde{\boldsymbol{X}}_i & \tilde{y}_i \end{bmatrix} \quad (8.10)$$

根据上述训练样本，运用遗传算法训练 RBF 神经网络。

首先编码染色体。将上述四组参数采用中心向量和中心宽度交替排列的编排顺序统一编码至一个染色体串中。采用实数编码方案，染色体的每个基因值都用某个范围内的浮点数表示，染色体长度即为其待优化参数的个数。

其次选定适应度函数。定义训练样本的期望目标价值 $\tilde{y}$ 与神经网络实际输出的目标价值 y 差的绝对值为训练样本的学习误差，有 $e = |\tilde{y} - y|$。RBF 神经网络参数优化的目标是使得上述学习误差最小，则可设定遗传算法适应度函数为

$$F = \frac{1}{\sum\limits_{i=1}^{N} e_i^2} \quad (8.11)$$

然后确定遗传操作。选择操作采用比例选择的方法。需要对每个被选出的染色体做两次判断，首先判断若满足变异条件则染色体变

异，将变异后的染色体作为新染色体遗传；若不满足变异条件，判断若满足交叉条件则染色体交叉，将交叉后的染色体作为新染色体遗传；若不满足交叉条件，则该染色体直接遗传。

最后改进遗传机制——最优保存策略、交叉变异的概率和规模的自适应策略，提高遗传算法优化能力。

依据上述 RBF - GA 的设计思想，给出图 8.2 所示的算法整体运行流程。由此可计算得到数字化地面突击分队作战目标的战场价值。

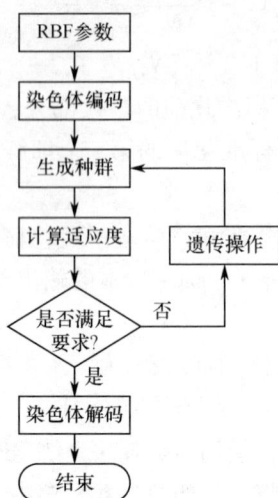

图 8.2 参数辨识流程图

运用上述 RBF - GA 的目标价值评估方法，可确定各作战目标的战场价值。依据上述假设，建立敌方目标战场价值向量

$$V_T = \begin{bmatrix} (V_T)_1 & (V_T)_2 & \cdots & (V_T)_N \end{bmatrix} \tag{8.12}$$

8.2.5 目标毁伤等级

不同种类目标的尺寸规模形态、防护能力等均不相同，其毁伤表象及对其评判标准也不同。例如：对指挥自动化站，摧毁通信系统意味着信息能力几乎完全丧失；对主战坦克，仅摧毁机动能力，该目标仍然具有较高的战场价值，对我方仍有较大的威胁性。作战目标各属性的毁伤程度虽然很难找到统一标准进行衡量，但可依据各目标属性

战场价值损失情况，按照一定的等级划分来粗略评估目标的各属性毁伤程度。这种从底层出发的、较为宽泛的定性到定量的评估方法能够将各目标属性的毁伤程度融合起来。因此，采用毁伤等级划分的方法可以综合权衡各目标的毁伤特点和毁伤效果，并且能够满足数字化地面突击分队火力优化控制的实时性要求。按照上述五种目标属性状态的完好程度来划分目标的毁伤等级，即每个目标均从火力打击能力、信息能力、保障能力、防护能力和机动能力的丧失程度五个方面评估其毁伤情况。将目标的各属性毁伤程度由轻到重分为未毁伤、轻度毁伤、中度毁伤、重度毁伤和完全毁伤五个等级。

依据目标的种类及各类型目标的自身属性，将其毁伤程度的具体表象及情况按照上述五个等级进行划分，见表8.2~表8.5。

表8.2 主战类目标毁伤等级评估

表现状况	目标属性				
	火力打击能力	信息能力	保障能力	防护能力	机动能力
未毁伤	无损伤	无损伤	—	无损伤	无损伤
轻度毁伤	少部受损，能进行火力打击	车载电台、车内通话器被干扰，但仍可进行通信	—	防护设施及设备出现损坏，不影响使用	行动部分被损，几乎不影响目标机动
中度毁伤	瞄准装置损伤，复进机损伤，驻退机损伤，需要战场修理后才能进行火力打击	车载电台、车内通话器无线通信线路被阻断，战场抢修后可恢复通信	—	防护装甲或防护设备有明显损毁，战场修理后能够基本恢复	动力系统、运动系统受损，战场修理后能够恢复基本机动能力
重度毁伤	火力系统受损，发射系统损伤、报废，战场无法修理	完全无法与己方、友方进行信息交互联络，战场无法修理	—	防护系统受损，战场无法修理，使目标大部暴露或脆弱易毁	不能行驶，战场无法修理，原地等待救援

（续）

表现状况	目标属性				
	火力打击能力	信息能力	保障能力	防护能力	机动能力
完全毁伤	被击毁，后方修理基地无法修理，没有使用价值	完全无法与己方、友方进行信息交互联络，战后没有维修价值	—	防护体系完全破裂，整体暴露，防护体系没有维修价值	动力系统、运动系统完全损伤，无维修价值

表8.3 信息类目标毁伤等级评估

表现状况	目标属性				
	火力打击能力	信息能力	保障能力	防护能力	机动能力
未毁伤	—	无损伤	—	无损伤	无损伤
轻度毁伤	—	信息采集系统、指挥控制系统等少部受损，不影响使用	—	防护设施及设备出现损坏，不影响使用	行动部分被损，几乎不影响目标机动
中度毁伤	—	信息采集、处理系统和指挥控制系统等部分功能障碍，战场抢修后可恢复工作	—	防护装甲或防护设备有明显损毁，战场修理后能够基本恢复	动力系统、运动系统受损，战场修理后能够恢复基本机动能力
重度毁伤	—	信息采集、处理系统和指挥控制系统等无法工作运行，战场无法修理	—	防护系统受损，战场无法修理，使目标大部暴露或脆弱易毁	不能行驶，战场无法修理，原地等待救援
完全毁伤	—	信息系统完全瘫痪，被损毁，战后没有维修价值	—	防护体系完全破裂，整体暴露，防护体系没有维修价值	动力系统、运动系统完全损伤，无维修价值

174

表 8.4　保障类目标毁伤等级评估

表现状况	目标属性				
	火力打击能力	信息能力	保障能力	防护能力	机动能力
未毁伤	—	无损伤	无损伤	无损伤	无损伤
轻度毁伤	—	车载电台、车内通话器被干扰，但仍可进行通信	受到一定损伤，无物资器材装备受损，不影响正常保障	防护设施及设备出现损坏，不影响使用	行动部分被损，几乎不影响目标机动
中度毁伤	—	车载电台、车内通话器无线通信线路被阻断，战场抢修后可恢复通信	受到较大的损伤，1/3左右物资器材装备受损，保障能力下降	防护装甲或防护设备有明显损毁，战场修理后能够基本恢复	动力系统、运动系统受损，战场修理后能够恢复基本机动能力
重度毁伤	—	完全无法与己方、友方进行信息交互联络，战场无法修理	受到极大的损伤，2/3左右物资器材装备受损，保障困难	防护系统受损，战场无法修理，使目标大部暴露或脆弱易毁	不能行驶，战场无法修理，原地等待救援
完全毁伤	—	完全无法与己方、友方进行信息交互联络，战后没有维修价值	完全丧失保障能力	防护体系完全破裂，整体暴露，防护体系没有维修价值	动力系统、运动系统完全损伤，无维修价值

表 8.5 防御类目标毁伤等级评估

表现状况	目标属性				
	火力打击能力	信息能力	保障能力	防护能力	机动能力
未毁伤	—	无损伤	—	无损伤	
轻度毁伤	—	通信设备被干扰，但仍可进行信息传输	—	防护设施及设备出现损坏，不影响使用	—
中度毁伤	—	通信线路被阻断，战场抢修后可恢复通信	—	防护装甲或防护设备有明显损毁，战场修理后能够基本恢复	—
重度毁伤	—	完全无法与己方、友方进行信息交互联络，战场无法修理	—	防护系统受损，战场无法修理，使目标大部暴露或脆弱易毁	—
完全毁伤	—	完全无法与己方、友方进行信息交互联络，战后没有维修价值	—	防护体系完全破裂，整体暴露，防护体系没有维修价值	—

对上述四种主要类型目标的各作战能力毁伤程度不同时的目标状态进行评估，评估结果见表 8.6 ~ 表 8.9。

表 8.6 主战类目标毁伤等级与目标状态

目标毁伤等级	目标状态 T_j				
	火力打击能力 T_{1j}	信息能力 T_{2j}	保障能力 T_{3j}	防护能力 T_{4j}	机动能力 T_{5j}
未毁伤	1	0.5	0.1	0.8	1
轻度毁伤	0.8	0.4	0.1	0.6	0.8
中度毁伤	0.5	0.3	0	0.4	0.5
重度毁伤	0.3	0.2	0	0.2	0.3
完全毁伤	0	0	0	0	0

表 8.7 信息类目标毁伤等级与目标状态

目标毁伤等级	目标状态 T_j				
	火力打击能力 T_{1j}	信息能力 T_{2j}	保障能力 T_{3j}	防护能力 T_{4j}	机动能力 T_{5j}
未毁伤	0.1	1	0.1	0.5	1
轻度毁伤	0.1	0.8	0.1	0.4	0.8
中度毁伤	0	0.5	0	0.3	0.5
重度毁伤	0	0.3	0	0.2	0.3
完全毁伤	0	0	0	0	0

表 8.8 保障类目标毁伤等级与目标状态

目标毁伤等级	目标状态 T_j				
	火力打击能力 T_{1j}	信息能力 T_{2j}	保障能力 T_{3j}	防护能力 T_{4j}	机动能力 T_{5j}
未毁伤	0.1	0.5	1	0.5	1
轻度毁伤	0.1	0.4	0.8	0.4	0.8
中度毁伤	0	0.3	0.5	0.3	0.5
重度毁伤	0	0.2	0.3	0.2	0.3
完全毁伤	0	0	0	0	0

表 8.9 防御类目标毁伤等级与目标状态

目标毁伤等级	目标状态 T_j				
	火力打击能力 T_{1j}	信息能力 T_{2j}	保障能力 T_{3j}	防护能力 T_{4j}	机动能力 T_{5j}
未毁伤	0.1	0.5	0.1	1	0.1
轻度毁伤	0.1	0.4	0.1	0.8	0.1
中度毁伤	0	0.3	0	0.5	0
重度毁伤	0	0.2	0	0.3	0
完全毁伤	0	0	0	0	0

依据上述目标毁伤等级评估表，针对每批次火力打击过后的战场态势的侦查情况进行回馈，确定目标毁伤程度，建立基于目标属性的目标毁伤等级向量及目标状态矩阵。并且可以据此为数字化地面突击分队火力优化控制提供依据。

8.2.6 单目标毁伤评估

由上述分析可知，单目标毁伤程度与目标状态、目标属性权重和目标价值等条件有关。

假设到战场某时刻为止，在数字化地面突击分队整个作战进程内，依据检测到的所有的目标建立敌方目标状态矩阵为

$$T = \begin{bmatrix} T_1 & T_2 & \cdots & T_{NS} \end{bmatrix} \tag{8.13}$$

式中：NS 为目标总数；T_j $(j=1, 2, \cdots, NS)$ 为第 j 个目标的状态向量，可表示为

$$T_j = \begin{bmatrix} T_{1j} & T_{2j} & T_{3j} & T_{4j} & T_{5j} \end{bmatrix}^T \tag{8.14}$$

构建敌方目标初始状态矩阵及单目标初始状态向量，设初始状态 $t=0$，则敌方目标初始状态矩阵为

$$T\big|_{t=0} = \begin{bmatrix} (T_1)_0 & (T_2)_0 & \cdots & (T_{NS})_0 \end{bmatrix} \tag{8.15}$$

式中：$(T_j)_0$ $(j=1, 2, \cdots, NS)$ 为第 j 个目标在 $t=0$ 时刻的状态向量。

设目标各属性的初始状态均为最好，则第 j 个目标的状态向量可表示为

$$
\begin{aligned}
(T_j)_0 &= \begin{bmatrix} (T_{1j})_0 & (T_{2j})_0 & (T_{3j})_0 & (T_{4j})_0 & (T_{5j})_0 \end{bmatrix}^T \\
&= \begin{bmatrix} 1 & 1 & 1 & 1 & 1 \end{bmatrix}^T
\end{aligned}
$$

$$\tag{8.16}$$

假设在第 k $(k \geqslant 1)$ 次火力打击之前有敌方目标状态矩阵及单目标状态向量为

$$T\big|_{t=k-1} = \begin{bmatrix} (T_1)_{k-1} & (T_2)_{k-1} & \cdots & (T_{NS})_{k-1} \end{bmatrix} \tag{8.17}$$

$$(T_j)_{k-1} = \begin{bmatrix} (T_{1j})_{k-1} & (T_{2j})_{k-1} & (T_{3j})_{k-1} & (T_{4j})_{k-1} & (T_{5j})_{k-1} \end{bmatrix}^T$$

$$\tag{8.18}$$

类似地，在第 k $(k \geqslant 1)$ 次火力打击之后有敌方目标状态矩阵及单目标状态向量为

$$T\big|_{t=k} = \begin{bmatrix} (T_1)_k & (T_2)_k & \cdots & (T_{NS})_k \end{bmatrix} \tag{8.19}$$

$$(\boldsymbol{T}_j)_k = \begin{bmatrix} (T_{1j})_k & (T_{2j})_k & (T_{3j})_k & (T_{4j})_k & (T_{5j})_k \end{bmatrix}^{\mathrm{T}} \quad (8.20)$$

依据上述假设确定的总目标数 NS，建立敌方目标属性权重矩阵为

$$\boldsymbol{W}_{\mathrm{T}} = \begin{bmatrix} (\boldsymbol{W}_{\mathrm{T}})_1 & (\boldsymbol{W}_{\mathrm{T}})_2 & \cdots & (\boldsymbol{W}_{\mathrm{T}})_{\mathrm{NS}} \end{bmatrix} \quad (8.21)$$

式中：$(\boldsymbol{W}_{\mathrm{T}})_j$ $(j = 1, 2, \cdots, \mathrm{NS})$ 为第 j 个目标属性的权重向量，可表示为

$$(\boldsymbol{W}_{\mathrm{T}})_j = \begin{bmatrix} (W_{\mathrm{T}})_{1j} & (W_{\mathrm{T}})_{2j} & (W_{\mathrm{T}})_{3j} & (W_{\mathrm{T}})_{4j} & (W_{\mathrm{T}})_{5j} \end{bmatrix}^{\mathrm{T}}$$
$$(8.22)$$

类似地，建立敌方目标战场价值向量为

$$\boldsymbol{V}_{\mathrm{T}} = \begin{bmatrix} (V_{\mathrm{T}})_1 & (V_{\mathrm{T}})_2 & \cdots & (V_{\mathrm{T}})_{\mathrm{NS}} \end{bmatrix} \quad (8.23)$$

由式（8.18）、式（8.20）、式（8.22）和式（8.23）可评估计算出，数字化地面突击分队第 k 次火力打击对战场上第 j 个目标的毁伤程度为

$$(D_{\mathrm{TB}})_j = (V_{\mathrm{T}})_j \times \sum_{l=1}^{5} \left[((T_{lj})_{k-1} - (T_{lj})_k) \times (W_{\mathrm{T}})_{lj} \right] \quad (8.24)$$

则可建立对敌方目标本次毁伤程度向量为

$$\boldsymbol{D}_{\mathrm{TB}} = \begin{bmatrix} (D_{\mathrm{TB}})_1 & (D_{\mathrm{TB}})_2 & \cdots & (D_{\mathrm{TB}})_{\mathrm{NS}} \end{bmatrix} \quad (8.25)$$

由式（8.15）、式（8.20）、式（8.22）和式（8.23）可评估计算出，数字化地面突击分队实施 k 次火力打击后对战场上第 j 个目标的总毁伤程度为

$$(D_{\mathrm{TL}})_j = (V_{\mathrm{T}})_j \times \sum_{l=1}^{5} \left[((T_{lj})_0 - (T_{lj})_k) \times (W_{\mathrm{T}})_{lj} \right] \quad (8.26)$$

则可建立对敌方目标历史毁伤程度向量为

$$\boldsymbol{D}_{\mathrm{TL}} = \begin{bmatrix} (D_{\mathrm{TL}})_1 & (D_{\mathrm{TL}})_2 & \cdots & (D_{\mathrm{TL}})_{\mathrm{NS}} \end{bmatrix} \quad (8.27)$$

8.3 群目标毁伤评估

数字化地面突击分队实施火力优化控制，除需要对单目标毁伤程

度进行评估，掌握每批次火力打击对具体作战目标的毁伤效果外，还需要对敌方的群目标进行毁伤程度评估，以了解每批次火力打击对敌方整体作战能力的毁伤效果，并以此来评估当前战场态势，为之后的作战决策提供依据。群目标毁伤评估不能等同于所有单目标毁伤效果评估数值上的叠加，因为作战系统是一个复杂系统，具有涌现性，作战目标数量、种类的叠加往往会产生质变，产生"1+1>2"的效应。因此，针对群目标毁伤评估需采用新的评估方法，建立新的可行的、适用的评估模型。

8.3.1　群目标种类

单目标毁伤评估时主要考虑的是装备类和建筑类等的实物类目标，如主战坦克、运输车、野战工事和油料库等，这些目标都是以外在的物的形式而存在。单目标毁伤评估没有考虑作战行动实施主体——人的作用，即在对单目标火力打击时，往往只考虑目标装备的作战性能，而忽略了人对装备性能发挥的影响。

当对群目标进行毁伤评估时，作战分队中参战人员对群目标整体的作战能力的贡献是不可忽视的，甚至起到关键性的作用。古有如三国时期诸葛亮之人物妙计频出，排兵布阵，调遣千军万马，运筹帷幄之中；今有信息化条件下的作战指挥人员统领巨大的作战资源，牵一发而动全身，直接决定着作战进程。作战分队整体士气的高低、组织性和纪律性等均关系到突击分队作战能力的发挥，同时参战人员与实物类目标的适应、契合程度也对群目标整体的作战能力有较大的影响。信息化战场条件下各兵种、兵力等的作用功能划分详细，各司其职，均有其自己专用的装备设备，并有其相适应的环境载体、工事载体和建筑载体等，如果各兵种兵力不按照与其相适应的实物类目标载体来配合实施作战行动，则作战分队群目标的作战能力将大大降低。

从战场功能的角度出发，可将群目标分为指挥人员、作战兵力和实物目标三类。

（1）指挥人员：作战分队的核心与灵魂，是作战分队所有作战任务制定与下达的主要完成人，即战场作战决策的主要实施人和作战进程的主要掌控者，是作战分队战斗力催生与激发的源泉。指挥人员的每一道命令、每一项决策均关系到作战分队各作战兵力、装备、建筑和工事的生死与存亡，关系到战场态势的走向。指挥人员的存在与职能的正常发挥是作战任务得到执行的前提条件，而指挥人员的缺失将会使作战分队陷入一盘散沙状态，不具备任何威胁性。因此，指挥人员是群目标必不可少的一部分，并且是重中之重。指挥人员包括营、连、排级指挥人员和营、连、排级后备指挥人员等。

（2）作战兵力：作战分队的躯体与主力，是分队各作战任务的具体执行者。作战指挥人员将决策与命令依次向下级下达，直至作战任务分解到决策与命令的传达终端——作战兵力，作战兵力执行任务的过程就是作战分队战斗力体现与表达的过程。不同种类的作战兵力会有不同的作战任务，也会体现出不同的战场价值，并且各类作战兵力之间是互补的，只有科学的相互协调才能发挥出更强大的战斗力。作战兵力包括主战兵力、信息兵力、保障兵力和防护兵力。

（3）实物目标：作战分队的铠甲与保障，是分队各作战任务得以执行的物质条件。作战兵力受领作战任务后，通过采用适当的装备，依托于一定的建筑工事，达到完成作战任务的目的。实物目标是作战兵力的执行作战任务的必要条件与手段，是分队战斗力的具体构成，即作战兵力只有借助实物目标才能发挥出其应有的战斗力。信息化战场条件下，单独的作战兵力或者单独的实物目标不能发挥出任何具有威胁性的作战能力，只有两者相互依靠、共同作用，才能有可能取得分队作战应有的效果。实物目标包括主战类目标、信息类目标、保障类目标和防御类目标。

8.3.2　群目标属性

数字化地面突击分队整体上作战方向、作战进程的规划与把握，主要是依据对敌方群目标的作战能力变化的评估、群目标毁伤效果评估等火力优化控制手段来实现的。对群目标的毁伤评估是地面突击分队实现"知己知彼"的有效的作战活动之一，具有战役战术上的价值。群目标毁伤评估通常从群目标属性的角度进行分析计算。不同种类的群目标，由于其基本性质及战场作用的不同而具有不同的属性。例如，指挥人员担负着控制作战进程方向、实施作战指挥决策的功能；而作战兵力则是各级、各项作战任务的具体实施者，直接与作战装备打交道，具有特定的专项技能。同种类的群目标，由于其战场状态、作战任务、战术技术性能等的不同，其属性也有不同的侧重，而不同种类的作战实物目标显然具有不同的作战属性。针对群目标，由于群体中个体之间的相互影响及作用，使得它具有一些单目标不具备的特性。例如，群目标会涉及目标之间的配合、契合程度等，同时涉及群目标整体的能力覆盖范围等属性等。

1. 指挥人员类群目标的基本属性

指挥人员类群目标具有如下 2 类 8 种基本目标属性：

（1）群指挥人员目标中个体的基本属性：种类；控制决策能力；指挥协调能力；经验与智谋；灵活与创造。

（2）群指挥人员目标整体的基本属性：指挥体系完备性；群体数量；群目标的契合性（指挥人员之间的契合、指挥人员与所属作战分队之间的契合）。

这里之所以将各指挥人员具体的种类作为基本目标属性来考虑，是因为不同种类、不同级别的指挥人员的地位及作用是不相同的，并且是不能互相取代的，在整个指挥人员体系中各级别的指挥人员均发挥着重要的作用，缺一不可。因此，可以依据目标的具体种类来判断指挥人员类群目标整体的完备性，这对群目标作战能力的评估至关重要。类似地，之后的两种作战目标——作战兵力和实物目标，也具有这一基本目标属性。

控制决策能力是指作战分队指挥人员通过对战场态势的把握与估计，达到作战目的、控制战争进程和制定各级作战任务的能力。控制决策能力是作战指挥人员必须具备的、最重要的两个基本素质之一。作战指挥人员通过适时适当的作战决策、兵力火力的优化控制，可以为作战分队争取有效的作战时间、抓住宝贵的战机，提高兵力火力战场运用的效率与效能。因此，控制决策能力是指挥人员类群目标必须考虑的基本目标属性之一。

指挥协调能力是指作战分队指挥人员依据作战任务、战场态势等条件，对所属作战分队的各兵力火力进行有效的部署、调遣等战场运用的能力。指挥协调能力是作战指挥人员另一项必须具备的基本素质，它是作战分队作战能力的倍增器，有效的甚至是出神入化的战场兵力火力的指挥与协调，可以达到以少胜多、以一敌百的作战效果，而机械笨拙的战场指挥将会影响分队作战能力的发挥，甚至会削弱战斗力。因此，指挥协调能力也是指挥人员类群目标必须考虑的基本目标属性之一。

经验与智谋是作战分队指挥人员个人基本能力素质的体现，也是一名合格的、具有实战作战能力的指挥人员必须具备的基本战争素养。具有丰富的分队作战指挥经验的分队指挥人员面对各种战场形势、突发的战场情况能够临危不乱、应对有方，而且足智多谋的分队指挥人员对此能够迅速给出有效的解决方案、制定作战任务策略，充分发挥自身兵力火力的长处，达到作战目的。

灵活与创造是作战分队指挥人员极具个性的指挥艺术的体现。作战分队指挥人员通过创造性的控制与决策、灵活的指挥与协调，可以超脱于常规作战指挥程序和方法，对作战分队的兵力和火力进行出其不意的战场运用，达到出奇制胜的效果。灵活与创造是分队指挥人员个人作战指挥能力与魅力的最高体现，是信息化条件下地面突击分队作战指挥追求的最终目标与理想。

指挥体系的完备性是指由作战分队从最高层次的指挥人员到最低层次的指挥人员和各级的后备人员所构成的指挥人员体系的完整程度及其执行作战指挥任务的流畅通顺程度。完备性不仅体现了作战分队指挥人员体系的整体运行的通畅程度，而且体现了作战分队整体可能达到的作战指挥能力与水平。完备的指挥人员体系可使得作战指挥人员有更多的精力和时间用来进行作战决策与指挥，而不是在指挥人员稀缺、弥足珍贵的时候要考虑如何在进行作战打击的同时能够最大限度地保护自己，以维持作战分队具有向心性而不倒，同时完备的指挥人员体系也均衡了指挥人员的价值属性，使得作战指挥人员体系的抗打击、抗毁伤能力增强。

群体数量是指作战指挥人员类群目标的总数量，同时包含各级别作战指挥人员的数量。通过作战指挥人员群体数量属性，可以了解当前战场上各时刻作战指挥人员群体的数量及其变化趋势，了解作战指挥人员的战场构成的重点方向及薄弱环节，了解作战分队可能的作战部署及兵力火力运用方式。

群目标的契合性包括各级作战指挥人员之间的作战指挥控制的契合和作战指挥人员与其所指挥的作战分队之间的契合。群目标作战能力的发挥很大程度上依赖于作战指挥人员类群目标的契合性，契合性好的群目标能够发挥出作战分队应有的作战能力，甚至还会激发其潜能，超常地发挥出作战运用效果，而契合性差的群目标则会对其作战能力的发挥起到一定的负面作用。通过对作战指挥人员类群目标的契合性属性的评估与判断，可以了解群目标的整体协调配合的状态，以及群目标指挥控制的熟练、默契程度，为群目标整体作战能力的评估提供依据。

参照 3.3.4 节和 8.2.2 节中对目标状态的处理方式，依据上述群目标属性，对目标状态进行拓展扩充，建立新的群目标状态矩阵。

假设战场某时刻，在所考虑的整个目标群体中，检测到 NC 个作战指挥人员类目标，建立敌方指挥人员类群目标的状态矩阵为

$$\boldsymbol{T}_{\mathrm{CS}} = \begin{bmatrix} (\boldsymbol{T}_{\mathrm{CS}})_1 & (\boldsymbol{T}_{\mathrm{CS}})_2 & \cdots & (\boldsymbol{T}_{\mathrm{CS}})_{\mathrm{NC}} \end{bmatrix} \tag{8.28}$$

式中：$(\boldsymbol{T}_{\mathrm{CS}})_j$ $(j = 1, 2, \cdots, \mathrm{NC})$ 为第 j 个指挥人员目标的状态向量，可表示为

$$(\boldsymbol{T}_{\mathrm{CS}})_j = \begin{bmatrix} (\boldsymbol{T}_{\mathrm{CS}})_{1j} & (\boldsymbol{T}_{\mathrm{CS}})_{2j} & (\boldsymbol{T}_{\mathrm{CS}})_{3j} & (\boldsymbol{T}_{\mathrm{CS}})_{4j} & (\boldsymbol{T}_{\mathrm{CS}})_{5j} \end{bmatrix}^{\mathrm{T}}$$

$$\tag{8.29}$$

式中：$(\boldsymbol{T}_{\mathrm{CS}})_{1j}$ 为指挥人员类群目标具体的种类；$(\boldsymbol{T}_{\mathrm{CS}})_{2j}$ 为目标控制决策能力的状态；$(\boldsymbol{T}_{\mathrm{CS}})_{3j}$ 为目标指挥协调能力的状态；$(\boldsymbol{T}_{\mathrm{CS}})_{4j}$ 为目标经

验与智谋的状态；$(T_{CS})_{5j}$为目标灵活与创造的状态。$(T_{CS})_{lj}(0 \leqslant (T_{CS})_{lj} \leqslant 1$，$l=2，3，4，5)$越大，表明第$j$个目标的第$l$种属性状态越完好。令新检测到的完好目标$j'$的状态向量$(\boldsymbol{T}_{CS})_{j'} = [(T_{CS})_{1j}\ 1\ 1\ 1\ 1]^{T}$，被完全摧毁的目标$j''$的状态向量为$(\boldsymbol{T}_{CS})_{j''} = [(T_{CS})_{1j}\ 0\ 0\ 0\ 0]^{T}$。

类似地，建立敌方指挥人员类群目标的整体状态向量

$$\boldsymbol{T}_{CP} = [(T_{CP})_1 \quad (T_{CP})_2 \quad (T_{CP})_3] \qquad (8.30)$$

式中：$(T_{CP})_1$为指挥人员类群目标指挥体系完备性的状态；$(T_{CP})_2$为目标的群体数量；$(T_{CP})_3$为群目标的契合性的状态。$(T_{CP})_l$（$0 \leqslant (T_{CP})_l \leqslant 1$，$l=1，3$)越大，表明群目标的第$l$种属性状态越完好。令新考虑的群目标的整体的状态向量$\boldsymbol{T}_{CP} = [1\ (T_{CP})_2\ 1]$；被完全摧毁的群目标的整体的状态向量$\boldsymbol{T}_{CP} = [0\ (T_{CP})_2\ 0]$。

2. 作战兵力类群目标的基本属性

作战兵力类群目标具有如下2类8种基本目标属性：

（1）群兵力目标中个体的基本属性：种类；体力；智力；专业技能。

（2）群兵力整体目标的基本属性：群体的士气与军心；作战能力的完备性；群体数量；群目标的协调性（兵力之间的协调、兵力与所依托的实物目标之间的协调）。

体力是指作战兵力类群目标各作战单元的体能储备以及当前体能消耗程度。体能是作战兵力实施战场行动的基础，具有良好的体力素养才能够在战场上需要执行作战任务时拿得出、靠得住，才能够做到无所畏惧、勇往直前；并且能够在保证自己完成作战任务的同时，有能力帮助同战队的其他作战人员，共同实现整体作战目标。

智力是指作战兵力类群目标各作战单元针对作战行动所具有的知识储备及知识运用的能力。作战兵力针对作战行动的智力体现在对作战任务的理解程度、对战场情况及其变化的把握、对自己当前作战能力的评估和对作战任务执行方式的设计规划等方面。高的智力可以提高作战兵力实施战场行动的执行能力，即在同等条件下，具有较高智力的作战兵力能够运用较短的时间、消耗较少的资源达到战斗目的。

专业技能是指作战兵力类群目标各作战单元对执行作战任务时所凭借的专用的物质条件掌握运用的熟练程度。信息化战场条件下地面作战分队所配备的作战装备种类繁多、各具特点，越来越多的极具专业性质的装备、设备运用到战场上，各装备需要具有专业技能的作战兵力来操作运用。专业技能掌握的程度直接影响各装备作战效能的发挥程度，对作战分队整体的战斗力具有不可忽视的影响。

群体的士气与军心是指作战兵力类群目标整体在作战过程中所表现出来的一种信心和组织性、纪律性。群体的士气与军心是群体属性的一种表现，在群体的层次上，整体情绪的体现及作用要远大于整体的智力属性。因此，对作战兵力类群目标进行适当适时的鼓励与教育，可以化腐朽为神奇，可以重整旗鼓、整装待发，可以为作战兵力增添羽翼，使其具有让人生畏的气势，并能够发挥出超常的作战能力。而低沉的士气和涣散的军心极具破坏性，极大程度上抑制了作战分队作战能力的发挥，并且会导致一系列非常危险的连锁反应，使得整个作战分队溃不成军，完全丧失战斗能力。因此，探测和评估作战兵力类群目标的群体的士气与军心具有重要的作用。

作战能力的完备性是指针对特定战场或典型战场作战兵力群体的应对能力和适合能力，即当前作战兵力群体依据其特点所适合的战场与应对当前战场所需要的作战兵力群体的相符程度。这种相符性决定了作战兵力发挥作战效能所取得的作战效果的大小。作战兵力作战能力的完备性一方面受到当前作战分队所现有的兵力配置的制约；另一方面受到作战指挥人员指挥调遣的科学性合理性的约束。

群体数量是指各类不同功能作用的作战兵力群体的总数量。作战兵力群体数量反映出了作战分队投入到所考察区域的兵力的规模与构成。作战兵力群体数量这一目标属性体现了作战分队对这一战场的关心程度，也体现了作战分队作战部署、作战意图等战略战术目的。因此，这一群目标属性可以为群目标的作战能力评估提供依据。

群目标的协调性包括作战兵力之间的协调能力和兵力与其战场运用所依托的实物目标之间的协调性。与作战指挥人员的契合性一样，良好的作战兵力类群目标协调性能够发挥出作战分队应有的作战能力，甚至还有可能使得分队的作战能力超常发挥。因此，群目标的协调性这一群目标属性不可忽视。

假设战场某时刻，在所考虑的整个目标群体中，检测到 NW 个作战兵力类目标，建立敌方作战兵力类群目标的状态矩阵为

$$T_{\text{WS}} = \begin{bmatrix} (T_{\text{WS}})_1 & (T_{\text{WS}})_2 & \cdots & (T_{\text{WS}})_{\text{NW}} \end{bmatrix} \quad (8.31)$$

式中：$(T_{\text{WS}})_j (j = 1, 2, \cdots, \text{NW})$ 为第 j 个作战兵力目标的状态向量，可表示为

$$(T_{\text{WS}})_j = \begin{bmatrix} (T_{\text{WS}})_{1j} & (T_{\text{WS}})_{2j} & (T_{\text{WS}})_{3j} & (T_{\text{WS}})_{4j} \end{bmatrix}^{\text{T}} \quad (8.32)$$

式中：$(T_{\text{WS}})_{1j}$ 为作战兵力类群目标具体的种类；$(T_{\text{WS}})_{2j}$ 为目标体力的状态；$(T_{\text{WS}})_{3j}$ 为目标智力的状态；$(T_{\text{WS}})_{4j}$ 为目标专业技能的状态。$(T_{\text{WS}})_{lj} (0 \leqslant (T_{\text{WS}})_{lj} \leqslant 1, l = 2, 3, 4)$ 越大，表明第 j 个目标的第 l 种属性状态越完好。令新检测到的完好目标 j' 的状态向量 $(T_{\text{WS}})_{j'} = \begin{bmatrix} (T_{\text{WS}})_{1j} & 1 & 1 & 1 \end{bmatrix}^{\text{T}}$；被完全摧毁的目标 j'' 的状态向量 $(T_{\text{WS}})_{j''} = \begin{bmatrix} (T_{\text{WS}})_{1j} & 0 & 0 & 0 \end{bmatrix}^{\text{T}}$。

类似地，建立敌方作战兵力类群目标的整体状态向量为

$$T_{\text{WP}} = \begin{bmatrix} (T_{\text{WP}})_1 & (T_{\text{WP}})_2 & (T_{\text{WP}})_3 & (T_{\text{WP}})_4 \end{bmatrix} \quad (8.33)$$

式中：$(T_{\text{WP}})_1$ 为作战兵力类群目标群体的士气与军心的状态，$(T_{\text{WP}})_2$ 为作战兵力作战能力的完备性的状态，$(T_{\text{WP}})_3$ 为目标的群体数量，$(T_{\text{WP}})_4$ 为群目标的协调性的状态。$(T_{\text{WP}})_l (0 \leqslant (T_{\text{WP}})_l \leqslant 1, l = 1, 2, 4)$ 越大，表明群目标的第 l 种属性状态越完好。令新考虑的群目标的整体的状态向量为 $T_{\text{WP}} = \begin{bmatrix} 1 & 1 & (T_{\text{WP}})_3 & 1 \end{bmatrix}$；被完全摧毁的群目标的整体的状态向量为 $T_{\text{WP}} = \begin{bmatrix} 0 & 0 & (T_{\text{WP}})_3 & 0 \end{bmatrix}$。

3. 实物类群目标的基本属性

实物类群目标具有如下 2 类 9 种基本目标属性：

（1）群实物目标中个体的基本属性：种类；火力打击能力；信息能力；保障能力；防护能力；机动能力。

（2）群实物目标整体的基本属性：群实物目标作战能力的完备性；群体数量；群目标的配合性（实物目标之间的配合）。

群实物目标中个体的基本目标属性除了第一个目标种类外，与8.2.2节中单目标毁伤评估所考虑的目标属性是相同的，即包括火力打击能力、信息能力、保障能力、防护能力和机动能力。

群实物目标作战能力的完备性是指作战分队所配备的装备和所依托的建筑工事等群实物目标完成某些特定的或者一般性的作战任务的能力。完备的群实物目标能够对战场上所面对的各种预想的或者突发的作战任务有较强的执行与完成能力，而当群实物目标的完备性较差时，群实物目标的作战能力将会受到限制，并且敌方可能会对此加以利用做出致命打击。

群实物目标的群体数量是指各类不同作战功能的实物目标数量的总和。群实物目标的群体数量主要考察各类群实物目标的战场配比情况，并以此分析出群目标所具备的主要作战能力及其战场的主要作战运用功能。群实物目标的群体数量是作战分队整体作战能力的主要体现，不可忽视。

群目标的配合性是指群各类实物目标之间作战任务、作战行动等的协调执行能力。通常的作战任务需要多种实物目标相互配合共同完成，而各类实物目标间的配合默契程度将会直接影响作战任务完成的效率与质量，即群目标的配合性关系到作战分队整体作战能力的发挥水平。因此，群目标的配合性这一目标属性也需要着重考虑。

假设战场某时刻在所考虑的整个目标群体中检测到 NO 个实物类目标，建立敌方实物类群目标的状态矩阵为

$$T_{OS} = \begin{bmatrix} (T_{OS})_1 & (T_{OS})_2 & \cdots & (T_{OS})_{NO} \end{bmatrix} \quad (8.34)$$

式中：$(T_{OS})_j (j=1, 2, \cdots, NO)$ 为第 j 个实物类目标的状态向量，可表示为

$$(T_{OS})_j = \begin{bmatrix} (T_{OS})_{1j} & (T_{OS})_{2j} & (T_{OS})_{3j} & (T_{OS})_{4j} & (T_{OS})_{5j} & (T_{OS})_{6j} \end{bmatrix}^T$$
$$(8.35)$$

式中：$(T_{OS})_{1j}$ 为实物类群目标具体的种类；$(T_{OS})_{2j}$ 为目标火力打击能力的状态；$(T_{OS})_{3j}$ 为目标信息能力的状态；$(T_{OS})_{4j}$ 为目标保障能力的状态；$(T_{OS})_{5j}$ 为目标防护能力的状态；$(T_{OS})_{6j}$ 为目标机动能力

的状态。$(T_{OS})_{lj}$($0 \leqslant (T_{OS})_{lj} \leqslant 1$，$l = 2$，$3$，$4$，$5$，$6$)越大，表明第 j 个目标的第 l 种属性状态越完好。令新检测到的完好目标 j' 的状态向量 $(\boldsymbol{T}_{OS})_{j'} = \left[(T_{OS})_{1j} \; 1 \; 1 \; 1 \; 1 \; 1 \right]^{\mathrm{T}}$；被完全摧毁的目标 j'' 的状态向量 $(\boldsymbol{T}_{OS})_{j''} = \left[(T_{OS})_{1j} \; 0 \; 0 \; 0 \; 0 \; 0 \right]^{\mathrm{T}}$。

类似地，建立敌方实物类群目标的整体的状态向量为

$$\boldsymbol{T}_{OP} = \left[(T_{OP})_1 \quad (T_{OP})_2 \quad (T_{OP})_3 \right] \tag{8.36}$$

式中：$(T_{OP})_1$ 为群实物目标作战能力的完备性的状态；$(T_{OP})_2$ 为目标的群体数量；$(T_{OP})_3$ 为群目标的配合性的状态。$(T_{OP})_l$($0 \leqslant (T_{OP})_l \leqslant 1$，$l = 1$，$3$)越大，表明群目标的第 l 种属性状态越完好。令新考虑的群目标的整体的状态向量 $\boldsymbol{T}_{OP} = \left[1 \; (T_{OP})_2 \; 1 \right]$；被完全摧毁的群目标的整体的状态向量 $\boldsymbol{T}_{OP} = \left[0 \; (T_{OP})_2 \; 0 \right]$。

8.3.3 群目标作战能力

群目标作战能力是指群目标在一定条件下完成作战任务的能力，往往通过完成具体作战任务的程度来体现。群目标作战能力能够反映出作战分队整体的战斗力，即分队的整体实力。以群目标的作战能力为基础对群目标的战场毁伤进行评估，能够较为真实地反映出作战分队火力打击对群目标作战能力的战场毁伤效果。信息化战场条件下地面突击分队的作战群目标具有种类多元化、规模大、范围广等特点，并且不同目标的作战能力具有非常大的差别，很难用统一的标准来衡量。因此，需要依据不同的作战任务、作战特点将群目标的作战能力划分，以使得对群目标作战能力的评价更加科学合理。群目标作战能力的层次划分如图8.3所示。

第一层的群目标作战能力为群目标的整体实力。群目标的整体实力综合考虑了作战分队应对各种战场情况的能力、各种作战任务执行的能力等因素，是对战场形势与趋势的整体估计。对群目标整体实力的评估可使得高级作战指挥人员对整体战场态势、敌我作战力量强弱形势有相对清晰的掌控与把握，并能够以此进行详细的作战任务、作战行动等的决策、制定与下达。

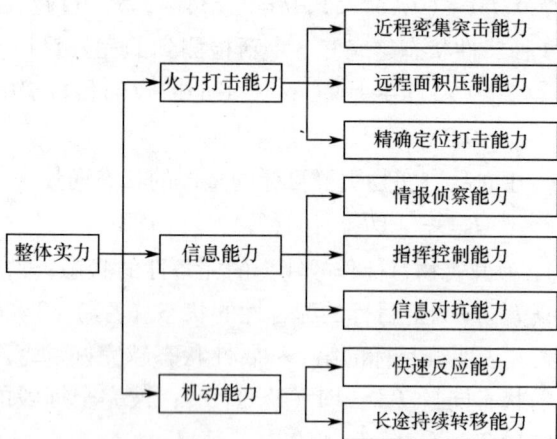

图 8.3　群目标作战能力的层次结构

　　第二层的群目标作战能力包括火力打击能力、信息能力和机动能力。在通常意义上讲，依据群目标的作战功能属性来划分的作战能力还应该包括保障能力、防御能力等要素，或者可以按照作战打击方式将作战能力划分为破坏性打击能力、封控性打击能力、袭扰性打击能力、警示性打击能力、防护性打击能力和佯攻性打击能力，或是按照群目标构成体系及其主要作战任务将作战能力划分为情报侦察能力、火力打击能力、指挥控制能力和综合保障能力等。参照单目标毁伤评估时所采用的目标属性，依据对各类别群目标属性的归纳与总结，并考虑目标毁伤评估方法与内容的整体性，本书选择基于群目标作战功能属性来划分的群目标作战能力，这样划分群目标的作战能力不仅易于表达与计算，同时能够反映出信息化战场条件下群目标作战的特点。由于考虑在信息化战场条件下着重强调信息战的重要性，并且战场态势瞬息万变，其实时的战场保障的作用越来越弱，对群目标作战能力提升的贡献越来越小；同时群目标的防御能力属于被动型作战能力，单独的防御能力不能达到作战目的，并且防御能力主要适用于评估单目标，群目标的作战能力的评估主要从作战任务的完成程度方面考虑。因此，这些保障能力、防御能力等作战能力在此不予研究考虑，即第二层的群目标作战能力只有火力打击能力、信息能力和机动能力。

190

第三层的群目标作战能力是对第二层三种作战能力的细分。鉴于群目标所采用的主要作战运用原则与运用形式，主要从八个方面来体现群目标的具体作战能力。

火力打击能力主要包括近程密集突击能力、远程面积压制能力和精确定位打击能力。这三种火力打击能力的划分基本上包含了信息化条件下地面作战分队实施火力打击任务的主要方式与原则，即上述三种能力能够反映出作战分队火力打击能力的水平。近程密集突击能力是指作战分队实施突击战、遭遇战或其他敌我双方需要近距离作战时，作战分队执行猛烈、密集、高强度的火力打击的能力。远程面积压制能力是指作战分队实施防御战、进攻战或其他敌我双方对即将面临的战斗已做好相应的准备时，作战分队执行的具有区域针对性、群目标侧重性的火力打击的能力。精确定位打击能力是指作战分队实施突袭战、防御战或其他需要对敌方某个、某些极为重要的作战目标实施精确毁伤时，作战分队执行对该目标的精准定向定位火力打击的能力。

信息能力主要包括情报侦察能力、指挥控制能力和信息对抗能力。这样划分的三种信息能力基本覆盖了信息化战场条件下运用人力物力等信息资源进行的信息相关作战的能力，并且每一部分均能够代表信息化作战的一种主要运用形式与作战方向。情报侦察能力是指运用战场侦察探测装备与兵力进行战场态势感知、战场信息获取的能力。这种能力在信息化作战时尤为重要，它是整个信息化作战体系构建的基础，为指挥控制的信息化、火力打击的信息化等提供数据基础。指挥控制能力是指依据采集到的各类战场信息，形成对战场态势的整体把握，并据此制定作战任务、进行作战分队兵力火力的规划与调度的能力。信息化条件下对作战指挥人员的指挥控制能力具有极高的要求，一方面能够对快节奏信息战下各类突发战情迅速地做出反应；另一方面从大量的信息中抓住重点，寻找突破口，出其不意、攻其不备，果断采取最有效的打击策略。信息对抗能力是指作战分队针对敌方信息化装备与兵力所采取打击行动的能力，目的是使敌方失去对战场态势感知的能力，造成敌方无法对兵力火力进行有效的优化运用，使其陷入盲目、混乱的战斗组织状态，丧失应有的战斗力，无法形成对我方作战分队有效的威胁与打击。

机动能力主要包括快速反应能力和长途持续转移能力。这是依据当前信息化战场条件下作战分队战场机动方式而确定的，并且能够较全面地反映出作战分队通常采用的战场机动方式。快速反应能力是指作战分队依据应激性作战任务进行的迅速、短距离、目的地明确的战场机动的能力，这是作战分队进行突袭战、遭遇战等作战行动主要采取的战场机动方式。快速反应能力能够体现作战分队实施信息化作战的效力，是完成信息化作战必须具备的并且强化的作战能力之一，是其他作战能力能够有效发挥的基础。长途持续转移能力是指作战分队对远距离火力打击、远距离战场转移等非即时性作战任务所采取的战场机动的能力，这是作战分队进行防御战、偷袭战等作战行动主要采取的战场机动方式。长途持续转移能力能够反映出作战分队遂行长时间、远距离作战的能力，也是作战分队必须具备并且强化的作战能力之一。

8.3.4　作战能力评估

对单目标的毁伤评估是通过确定目标属性权重、目标毁伤等级和目标价值等来完成的，这是依据单目标战场运用及其自身战技性能条件等确定的，这种毁伤评估方法对单目标具有较高的适用性与实时性，但不能够适用于群目标毁伤评估。群目标战场运用时更多考虑的是作战分队的整体属性，如整体的火力打击能力、机动能力等战斗力，需采用新的毁伤评估方法，以实现对群目标毁伤的科学评估。

群目标的作战能力可以从多方面属性体现，群目标作战能力的丧失即意味着群目标的毁伤。因此，本书采用对群目标作战能力丧失程度的评估来表征对群目标毁伤的评估。

群目标作战能力与各类的群目标属性有直接的联系，依据一定的作战评估原则通过相应的计算方法能够直接得出群目标的作战能力。

例如，在群目标作战能力的火力打击能力中的近程密集突击能力与群目标属性的作战兵力的具体种类、专业技能、士气与军心和实物目标的具体种类、火力打击能力等直接相关。因此，首先需要确立各类作战能力与各个群目标属性之间的相关性，并确定各相关项的相关程度。通过这种相关性的对比分析能够得出各类群目标作战能力的影响因素，为群目标作战能力的评估提供依据。图8.4为群目标属性与作战分队作战能力的相关性。由图8.4可以看出，一般作战分队的作战能力均受到多个群目标属性的影响，一个群目标属性会影响多种不同的作战能力，不同群目标属性对作战分队的作战能力具有不同的影响。因此，需要针对不同的作战能力分别实施相应的评估，构建不同的评估数学模型及计算公式。

由图8.4可知，各作战能力相关的群目标属性，则依据各群目标属性的状态可计算出：

近程密集突击能力
$$(A_F)_1 = f((W_S)_1, (W_S)_3, (W_S)_4, (W_P)_1, (W_P)_2, (W_P)_3,$$
$$(W_P)_4, (O_S)_1, (O_S)_2, (O_S)_6, (O_P)_1, (O_P)_2, (O_P)_3)$$
$$(8.37)$$

远程面积压制能力
$$(A_F)_2 = f((W_S)_1, (W_S)_2, (W_S)_3, (W_S)_4, (W_P)_1, (W_P)_2, (W_P)_3,$$
$$(W_P)_4, (O_S)_1, (O_S)_2, (O_S)_6, (O_P)_1, (O_P)_2, (O_P)_3) \quad (8.38)$$

精确定位打击能力
$$(A_F)_3 = f((W_S)_1, (W_S)_4, (W_P)_1, (W_P)_2, (W_P)_3, (W_P)_4, (O_S)_1,$$
$$(O_S)_2, (O_S)_3, (O_S)_6, (O_P)_1, (O_P)_2, (O_P)_3) \quad (8.39)$$

情报侦察能力
$$(A_I)_1 = f((W_S)_1, (W_S)_2, (W_S)_3, (W_S)_4, (W_P)_1, (W_P)_2, (W_P)_3,$$
$$(W_P)_4, (O_S)_1, (O_S)_3, (O_S)_6, (O_P)_1, (O_P)_2, (O_P)_3) \quad (8.40)$$

指挥控制能力
$$(A_I)_2 = f((C_S)_1, (C_S)_2, (C_S)_3, (C_S)_4, (C_S)_5, (C_P)_1,$$
$$(C_P)_2, (C_P)_3, (O_S)_1, (O_S)_3, (O_P)_1, (O_P)_2, (O_P)_3) \quad (8.41)$$

信息对抗能力

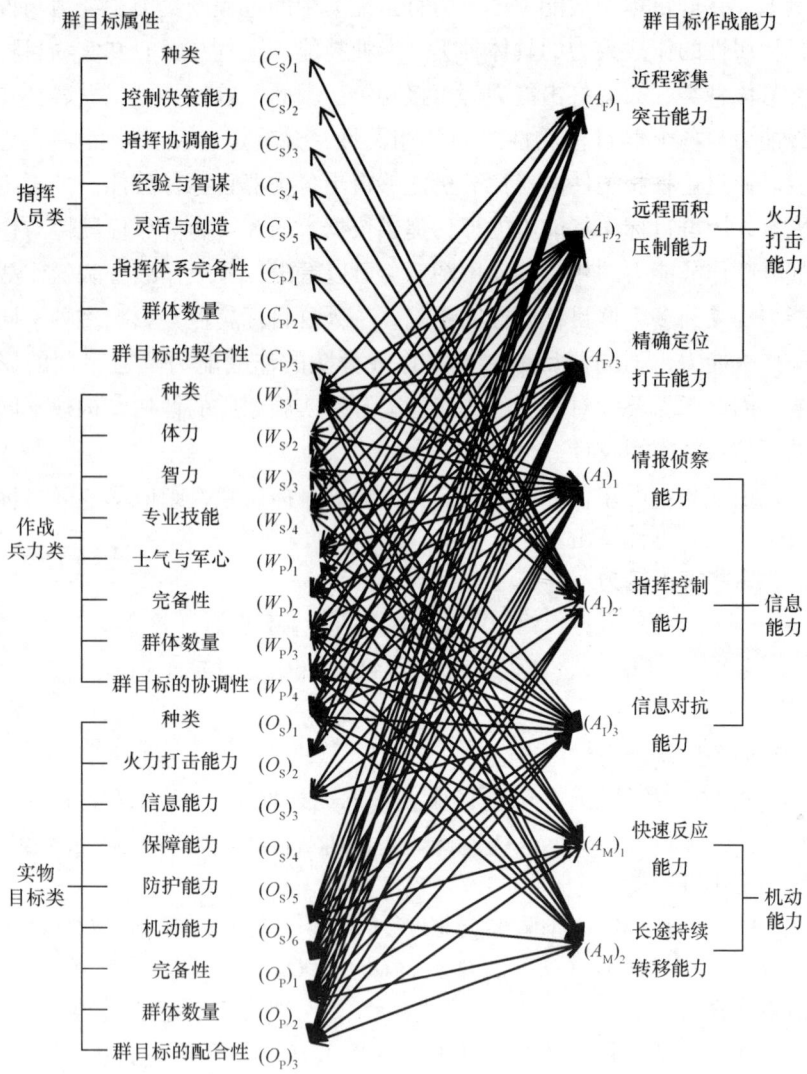

图 8.4　群目标属性与作战分队作战能力的相关性示意图

$$(A_I)_3 = f((W_S)_1, (W_S)_3, (W_S)_4, (W_P)_1, (W_P)_2, (W_P)_3,$$
$$(W_P)_4, (O_S)_1, (O_S)_3, (O_S)_6, (O_P)_1, (O_P)_2, (O_P)_3) \quad (8.42)$$

快速反应能力

$$(A_M)_1 = f((W_S)_1, (W_S)_2, (W_S)_3, (W_P)_1, (W_P)_3,$$
$$(W_P)_4, (O_S)_1, (O_S)_6, (O_P)_2, (O_P)_3) \tag{8.43}$$

长途持续转移能力

$$(A_M)_2 = f((W_S)_1, (W_S)_2, (W_S)_3, (W_P)_1, (W_P)_3,$$
$$(W_P)_4, (O_S)_1, (O_S)_6, (O_P)_2, (O_P)_3) \tag{8.44}$$

火力打击能力

$$\boldsymbol{A}_{FV} = \begin{bmatrix} (A_F)_1 & (A_F)_2 & (A_F)_3 \end{bmatrix} \tag{8.45}$$

$$A_{FC} = f((A_F)_1, (A_F)_2, (A_F)_3) \tag{8.46}$$

信息能力

$$\boldsymbol{A}_{IV} = \begin{bmatrix} (A_I)_1 & (A_I)_2 & (A_I)_3 \end{bmatrix} \tag{8.47}$$

$$A_{IC} = f((A_I)_1, (A_I)_2, (A_I)_3) \tag{8.48}$$

机动能力

$$\boldsymbol{A}_{MV} = \begin{bmatrix} (A_M)_1 & (A_M)_2 \end{bmatrix} \tag{8.49}$$

$$A_{MC} = f((A_M)_1, (A_M)_2) \tag{8.50}$$

群目标作战能力

$$\boldsymbol{A}_{UV} = \begin{bmatrix} (A_F)_1 & (A_F)_2 & (A_F)_3 & (A_I)_1 & (A_I)_2 & (A_I)_3 & (A_M)_1 & (A_M)_2 \end{bmatrix} \tag{8.51}$$

$$A_{UC} = f((A_F)_1, (A_F)_2, (A_F)_3, (A_I)_1, (A_I)_2, (A_I)_3, (A_M)_1, (A_M)_2) \tag{8.52}$$

针对第三层作战能力，如近程密集突击能力等，给出了关系计算函数式。针对第二层和第一层，如火力打击能力等，在给出了关系计算函数式的基础上，给出了相应的函数关系向量。这有助于作战指挥人员对敌方作战分队某一种或某几种关心的作战能力单独考虑，以抓住关键因素，制定有针对性的作战任务与打击策略。

8.3.5 群目标毁伤评估

由战场侦察检测到的群目标属性可计算出群目标作战能力，并由此可对群目标的毁伤情况进行评估。与单目标毁伤评估相同，群目标毁伤评估也可建立本次毁伤程度评估和历史毁伤程度评估。

构建敌方群目标初始作战能力向量及综合作战能力，设初始状态 $t = 0$，则有敌方群目标初始作战能力向量

$$
\begin{aligned}
\boldsymbol{A}_{\mathrm{UV}}\big|_{t=0} &= (\boldsymbol{A}_{\mathrm{UV}})_0 \\
&= \big[\ (A_{\mathrm{F}})_{10} \quad (A_{\mathrm{F}})_{20} \quad (A_{\mathrm{F}})_{30} \quad (A_{\mathrm{I}})_{10} \\
&\quad\quad (A_{\mathrm{I}})_{20} \quad (A_{\mathrm{I}})_{30} \quad (A_{\mathrm{M}})_{10} \quad (A_{\mathrm{M}})_{20}\ \big]
\end{aligned}
\tag{8.53}
$$

敌方群目标初始综合作战能力

$$
\begin{aligned}
A_{\mathrm{UC}}\big|_{t=0} &= (A_{\mathrm{UC}})_0 \\
&= f(\,(A_{\mathrm{F}})_{10}, (A_{\mathrm{F}})_{20}, (A_{\mathrm{F}})_{30}, (A_{\mathrm{I}})_{10}, \\
&\quad\quad (A_{\mathrm{I}})_{20}, (A_{\mathrm{I}})_{30}, (A_{\mathrm{M}})_{10}, (A_{\mathrm{M}})_{20})
\end{aligned}
\tag{8.54}
$$

假设，第 $k\ (k \geqslant 1)$ 次火力打击之前敌方群目标作战能力向量如下：

$$
\begin{aligned}
\boldsymbol{A}_{\mathrm{UV}}\big|_{t=k-1} = (\boldsymbol{A}_{\mathrm{UV}})_{k-1} = \big[\ (A_{\mathrm{F}})_{1,k-1} \quad (A_{\mathrm{F}})_{2,k-1} \quad (A_{\mathrm{F}})_{3,k-1} \\
(A_{\mathrm{I}})_{1,k-1} \quad (A_{\mathrm{I}})_{2,k-1} \quad (A_{\mathrm{I}})_{3,k-1} \quad (A_{\mathrm{M}})_{1,k-1} \quad (A_{\mathrm{M}})_{2,k-1}\ \big]
\end{aligned}
\tag{8.55}
$$

敌方群目标综合作战能力

$$
\begin{aligned}
A_{\mathrm{UC}}\big|_{t=k-1} &= (A_{\mathrm{UC}})_{k-1} \\
&= f(\,(A_{\mathrm{F}})_{1,k-1}, (A_{\mathrm{F}})_{2,k-1}, (A_{\mathrm{F}})_{3,k-1}, (A_{\mathrm{I}})_{1,k-1}, \\
&\quad\quad (A_{\mathrm{I}})_{2,k-1}, (A_{\mathrm{I}})_{3,k-1}, (A_{\mathrm{M}})_{1,k-1}, (A_{\mathrm{M}})_{2,k-1})
\end{aligned}
\tag{8.56}
$$

类似地，在第 $k\ (k \geqslant 1)$ 次火力打击之后敌方群目标作战能力向量如下：

$$
\begin{aligned}
\boldsymbol{A}_{\mathrm{UV}}\big|_{t=k} &= (\boldsymbol{A}_{\mathrm{UV}})_k \\
&= \big[\ (A_{\mathrm{F}})_{1k} \quad (A_{\mathrm{F}})_{2k} \quad (A_{\mathrm{F}})_{3k} \quad (A_{\mathrm{I}})_{1k} \\
&\quad\quad (A_{\mathrm{I}})_{2k} \quad (A_{\mathrm{I}})_{3k} \quad (A_{\mathrm{M}})_{1k} \quad (A_{\mathrm{M}})_{2k}\ \big]
\end{aligned}
\tag{8.57}
$$

敌方群目标综合作战能力

$$
\begin{aligned}
A_{\mathrm{UC}}\big|_{t=k} &= (A_{\mathrm{UC}})_k \\
&= f(\,(A_{\mathrm{F}})_{1k}, (A_{\mathrm{F}})_{2k}, (A_{\mathrm{F}})_{3k}, (A_{\mathrm{I}})_{1k}, \\
&\quad\quad (A_{\mathrm{I}})_{2k}, (A_{\mathrm{I}})_{3k}, (A_{\mathrm{M}})_{1k}, (A_{\mathrm{M}})_{2k})
\end{aligned}
\tag{8.58}
$$

由式（8.55）和式（8.57）可评估计算出数字化地面突击分队第 k 次火力打击对战场上群目标各作战能力的毁伤程度

$$\begin{cases} (A_{FB})_{1k} = 1 - \dfrac{(A_F)_{1k}}{(A_F)_{1,k-1}}, (A_{FB})_{2k} = 1 - \dfrac{(A_F)_{2k}}{(A_F)_{2,k-1}}, (A_{FB})_{3k} = 1 - \dfrac{(A_F)_{3k}}{(A_F)_{3,k-1}} \\[3mm] (A_{IB})_{1k} = 1 - \dfrac{(A_I)_{1k}}{(A_I)_{1,k-1}}, (A_{IB})_{2k} = 1 - \dfrac{(A_I)_{2k}}{(A_I)_{2,k-1}} \\[3mm] (A_{IB})_{3k} = 1 - \dfrac{(A_I)_{3k}}{(A_I)_{3,k-1}}, (A_{MB})_{1k} = 1 - \dfrac{(A_M)_{1k}}{(A_M)_{1,k-1}}, (A_{MB})_{2k} = 1 - \dfrac{(A_M)_{2k}}{(A_M)_{2,k-1}} \end{cases}$$
$$(8.59)$$

则可建立对敌方群目标毁伤程度向量

$$(\boldsymbol{A}_{UVB})_k = \begin{bmatrix} (A_{FB})_{1k} & (A_{FB})_{2k} & (A_{FB})_{3k} & (A_{IB})_{1k} \\ (A_{IB})_{2k} & (A_{IB})_{3k} & (A_{MB})_{1k} & (A_{MB})_{2k} \end{bmatrix}$$
$$(8.60)$$

由式（8.56）和式（8.58）可建立对敌方群目标的综合毁伤程度

$$(A_{UCB})_k = 1 - \frac{(A_{UC})_k}{(A_{UC})_{k-1}}$$
$$(8.61)$$

由式（8.53）和式（8.57）可评估计算出数字化地面突击分队第 k 次火力打击后对战场上群目标各作战能力的历史毁伤程度

$$\begin{cases} (A_{FL})_{1k} = 1 - \dfrac{(A_F)_{1k}}{(A_F)_{10}}, (A_{FL})_{2k} = 1 - \dfrac{(A_F)_{2k}}{(A_F)_{20}}, (A_{FL})_{3k} = 1 - \dfrac{(A_F)_{3k}}{(A_F)_{30}} \\[3mm] (A_{IL})_{1k} = 1 - \dfrac{(A_I)_{1k}}{(A_I)_{10}}, (A_{IL})_{2k} = 1 - \dfrac{(A_I)_{2k}}{(A_I)_{20}} \\[3mm] (A_{IL})_{3k} = 1 - \dfrac{(A_I)_{3k}}{(A_I)_{30}}, (A_{ML})_{1k} = 1 - \dfrac{(A_M)_{1k}}{(A_M)_{10}}, (A_{ML})_{2k} = 1 - \dfrac{(A_M)_{2k}}{(A_M)_{20}} \end{cases}$$
$$(8.62)$$

则可建立对敌方群目标历史毁伤程度向量

$$(\boldsymbol{A}_{UVL})_k = \begin{bmatrix} (A_{FL})_{1k} & (A_{FL})_{2k} & (A_{FL})_{3k} & (A_{IL})_{1k} \\ (A_{IL})_{2k} & (A_{IL})_{3k} & (A_{ML})_{1k} & (A_{ML})_{2k} \end{bmatrix}$$
$$(8.63)$$

由式（8.56）和式（8.58）可建立对敌方群目标的历史综合毁伤程度

$$(A_{UCL})_k = 1 - \frac{(A_{UC})_k}{(A_{UC})_0}$$
$$(8.64)$$

8.3.6 基于作战任务的群目标毁伤评估

数字化地面突击分队作战时通常依据对群目标毁伤的评估来进行下一时刻的火力优化控制，实现分队整体火力与兵力的闭环优化控制。除了对本次群目标毁伤评估和历史群目标毁伤评估外，还需要依据分队的作战任务进行群目标毁伤评估。实施基于作战任务的群目标毁伤评估，用以确定作战分队对所实施的作战任务的完成程度，并以此为依据来确定作战分队的作战方向及作战进程。因此，基于作战任务的群目标毁伤评估是更为常用的群目标毁伤评估手段，并且更为有效。

期望的目标状态是作战任务的具体体现，是希望通过作战分队的火力打击等手段使得目标呈现出的一种状态。作战分队通过各种战场行动使得敌方目标趋向这种期望的状态，每批次的火力打击是实现这种目标状态的主要手段，是完成作战任务的主要方式。作战任务按其规模与程度可以分为地面突击分队作战总目标任务和每批次火力打击任务。

地面突击分队作战总目标任务，是在作战分队实施作战行动之前或者在作战过程中的关键时期，由高级作战指挥人员制定、调整的，是具有全局性、权威性、不轻易变动等特点的作战任务。由地面突击分队作战总目标任务确定的期望的群目标状态可表示如下：

$$T_{CSU} = \begin{bmatrix} (T_{CSU})_1 & (T_{CSU})_2 & \cdots & (T_{CSU})_{NC} \end{bmatrix} \quad (8.65)$$

$$T_{CPU} = \begin{bmatrix} (T_{CPU})_1 & (T_{CPU})_2 & (T_{CPU})_3 \end{bmatrix} \quad (8.66)$$

$$T_{WSU} = \begin{bmatrix} (T_{WSU})_1 & (T_{WSU})_2 & \cdots & (T_{WSU})_{NW} \end{bmatrix} \quad (8.67)$$

$$T_{WPU} = \begin{bmatrix} (T_{WPU})_1 & (T_{WPU})_2 & (T_{WPU})_3 & (T_{WPU})_4 \end{bmatrix} \quad (8.68)$$

$$T_{OSU} = \begin{bmatrix} (T_{OSU})_1 & (T_{OSU})_2 & \cdots & (T_{OSU})_{NO} \end{bmatrix} \quad (8.69)$$

$$T_{OPU} = \begin{bmatrix} (T_{OPU})_1 & (T_{OPU})_2 & (T_{OPU})_3 \end{bmatrix} \quad (8.70)$$

通过上述期望的群目标状态可以确定期望的群目标作战能力，可

表示如下

$$A_{UVU} = \left[\begin{array}{cccc} (A_{FU})_1 & (A_{FU})_2 & (A_{FU})_3 & (A_{IU})_1 \\ (A_{IU})_2 & (A_{IU})_3 & (A_{MU})_1 & (A_{MU})_2 \end{array} \right] \tag{8.71}$$

$$A_{UCU} = f\big((A_{FU})_1, (A_{FU})_2, (A_{FU})_3, (A_{IU})_1, \\ (A_{IU})_2, (A_{IU})_3, (A_{MU})_1, (A_{MU})_2 \big) \tag{8.72}$$

地面突击分队作战每批次火力打击的作战目标任务是各级指挥人员，尤其是下级直面战场作战的分队指挥人员依据当前战场形势、自己所属分队作战实力等条件，通过火力优化控制手段制定的火力打击任务。各批次火力打击任务具有实时性、基础性、具体性等特点。运用与分队作战总目标任务相同的方法，可以确定每批次火力打击的期望的群目标作战能力。假设第 k ($k \geqslant 1$) 次火力打击之后期望的群目标作战能力如下

$$(A_{UVE})_k = \left[\begin{array}{cccc} (A_{FE})_{1k} & (A_{FE})_{2k} & (A_{FE})_{3k} & (A_{IE})_{1k} \\ (A_{IE})_{2k} & (A_{IE})_{3k} & (A_{ME})_{1k} & (A_{ME})_{2k} \end{array} \right] \tag{8.73}$$

$$(A_{UCE})_k = f\big((A_{FE})_{1k}, (A_{FE})_{2k}, (A_{FE})_{3k}, (A_{IE})_{1k}, \\ (A_{IE})_{2k}, (A_{IE})_{3k}, (A_{ME})_{1k}, (A_{ME})_{2k} \big) \tag{8.74}$$

由式（8.57）和式（8.73）可评估计算出数字化地面突击分队第 k 次火力打击对战场上基于作战任务的群目标各作战能力的毁伤程度

$$\begin{cases} (A_{FBE})_{1k} = \dfrac{(A_F)_{1,k-1} - (A_F)_{1k}}{(A_F)_{1,k-1} - (A_{FE})_{1k}}, (A_{FBE})_{2k} = \dfrac{(A_F)_{2,k-1} - (A_F)_{2k}}{(A_F)_{2,k-1} - (A_F)_{2k}}, \\[3mm] (A_{FBE})_{3k} = \dfrac{(A_F)_{3,k-1} - (A_F)_{3k}}{(A_F)_{3,k-1} - (A_{FE})_{3k}}, (A_{IBE})_{1k} = \dfrac{(A_I)_{1,k-1} - (A_I)_{1k}}{(A_I)_{1,k-1} - (A_{IE})_{1k}}, \\[3mm] (A_{IBE})_{2k} = \dfrac{(A_I)_{2,k-1} - (A_I)_{2k}}{(A_I)_{2,k-1} - (A_{IE})_{2k}}(A_{IBE})_{3k} = \dfrac{(A_I)_{3,k-1} - (A_I)_{3k}}{(A_I)_{3,k-1} - (A_{IE})_{3k}}, \\[3mm] (A_{MBE})_{1k} = \dfrac{(A_M)_{1,k-1} - (A_M)_{1k}}{(A_M)_{1,k-1} - (A_{ME})_{1k}}, (A_{MBE})_{2k} = \dfrac{(A_M)_{2,k-1} - (A_M)_{2k}}{(A_M)_{2,k-1} - (A_{ME})_{2k}} \end{cases} \tag{8.75}$$

则可建立基于作战任务的敌方群目标毁伤程度向量

$$(A_{\mathrm{UVBE}})_k = \big[\ (A_{\mathrm{FBE}})_{1k} \quad (A_{\mathrm{FBE}})_{2k} \quad (A_{\mathrm{FBE}})_{3k} \quad (A_{\mathrm{IBE}})_{1k}$$

$$(A_{\mathrm{IBE}})_{2k} \quad (A_{\mathrm{IBE}})_{3k} \quad (A_{\mathrm{MBE}})_{1k} \quad (A_{\mathrm{MBE}})_{2k} \ \big]$$

$$(8.76)$$

由式（8.58）和式（8.74）可建立基于作战任务的敌方群目标本次毁伤的综合毁伤程度

$$(A_{\mathrm{UCBE}})_k = \begin{cases} 1, (A_{\mathrm{UC}})_{k-1} = \\ (A_{\mathrm{UCE}})_k \| \big(((A_{\mathrm{UC}})_k \leqslant (A_{\mathrm{UCE}})_k) \&\& ((A_{\mathrm{UC}})_{k-1} \neq (A_{\mathrm{UCE}})_k) \big) \\ \dfrac{(A_{\mathrm{UC}})_{k-1} - (A_{\mathrm{UC}})_k}{(A_{\mathrm{UC}})_{k-1} - (A_{\mathrm{UCE}})_k}, 其他 \end{cases}$$

$$(8.77)$$

由式（8.57）和式（8.71）可评估计算出数字化地面突击分队第 k 次火力打击后对战场上基于作战任务的群目标各作战能力的历史毁伤程度

$$\begin{cases} (A_{\mathrm{FLU}})_{1k} = \dfrac{(A_{\mathrm{F}})_{10} - (A_{\mathrm{F}})_{1k}}{(A_{\mathrm{F}})_{10} - (A_{\mathrm{FU}})_{1k}}, (A_{\mathrm{FLU}})_{2k} = \dfrac{(A_{\mathrm{F}})_{20} - (A_{\mathrm{F}})_{2k}}{(A_{\mathrm{F}})_{20} - (A_{\mathrm{FU}})_{2k}}, \\[3mm] (A_{\mathrm{FLU}})_{3k} = \dfrac{(A_{\mathrm{F}})_{30} - (A_{\mathrm{F}})_{3k}}{(A_{\mathrm{F}})_{30} - (A_{\mathrm{FU}})_{3k}} (A_{\mathrm{ILU}})_{1k} = \dfrac{(A_{\mathrm{I}})_{10} - (A_{\mathrm{I}})_{1k}}{(A_{\mathrm{I}})_{10} - (A_{\mathrm{IU}})_{1k}}, \\[3mm] (A_{\mathrm{ILU}})_{2k} = \dfrac{(A_{\mathrm{I}})_{20} - (A_{\mathrm{I}})_{2k}}{(A_{\mathrm{I}})_{20} - (A_{\mathrm{IU}})_{2k}} (A_{\mathrm{ILU}})_{3k} = \dfrac{(A_{\mathrm{I}})_{30} - (A_{\mathrm{I}})_{3k}}{(A_{\mathrm{I}})_{30} - (A_{\mathrm{IU}})_{3k}}, \\[3mm] (A_{\mathrm{MLU}})_{1k} = \dfrac{(A_{\mathrm{M}})_{10} - (A_{\mathrm{M}})_{1k}}{(A_{\mathrm{M}})_{10} - (A_{\mathrm{MU}})_{1k}}, (A_{\mathrm{MLU}})_{2k} = \dfrac{(A_{\mathrm{M}})_{20} - (A_{\mathrm{M}})_{2k}}{(A_{\mathrm{M}})_{20} - (A_{\mathrm{MU}})_{2k}} \end{cases}$$

$$(8.78)$$

则可建立基于作战任务的敌方群目标历史毁伤程度向量

$$(A_{\mathrm{UVLU}})_k = \big[\ (A_{\mathrm{FLU}})_{1k} \quad (A_{\mathrm{FLU}})_{2k} \quad (A_{\mathrm{FLU}})_{3k} \quad (A_{\mathrm{ILU}})_{1k}$$
$$(A_{\mathrm{ILU}})_{2k} \quad (A_{\mathrm{ILU}})_{3k} \quad (A_{\mathrm{MLU}})_{1k} \quad (A_{\mathrm{MLU}})_{2k} \ \big]$$

$$(8.79)$$

由式（8.58）和式（8.72）可建立基于作战任务的敌方群目标的历史综合毁伤程度

$$(A_{\mathrm{UCLU}})_k = \begin{cases} 1 , (A_{\mathrm{UC}})_0 = \\ (A_{\mathrm{UCU}})_k \| \left(\left((A_{\mathrm{UC}})_k \leqslant (A_{\mathrm{UCU}})_k \right) \&\& \left((A_{\mathrm{UC}})_0 \neq (A_{\mathrm{UCU}})_k \right) \right) \\ \dfrac{(A_{\mathrm{UC}})_0 - (A_{\mathrm{UC}})_k}{(A_{\mathrm{UC}})_0 - (A_{\mathrm{UCU}})_k} , 其他 \end{cases}$$

$$(8.80)$$

第9章 应用实例

本章基于前述各章节的火力优化控制内容，通过具体的模拟作战实例，说明数字化地面突击分队火力优化控制相关的要素数据、信息运用、武器平台火力优化控制、作战分队火力优化控制和目标毁伤评估等内容的应用过程，以及地面突击分队火力优化控制技术的运用方法、手段、方式和实施流程，为数字化指挥控制系统的建设及其作战运用提供参考。

9.1 作战想定

综合考虑当前数字化地面突击分队作战运用的形式及特点，并依据我军与敌军可能采用的作战样式，给出了如下作战想定。

9.1.1 作战任务

与我国长期存在领土争端的 Y 国，在西南方向入侵我境内，并占领某高地，挑起战争事端。其军队在政府的授意下，于××年××月××日组织一个蓝军作战分队进犯我某边境地区。为粉碎蓝军的入侵企图，我某作战部队命令一个地面突击分队担负本次捍卫领土完整的作战任务。在某一作战节点方向上，我方数字化地面突击分队从侧后方对敌方群目标进行包抄围剿，实施突袭行动，目标是迅速歼灭敌方所有有生力量。图 9.1 给出了敌我作战分队交战中的某一时刻的态势图（出于对地面突击分队模型验证和数字化分队组成保密性等方面的考虑，图中给出的各类装备均未按标准军标展示，且各类装备的种类与数量也均未按实际情况给出，此态势图仅做为模型验证使用）。图 9.1 中有我方两类作战指挥人员 C1、C2；我方四类作战兵力 W1、W2、W3、W4；我方五类作战装备 O1、O2、O3、O4、O5；敌方两类作战指挥人员目标 TC1、TC2；三类作战兵力目标 TW1、TW2、TW3；四类作战装备目标 TO1、TO2、TO3、TO4。

图 9.1　某一时刻态势图

9.1.2　作战环境

　　数字化地面突击分队的作战环境主要考虑自然环境。根据这一地区常年干旱少雨的情况，忽略气象和水文等因素，仅考虑地形地貌对突击分队作战效能的影响。战场地形略有起伏，少沙石起伏障碍，少水渠泥沼沟壑。战场地貌主要为地表丛生野草，少量低矮灌木，无树木等高大植物。这样的地形有利于我方数字化地面突击分队进行快速的战场隐蔽机动，可以有效地实施兵力火力等的隐蔽埋伏部署，并且在双方进行火力交战的过程中有利于作战指挥人员对战场态势进行全局性的把握与控制。

9.1.3　作战力量

　　我方地面突击分队执行本次作战任务的最终目的是消灭敌方分队有生力量，因此突击分队火力与兵力部署以有利于实施火力打击为目的。为迅速达到作战目的，我作战分队的总火力与兵力的配备大致为敌方的 2～3 倍。设我方地面突击分队主要作战力量：

（1）指挥人员类：第一类指挥人员 1 人；第二类指挥人员 4 人。

（2）作战兵力类：第一类作战兵力 90 人；第二类作战兵力 30 人；第三类作战兵力 12 人；第四类作战兵力 9 人。

（3）作战装备类：第一类作战装备 10 辆；第二类作战装备 6 辆；第三类作战装备 4 辆；第四类作战装备 5 辆；第五类作战装备 3 辆。

9.1.4 作战对象

敌方作战分队是在该作战方向上具有特定任务的单独深入的分队，无高级指挥人员。为了达到袭扰进而占领的目的，其作战兵力以主战兵力为主，无信息对抗作战兵力。由于敌方作战分队执行深入纵深作战任务，所以实物目标以作战装备类目标为主，无建筑工事类目标。设敌方地面突击分队主要作战对象：

（1）指挥人员类：第一类指挥人员 1 人；第二类指挥人员 2 人。

（2）作战兵力类：第一类作战兵力 60 人；第二类作战兵力 12 人；第三类作战兵力 3 人。

（3）实物目标类：第一类实物目标 4 人；第二类实物目标 4 人；第三类实物目标 3 人；第四类实物目标 1 人。

9.2 战场数据变量

战场数据变量是对前述章节中所有在信息处理和建模等过程中涉及的变量及其符号的总结与归纳，以便清晰地了解在进行地面突击分队火力优化控制的过程中，每一步骤所需要的具体信息及其处理方法。

依据数据获取的途径，可以将数据变量分为两级：第一级（L_1）是直接通过战场信息源数据量化得到的数据；第二级（L_2）是需要通过一定的评估计算才能得到的数据。

依据地面突击分队火力优化控制过程，将战场数据变量分为信息运用数据变量、武器平台火力优化控制数据变量、地面突击分队火力优化控制数据变量和目标毁伤评估数据变量，见表9.1～表9.4。

表 9.1 信息运用数据变量

编号	数据变量名称	符号	数据范围及说明	级别
A001	作战目标总数	N	$[0, +\infty)$ 整数	L_1
A002	可观测性	p_{OB}	—	L_2
A003	射击可达性	S_{IGN_SR}	—	L_1
A004	战场通视性	A_{TT}	—	L_1
A005	武器平台对目标的侦察能力	A_{DET}	—	L_1
A006	观测的完整性	p_{TI}	—	L_1
A007	观测的清晰度	p_{TD}	—	L_1
A008	战场能见度	λ_{WE}	—	L_2
A009	电磁环境级别	λ_{EM}	表 3.2 {一，二，三，四}	L_2
A010	频谱占用度	γ_{ψ}	—	L_1
A011	时间占有度	γ_T	—	L_1
A012	空间覆盖率	γ_S	—	L_1
A013	电磁环境平均功率密度谱	ψ	—	L_1
A014	电磁环境功率密度谱阈值	$\varPsi$	—	L_1
A015	作战武器总数	M	$[0, +\infty)$ 整数	L_1
A016	弹药毁伤威力	A_{DA}	—	L_2
A017	射击命中概率地形系数	λ_{LF}	式（3.7）	L_2
A018	射击可达性	S_{IGN_SR}	{0，1}	L_1
A019	武器对目标的射击命中概率	p	式（3.8）	L_2
A020	目标体形系数	M_C	—	L_1
A021	目标宽度 1/2	m	—	L_1
A022	目标高度 1/2	h	—	L_1
A023	射击准备方向中数误差	E_{ZF}	—	L_2
A024	射击准备高低中数误差	E_{ZG}	—	L_2
A025	射弹散布方向中数误差	E_{SF}	—	L_2

编号	数据变量名称	符号	数据范围及说明	级别
A026	射弹散布高低中数误差	E_{SG}	—	L_2
A027	装甲相对于均质钢装甲的抗毁伤能力系数	λ_{ADA}	—	L_1
A028	弹药的穿甲厚度	$T_{HICKNESS\_D}$	$f(W, d)$ 表4.3	L_2
A029	单位均质钢装甲厚度	$T_{HICKNESS\_U}$	—	L_1
A030	弹药的特种毁伤能力	A_{SDA}	—	L_1
A031	目标类型指标	I_{TYPE}	表4.1	L_2
A032	机动能力指标	I_{MOVE}	表4.2	L_2
A033	弹种指标	I_{BAL}	表4.4	L_2
A034	指挥控制能力指标	I_{COM}	表4.5	L_2
A035	发现目标能力指标	I_{FIND}	表4.6	L_2
A036	射击反应时间指标	I_{TIME}	表4.7	L_2
A037	毁伤概率指标	I_{HIT}	表4.8	L_2
A038	武器目标距离指标	I_{Xij}	式（4.1）	L_2
A039	目标速度指标	I_{Vij}	式（4.2）	L_2
A040	火炮角度指标	$I_{\theta ij}$	式（4.3）	L_2
A041	通视性指标	I_{SEE}	—	L_2
A042	地形条件指标	I_{LAND}	表4.9	L_2
A043	气象条件指标	I_{WEA}	表4.10	L_2
A044	越壕能力指标	c_{WEI}	—	L_1
A045	攀墙能力指标	c_{THR}	—	L_1
A046	涉水能力指标	c_{MAR}	—	L_1
A047	越壕能力指标权重	w_{WEI}	—	L_1
A048	攀墙能力指标权重	w_{THR}	—	L_1
A049	涉水能力指标权重	w_{MAR}	—	L_1
A050	武器观瞄装置性能系数	λ_{OBS}	—	L_1
A051	车长观瞄技能系数	λ_{LEA}	—	L_1

编号	数据变量名称	符号	数据范围及说明	级别
A052	通视条件下发现目标概率	$I_{\text{FIND\_0}}$	—	L_1
A053	发现目标到跟踪目标时间	t_1	—	L_1
A054	测距并调炮时间	t_2	—	L_1
A055	瞄准射击时间	t_3	—	L_1
A056	射击反应时间	T_S	—	L_2
A057	在理想条件下射击反应时间	T_0	—	L_1
A058	射手技能系数	λ_{SHO}	—	L_1
A059	火炮的性能系数	λ_{GUN}	—	L_1
A060	理想条件下武器毁伤概率	$I_{\text{HIT\_0}}$	—	L_2
A061	第 j 个目标的有效射程	r_j	—	L_1
A062	第 i 个武器平台与第 j 个目标的距离	s_{ij}	—	L_1
A063	第 j 个目标的行驶速度	v_j	—	L_1
A064	第 j 个目标的最大行驶速度	$v_{j\max}$	—	L_1
A065	目标 j 速度方向与武器 i 目标连线的夹角	α_{ij}	—	L_1
A066	火炮 j 身管方向与武器 i 目标连线的夹角	θ_{ij}	—	L_1
A067	武器平台被遮挡部分的面积	s_{SEE}	—	L_1
A068	无遮挡条件下武器平台暴露的面积	s_0	—	L_1
A069	目标威胁矩阵	$\boldsymbol{w}$	式（4.23）	L_2
A070	目标价值向量	$\boldsymbol{R}$	式（4.24）	L_2

表 9.2 武器平台火力优化控制数据变量

编号	数据变量名称	符号	数据范围及说明	级别
B001	打击任务等级	Level M	表 3.1 {A，B，C，D，E}	L_1
B002	对所有作战目标的作战任务矩阵	**M**	式（3.1）	L_1
B003	针对某个目标（第 j 个）的打击任务向量	M_j	式（3.2）$0 \leqslant j \leqslant N$ 整数	L_1
B004	对某目标（第 j 个）信息能力的打击任务	M_{1j}	$0.1 \leqslant M_{1j} \leqslant 1$ 越大越重要	L_1
B005	对某目标（第 j 个）火力能力的打击任务	M_{2j}	$0.1 \leqslant M_{2j} \leqslant 1$ 越大越重要	L_1
B006	对某目标（第 j 个）机动能力的打击任务	M_{3j}	$0.1 \leqslant M_{3j} \leqslant 1$ 越大越重要	L_1
B007	武器状态矩阵	**W**	式（3.3）	L_1
B008	针对某个武器（第 i 个）的状态向量	W_i	式（3.4）$0 \leqslant i \leqslant M$ 整数	L_1
B009	某个武器（第 i 个）信息能力的状态	W_{1i}	$0 \leqslant M_{1i} \leqslant 1$ 越大越重要	L_1
B010	某个武器（第 i 个）火力能力的状态	W_{2i}	$0 \leqslant M_{2i} \leqslant 1$ 越大越重要	L_1
B011	某个武器（第 i 个）机动能力的状态	W_{3i}	$0 \leqslant M_{3i} \leqslant 1$ 越大越重要	L_1
B012	目标状态矩阵	**T**	式（3.5）	L_1
B013	针对某个目标（第 j 个）的状态向量	T_j	式（3.6）$0 \leqslant j \leqslant N$，整数	L_1
B014	某个目标（第 j 个）信息能力的状态	T_{1j}	$0 \leqslant T_{1j} \leqslant 1$ 越大越重要	L_1
B015	某个目标（第 j 个）火力能力的状态	T_{2j}	$0 \leqslant T_{2j} \leqslant 1$ 越大越重要	L_1

编号	数据变量名称	符号	数据范围及说明	级别
B016	某个目标（第 j 个）机动能力的状态	T_{3j}	$0 \leqslant T_{3j} \leqslant 1$ 越大越重要	L_1
B017	武器对目标的射击命中概率	p	式（5.1）	L_2
B018	射手射击技术系数	λ_{GUN}	式（5.2）	L_1
B019	目标的防护能力	$A_{\text{PR\_T}}$	式（5.9）	L_2
B020	装甲相对均质钢装甲的防护性系数	λ_{PR}	—	L_1
B021	目标装甲的厚度	T_{HICKNESS}	—	L_1
B022	特种防护能力	A_{SPR}		L_1
B023	单位厚度均质钢装甲的防护能力	$A_{\text{PR\_U}}$	—	L_1
B024	目标的毁伤概率	p_{HS}	式（5.10）	L_2
B025	软截止期	T_{R}	—	L_1
B026	固定截止期	T_{G}	—	L_1
B027	硬截止期	T_{Y}	—	L_1
B028	武器平台的火力打击时机	$\{t_k , \Delta t_k\}$	式（5.11） $f(T_{\text{R}}, T_{\text{G}}, T_{\text{Y}})$	L_2
B029	武器平台开始执行第 k 次火力打击的时间点	t_k	—	L_2
B030	武器平台执行第 k 次火力打击所限定的时长	Δt_k	—	L_2
B031	火力目标匹配原则	$\{W_{ix} , (A_{\text{M}})_{iy}\}$	式（5.12）$f(\text{cov}(T_j , W_{ix} , (A_{\text{M}})_{iy}))$	L_2
B032	第 i 个武器平台上的武器种类数量	X	—	L_1
B033	第 i 个武器平台上的弹药种类数量	Y	—	L_1

（续）

编号	数据变量名称	符号	数据范围及说明	级别
B034	第 i 个武器平台上的第 x 个武器	W_{ix}	—	L_2
B035	第 i 个武器平台上的第 y 种弹药	$(A_M)_{iy}$	—	L_2
B036	资源消耗最小原则	$\{W_{ix}, (n_W)_{ix}, (A_M)_{iy}, (n_{AM})_{iy}\}$	式（5.13） f（eng（W_{ix}, $(n_W)_{ix}$, $(A_M)_{iy}$, $(n_{AM})_{iy}$））	L_2
B037	第 i 个武器平台上第 x 种武器的总数量	$(N_W)_{ix}$	—	L_1
B038	第 i 个武器平台上第 y 种弹药的总数量	$(N_{AM})_{iy}$	—	L_1
B039	所使用的第 i 个武器平台上第 x 种武器的数量	$(n_W)_{ix}$	—	L_2
B040	所使用的第 i 个武器平台上第 y 种弹药的数量	$(n_{AM})_{iy}$	—	L_2
B041	以长治短原则	$\{T_{jz}\}$	式（5.14） f（ptk（T_{jz}, W_{ix}, $(A_M)_{iy}$））	L_2
B042	第 j 个目标的薄弱环节总数	Z	—	L_1
B043	第 j 个目标的第 z 个薄弱环节	T_{jz}	—	L_2
B044	打击威胁最大目标原则	$\{T_j\}$	式（5.15） f（thr（T_j, W_i））	L_2
B045	打击上级指定目标原则	$\{T_j\}$	式（5.16） f（ass（T_j, W_i））	L_2
B046	打击战场价值最高目标原则	$\{T_j\}$	式（5.17） f（val（T_j, W_i））	L_2

210

编号	数据变量名称	符号	数据范围及说明	级别
B047	打击距离最近目标原则	$\{T_j\}$	式（5.18） $f(\text{dis}(T_j,W_i))$	L_2
A008	战场能见度	λ_{WE}	表3.3	L_2
A009	电磁环境级别	λ_{EM}	表3.2 $\{-,二,三,四\}$	L_2
A016	弹药毁伤威力	A_{DA}	式（3.9）	L_2
A017	射击命中概率地形系数	λ_{LF}	式（3.7）	L_2
A029	单位均质钢装甲厚度	$T_{HICKNESS\_U}$	—	L_1

表9.3 地面突击分队火力优化控制数据变量

编号	数据变量名称	符号	数据范围及说明	级别
C001	任务完成程度矩阵	$\boldsymbol{C}$	式（3.11）	L_2
C002	针对某个目标（第j个）的打击任务的完成程度向量	$\boldsymbol{C}_j$	式（3.12） $0 \leq j \leq N$整数	L_2
C003	对某个目标（第j个）信息能力打击任务的完成程度	C_{1j}	式（3.12）下 $0 \leq C_{1j} \leq 1$ 越大越重要	L_2
C004	对某个目标（第j个）火力能力打击任务的完成程度	C_{2j}	式（3.12）下 $0 \leq C_{2j} \leq 1$ 越大越重要	L_2
C005	对某个目标（第j个）机动能力打击任务的完成程度	C_{3j}	式（3.12）下 $0 \leq C_{3j} \leq 1$ 越大越重要	L_2
C006	某批次火力打击任务完成程度	R_C	式（3.13）	L_2
C007	广义有效射程	$(D_{EFF})_{1,2,3}$	表6.2	L_2
C008	打击单目标武器规模	$\tilde{m}$	式（6.4）	L_2
C009	敌我分队的平均距离	$\bar{d}$	—	L_2

编号	数据变量名称	符号	数据范围及说明	级别
C010	机动距离	d_{MO}	式（6.5）	L_2
C011	武器平台与目标之间的距离	d	—	L_1
C012	武器平台相对于目标的战场机动时间	t_{MO}	式（6.6）	L_2
C013	武器平台的战场平均行进速度	$\bar{v}$	—	L_2
C014	武器平台战场机动距离向量	$\boldsymbol{d}_{MO}$	式（6.7）	L_2
C015	武器平台战场机动时间向量	$\boldsymbol{t}_{MO}$	式（6.8）	L_2
C016	典型情况的射击预留时间	t_{SR}	表6.4	L_2
C017	战场紧迫程度	Urg	式（6.9）	L_2
C018	作战任务紧迫程度	Urg_M	式（6.10）	L_2
C019	新目标紧迫程度	Urg_N	式（6.11）	L_2
C020	新目标发现率	ΔN	—	L_1
C021	威胁紧迫程度	Urg_T	式（6.13）	L_2
C022	目标种类	T_O	—	L_1
C023	目标广义类型威胁度	λ_T	表6.5	L_2
C024	目标基础威胁属性	Th	式（6.12）	L_2
C025	某目标与我方武器平台分队之间的距离	$\bar{d}$	—	L_2
C026	目标基础威胁属性等级	Level Th	表6.6 \{A，B，C，D，E\}	L_2
C027	两批次火力打击时间间隔	ΔT	式（6.14）	L_2
C028	武器平台两次射击最小时间间隔	T_{min}	—	L_1
C029	每批次需要打击的目标总数量（Urg≠1）	n	式（6.15）	L_2
C030	目标类型优先级	pri	表（6.7）	L_2

编号	数据变量名称	符号	数据范围及说明	级别
C031	每批次参与打击的武器数量（Urg≠1）	m	式（6.16）	L_2
C032	敌我距离系数	λ_D	表6.8	L_2
C033	每批次参与打击的武器数量（Urg=1）	m	式（6.17）	L_2
C034	每批次需要打击的目标总数量（Urg=1）	n	式（6.18）	L_2
C035	目标选择的总数量	n	式（6.21）	L_2
C036	具有特殊价值的目标	n_1	—	L_2
C037	上级指定目标（非装备类目标）	n_2	—	L_2
C038	未完成任务目标	n_3	—	L_2
C039	侧面正对我的目标	n_4	—	L_2
C040	威胁/价值最大目标	n_5	—	L_2
C041	距离最近目标	n_6	—	L_2
C042	补充目标	n_7	—	L_2
C043	目标选取顺序	$\hat{n}$	式（6.22）	L_2
C044	目标选取优先级	pri_T	表6.9	L_2
C045	武器种类	O	—	L_1
C046	武器选择的总数量	m	式（6.23）	L_2
C047	具有特殊作战能力的武器	m_1	—	L_2
C048	上级指定参战武器	m_2	—	L_2
C049	打击威胁最大武器	m_3	—	L_2
C050	距离最近武器	m_4	—	L_2
C051	射击技术好的武器	m_5	—	L_2
C052	补充武器	m_6	—	L_2
C053	武器选取顺序	$\hat{m}$	式（6.24）	L_2
C054	武器选取优先级	pri_W	表6.10	L_2

（续）

编号	数据变量名称	符号	数据范围及说明	级别
C055	火力分配决策变量矩阵	X	式（6.28）	L_2
C056	毁伤概率矩阵	Q	式（6.29）	L_2
C057	最大毁伤目标数量模型	$\max F_1$	式（6.30）	L_2
C058	最大毁伤威胁度模型	$\max F_2$	式（6.31）	L_2
C059	最大毁伤价值模型	$\max F_3$	式（6.33）	L_2
C060	武器对目标的弹药消耗量	u	式（6.35）	L_2
C061	弹药消耗量矩阵	U	式（6.36）	L_2
C062	最少弹药消耗量模型	$\max F_4$	式（6.37）	L_2
C063	多指标混合模型	$\max F_5$	式（6.38）	L_2
A001	作战目标总数	N	$[0, +\infty)$ 整数	L_1
A015	作战武器总数	M	$[0, +\infty)$ 整数	L_1
A063	第j个目标的行驶速度	v_j	—	L_1
A069	目标威胁矩阵	w	式（4.23）	L_2
A070	目标价值向量	R	式（4.24）	L_2
B017	武器对目标的射击命中概率	p	式（5.1）	L_2
B024	目标的毁伤概率	p_{HS}	式（5.10）	L_2

表9.4　目标毁伤评估数据变量

编号	数据变量名称	符号	数据范围及说明	级别
D001	目标状态矩阵	T	式（8.1）	L_2
D002	针对某个目标（第j个）的状态向量	T_j	式（8.2） $0 \leq j \leq N$ 整数	L_2
D003	某个目标（第j个）火力能力的状态	T_{1j}	$0 \leq T_{1j} \leq 1$ 越大越重要	L_1
D004	某个目标（第j个）信息能力的状态	T_{2j}	$0 \leq T_{2j} \leq 1$ 越大越重要	L_1

214

编号	数据变量名称	符号	数据范围及说明	级别
D005	某个目标（第 j 个）保障能力的状态	T_{3j}	$0 \leqslant T_{3j} \leqslant 1$ 越大越重要	L_1
D006	某个目标（第 j 个）防护能力的状态	T_{4j}	$0 \leqslant T_{4j} \leqslant 1$ 越大越重要	L_1
D007	某个目标（第 j 个）机动能力的状态	T_{5j}	$0 \leqslant T_{5j} \leqslant 1$ 越大越重要	L_1
D008	目标属性权重矩阵	$\boldsymbol{T}_W$	式（8.3）	L_2
D009	针对某个目标（第 j 个）的属性权重向量	$(\boldsymbol{T}_W)_j$	式（8.4）	L_2
D010	某个目标（第 j 个）火力能力的权重	$(T_W)_{1j}$	$0 \leqslant (T_W)_{1j} \leqslant 1$ 越大越重要	L_1
D011	某个目标（第 j 个）信息能力的权重	$(T_W)_{2j}$	$0 \leqslant (T_W)_{2j} \leqslant 1$ 越大越重要	L_1
D012	某个目标（第 j 个）保障能力的权重	$(T_W)_{3j}$	$0 \leqslant (T_W)_{3j} \leqslant 1$ 越大越重要	L_1
D013	某个目标（第 j 个）防护能力的权重	$(T_W)_{4j}$	$0 \leqslant (T_W)_{4j} \leqslant 1$ 越大越重要	L_1
D014	某个目标（第 j 个）机动能力的权重	$(T_W)_{5j}$	$0 \leqslant (T_W)_{5j} \leqslant 1$ 越大越重要	L_1
D015	目标战场价值向量	$\boldsymbol{T}_V$	式（8.12）	L_2
D016	主战类目标毁伤等级	Level Q_{TF}	表8.2	L_1
D017	信息类目标毁伤等级	Level Q_{TI}	表8.3	L_1
D018	保障类目标毁伤等级	Level Q_{TS}	表8.4	L_1
D019	防御类目标毁伤等级	Level Q_{TP}	表8.5	L_1
D020	主战类目标状态评估	$\boldsymbol{T}_j$	表8.6 $f(\text{Level } Q_{TF})$	L_1
D021	信息类目标状态评估	$\boldsymbol{T}_j$	表8.7 $f(\text{Level } Q_{TI})$	L_1

编号	数据变量名称	符号	数据范围及说明	级别
D022	防御类目标状态评估	T_j	表8.8 f（Level Q_{TP}）	L_1
D023	保障类目标状态评估	T_j	表8.9 f（Level Q_{TS}）	L_1
D024	目标总数	NS	—	L_1
D025	在第 k 次火力打击之前目标状态矩阵	T_{k-1}	式（8.17）	L_1
D026	在第 k 次火力打击之前单目标状态向量	$(T_j)_{k-1}$	式（8.18）	L_1
D027	在第 k 次火力打击之后目标状态矩阵	$T\mid_{t=k}$	式（8.19）	L_1
D028	在第 k 次火力打击之后单目标状态向量	$(T_j)_k$	式（8.20）	L_1
D029	目标属性权重矩阵	W_T	式（8.21）	L_1
D030	针对某个目标（第 j 个）的属性权重向量	$(W_T)_j$	式（8.22）	L_1
D031	目标战场价值向量	V_T	式（8.23）	L_2
D032	第 k 次打击对第 j 个目标的毁伤程度	$(D_{TB})_j$	式（8.24）	L_2
D033	对目标某次毁伤程度向量	D_{TB}	式（8.25）	L_2
D034	实施 k 次打击对第 j 个目标的总毁伤程度	$(D_{TL})_j$	式（8.26）	L_2
D035	目标历史毁伤程度向量	D_{TL}	式（8.27）	L_2
D036	作战指挥人员类目标数量	NC	—	L_1
D037	指挥人员类群目标的状态矩阵	T_{CS}	式（8.28）	L_2
D038	针对某个指挥人员类群目标（第 j 个）的状态向量	$(T_{CS})_j$	式（8.29） $0 \leqslant j \leqslant$ NC 整数	L_2
D039	某个指挥人员类群目标（第 j 个）具体的种类	$(T_{CS})_{1j}$	$0 \leqslant (T_{CS})_{1j} \leqslant 1$ 越大越重要	L_1
D040	某个指挥人员类群目标（第 j 个）控制决策能力的状态	$(T_{CS})_{2j}$	$0 \leqslant (T_{CS})_{2j} \leqslant 1$ 越大越重要	L_1
D041	某个指挥人员类群目标（第 j 个）指挥协调能力的状态	$(T_{CS})_{3j}$	$0 \leqslant (T_{CS})_{3j} \leqslant 1$ 越大越重要	L_1

编号	数据变量名称	符号	数据范围及说明	级别
D042	某个指挥人员类群目标（第 j 个）经验与智谋的状态	$(T_{CS})_{4j}$	$0 \leqslant (T_{CS})_{4j} \leqslant 1$ 越大越重要	L_1
D043	某个指挥人员类群目标（第 j 个）灵活与创造的状态	$(T_{CS})_{5j}$	$0 \leqslant (T_{CS})_{5j} \leqslant 1$ 越大越重要	L_1
D044	指挥人员类群目标的整体状态向量	T_{CP}	式（8.30）	L_2
D045	指挥人员类群目标群体指挥体系完备性的状态	$(T_{CP})_{1j}$	$0 \leqslant (T_{CP})_{1j} \leqslant 1$ 越大越重要	L_1
D046	指挥人员类目标的群体数量	$(T_{CP})_{2j}$	越大越重要	L_1
D047	指挥人员类群目标的契合性的状态	$(T_{CP})_{3j}$	$0 \leqslant (T_{CP})_{3j} \leqslant 1$ 越大越重要	L_1
D048	作战兵力类目标数量	NW	—	L_1
D049	作战兵力类群目标的状态矩阵	T_{WS}	式（8.31）	L_2
D050	针对某个作战兵力类群目标（第 j 个）的状态向量	$(T_{WS})_j$	式（8.32）$0 \leqslant j \leqslant$ NW 整数	L_2
D051	某个作战兵力类群目标（第 j 个）具体的种类	$(T_{WS})_{1j}$	$0 \leqslant (T_{WS})_{1j} \leqslant 1$ 越大越重要	L_1
D052	某个作战兵力类群目标（第 j 个）体力的状态	$(T_{WS})_{2j}$	$0 \leqslant (T_{WS})_{2j} \leqslant 1$ 越大越重要	L_1
D053	某个作战兵力类群目标（第 j 个）智力的状态	$(T_{WS})_{3j}$	$0 \leqslant (T_{WS})_{3j} \leqslant 1$ 越大越重要	L_1
D054	某个作战兵力类群目标（第 j 个）专业技能的状态	$(T_{WS})_{4j}$	$0 \leqslant (T_{WS})_{4j} \leqslant 1$ 越大越重要	L_1
D055	作战兵力类群目标的整体状态向量	T_{WP}	式（8.33）	L_2
D056	作战兵力类群目标群体的士气与军心的状态	$(T_{WP})_{1j}$	$0 \leqslant (T_{WP})_{1j} \leqslant 1$ 越大越重要	L_1
D057	作战兵力类群目标作战能力的完备性的状态	$(T_{WP})_{2j}$	$0 \leqslant (T_{WP})_{2j} \leqslant 1$ 越大越重要	L_1
D058	作战兵力类目标的群体数量	$(T_{WP})_{3j}$	越大越重要	L_1

编号	数据变量名称	符号	数据范围及说明	级别
D059	作战兵力类群目标的协调性的状态	$(T_{\mathrm{WP}})_{4j}$	$0 \leqslant (T_{\mathrm{WP}})_{4j} \leqslant 1$ 越大越重要	L_1
D060	实物类目标数量	NO	—	L_1
D061	实物类群目标的状态矩阵	$\boldsymbol{T}_{\mathrm{OS}}$	式（8.34）	L_2
D062	针对某个实物类群目标 （第 j 个）的状态向量	$(\boldsymbol{T}_{\mathrm{OS}})_j$	式（8.35） $0 \leqslant j \leqslant$ NO 整数	L_2
D063	某个实物类群目标 （第 j 个）具体的种类	$(T_{\mathrm{OS}})_{1j}$	$0 \leqslant (T_{\mathrm{OS}})_{1j} \leqslant 1$ 越大越重要	L_1
D064	某个实物类群目标 （第 j 个）火力打击能力的状态	$(T_{\mathrm{OS}})_{2j}$	$0 \leqslant (T_{\mathrm{OS}})_{2j} \leqslant 1$ 越大越重要	L_1
D065	某个实物类群目标 （第 j 个）信息能力的状态	$(T_{\mathrm{OS}})_{3j}$	$0 \leqslant (T_{\mathrm{OS}})_{3j} \leqslant 1$ 越大越重要	L_1
D066	某个实物类群目标 （第 j 个）保障能力的状态	$(T_{\mathrm{OS}})_{4j}$	$0 \leqslant (T_{\mathrm{OS}})_{4j} \leqslant 1$ 越大越重要	L_1
D067	某个实物类群目标 （第 j 个）防护能力的状态	$(T_{\mathrm{OS}})_{5j}$	$0 \leqslant (T_{\mathrm{OS}})_{5j} \leqslant 1$ 越大越重要	L_1
D068	某个实物类群目标 （第 j 个）机动能力的状态	$(T_{\mathrm{OS}})_{6j}$	$0 \leqslant (T_{\mathrm{OS}})_{6j} \leqslant 1$ 越大越重要	L_1
D069	实物类群目标的整体状态向量	$\boldsymbol{T}_{\mathrm{OP}}$	式（8.36）	L_2
D070	实物类群目标群体作 战能力的完备性的状态	$(T_{\mathrm{OP}})_{1j}$	$0 \leqslant (T_{\mathrm{OP}})_{1j} \leqslant 1$ 越大越重要	L_1
D071	实物类目标的群体数量	$(T_{\mathrm{OP}})_{2j}$	越大越重要	L_1
D072	实物类目标的配合性的状态	$(T_{\mathrm{OP}})_{3j}$	$0 \leqslant (T_{\mathrm{OP}})_{3j} \leqslant 1$ 越大越重要	L_1
D073	近程密集突击能力	$(A_{\mathrm{F}})_1$	式（8.37）	L_2
D074	远程面积压制能力	$(A_{\mathrm{F}})_2$	式（8.38）	L_2
D075	精确定位打击能力	$(A_{\mathrm{F}})_3$	式（8.39）	L_2
D076	情报侦察能力	$(A_{\mathrm{I}})_1$	式（8.40）	L_2

编号	数据变量名称	符号	数据范围及说明	级别
D077	指挥控制能力	$(A_{\mathrm{I}})_2$	式（8.41）	L_2
D078	信息对抗能力	$(A_{\mathrm{I}})_3$	式（8.42）	L_2
D079	快速反应能力	$(A_{\mathrm{M}})_1$	式（8.43）	L_2
D080	长途持续转移能力	$(A_{\mathrm{M}})_2$	式（8.44）	L_2
D081	火力打击能力向量	$\boldsymbol{A}_{\mathrm{FV}}$	式（8.45）	L_2
D082	综合火力打击能力	A_{FC}	式（8.46）	L_2
D083	信息能力向量	$\boldsymbol{A}_{\mathrm{IV}}$	式（8.47）	L_2
D084	综合信息能力	A_{IC}	式（8.48）	L_2
D085	机动能力向量	$\boldsymbol{A}_{\mathrm{MV}}$	式（8.49）	L_2
D086	综合机动能力	A_{MC}	式（8.50）	L_2
D087	群目标作战能力向量	$\boldsymbol{A}_{\mathrm{UV}}$	式（8.51）	L_2
D088	群目标综合作战能力	A_{UC}	式（8.52）	L_2
D089	群目标作初始战能力向量	$(\boldsymbol{A}_{\mathrm{UV}})_0$	式（8.53）	L_2
D090	群目标初始综合作战能力	$(A_{\mathrm{UC}})_0$	式（8.54）	L_2
D091	第 k 次打击之前群目标作战能力向量	$(\boldsymbol{A}_{\mathrm{UV}})_{k-1}$	式（8.55）	L_2
D092	第 k 次打击之前群目标综合作战能力	$(A_{\mathrm{UC}})_{k-1}$	式（8.56）	L_2
D093	第 k 次打击之后群目标作战能力向量	$(\boldsymbol{A}_{\mathrm{UV}})_k$	式（8.57）	L_2
D094	第 k 次打击之后群目标综合作战能力	$(A_{\mathrm{UC}})_k$	式（8.58）	L_2
D095	第 k 次火力打击对群目标各作战能力的毁伤程度	$(A_{\mathrm{FB}})_{1k}$ $(A_{\mathrm{FB}})_{2k}$ $(A_{\mathrm{FB}})_{3k}$ $(A_{\mathrm{IB}})_{1k}$ $(A_{\mathrm{IB}})_{2k}$ $(A_{\mathrm{IB}})_{3k}$ $(A_{\mathrm{MB}})_{1k}$ $(A_{\mathrm{MB}})_{2k}$	式（8.59）	L_2
D096	群目标毁伤程度向量	$(\boldsymbol{A}_{\mathrm{UVB}})_k$	式（8.60）	L_2
D097	群目标的综合毁伤程度	$(A_{\mathrm{UCB}})_k$	式（8.61）	L_2

编号	数据变量名称	符号	数据范围及说明	级别
D098	第 k 次火力打击对群目标各作战能力的历史毁伤程度	$(A_{\mathrm{FL}})_{1k}$ $(A_{\mathrm{FL}})_{2k}$ $(A_{\mathrm{FL}})_{3k}$ $(A_{\mathrm{IL}})_{1k}$ $(A_{\mathrm{IL}})_{2k}$ $(A_{\mathrm{IL}})_{3k}$ $(A_{\mathrm{ML}})_{1k}$ $(A_{\mathrm{ML}})_{2k}$	式（8.62）	L_2
D099	群目标历史毁伤程度向量	$(\boldsymbol{A}_{\mathrm{UVL}})_k$	式（8.63）	L_2
D100	群目标的历史综合毁伤程度	$(A_{\mathrm{UCL}})_k$	式（8.64）	L_2
D101	由作战任务确定的期望的指挥人员类群目标状态矩阵	$\boldsymbol{T}_{\mathrm{CSU}}$	式（8.65）	L_2
D102	由作战任务确定的期望的指挥人员类群目标的整体状态向量	$\boldsymbol{T}_{\mathrm{CPU}}$	式（8.66）	L_2
D103	由作战任务确定的期望的作战兵力类群目标状态矩阵	$\boldsymbol{T}_{\mathrm{WSU}}$	式（8.67）	L_2
D104	由作战任务确定的期望的作战兵力类群目标的整体状态向量	$\boldsymbol{T}_{\mathrm{WPU}}$	式（8.68）	L_2
D105	由作战任务确定的期望的实物类群目标状态矩阵	$\boldsymbol{T}_{\mathrm{OSU}}$	式（8.69）	L_2
D106	由作战任务确定的期望的实物类群目标的整体状态向量	$\boldsymbol{T}_{\mathrm{OPU}}$	式（8.70）	L_2
D107	期望的群目标作战能力向量	$\boldsymbol{A}_{\mathrm{UVU}}$	式（8.71）	L_2
D108	期望的群目标综合作战能力	A_{UCU}	式（8.72）	L_2
D109	第 k 次打击之后期望的群目标作战能力向量	$(\boldsymbol{A}_{\mathrm{UVE}})_k$	式（8.73）	L_2
D110	第 k 次打击之后期望的群目标综合作战能力	$(A_{\mathrm{UCE}})_k$	式（8.74）	L_2

220

编号	数据变量名称	符号	数据范围及说明	级别
D111	第 k 次火力打击对基于作战任务的群目标各作战能力的毁伤程度	$(A_{FBE})_{1k}$ $(A_{FBE})_{2k}$ $(A_{FBE})_{3k}$ $(A_{IBE})_{1k}$ $(A_{IBE})_{2k}$ $(A_{IBE})_{3k}$ $(A_{MBE})_{1k}$ $(A_{MBE})_{2k}$	式 (8.75)	L_2
D112	基于作战任务的群目标毁伤程度向量	$(\boldsymbol{A}_{UVBE})_k$	式 (8.76)	L_2
D113	基于作战任务的群目标的综合毁伤程度	$(\boldsymbol{A}_{UCBE})_k$	式 (8.77)	L_2
D114	第 k 次火力打击对基于作战任务的群目标各作战能力的历史毁伤程度	$(A_{FLU})_{1k}$ $(A_{FLU})_{2k}$ $(A_{FLU})_{3k}$ $(A_{ILU})_{1k}$ $(A_{ILU})_{2k}$ $(A_{ILU})_{3k}$ $(A_{MLU})_{1k}$ $(A_{MLU})_{2k}$	式 (8.78)	L_2
D115	基于作战任务的群目标历史毁伤程度向量	$(\boldsymbol{A}_{UVLU})_k$	式 (8.79)	L_2
D116	基于作战任务的群目标的历史综合毁伤程度	$(\boldsymbol{A}_{UCLU})_k$	式 (8.80)	L_2

9.3 战场信息数据

依据战场作战进程时间轴，在 9.2 节战场要素的四个用途（战场信息运用、武器平台火力优化控制、地面突击分队火力优化控制和目标毁伤评估）的分类和战场作战三大要素（环境、敌方和我方）的分类的基础上，对某时刻战场上的信息数据进行归纳整体。

9.3.1 战场运用信息数据

战场基本假设：

（1）假设战场环境数据不随作战的持续而改变；

（2）假设作战兵力与指挥人员与其相应的实物类作战装备共存亡，即 O1 – W2、O2 – W1、O3 – W3、O4 – C1/C2、O5 – W4；

（3）假设作战兵力与指挥人员类目标与其相应的实物类目标（作战装备）共存亡，即 TO1 – TW2、TO2 – TW1、TO3 – TC1/TC2、TO4 – TW3。

由此可以给出战场信息运用所需要的信息数据：

$$S_{\text{IGN\_SR}} = 1$$
$$A_{\text{TT}} = 1$$
$$A_{\text{DET}} = 1$$
$$p_{\text{TI}} = 1$$
$$p_{\text{TD}} = 1$$
$$\gamma_{\psi} = 0$$
$$\gamma_{\text{T}} = 0$$
$$\gamma_{\text{S}} = 0$$
$$\psi = 0$$
$$\Psi = 0$$
$$I_{\text{SEE}} = \begin{bmatrix} 1 & 1 & 1 & 1 & 1 & 1 & 1 & 1 & 1 & 1 & 1 \end{bmatrix}$$
$$I_{\text{LAND}} = \begin{bmatrix} 1 & 1 & 1 & 1 & 1 & 1 & 1 & 1 & 1 & 1 & 1 & 1 \end{bmatrix}$$
$$I_{\text{WEA}} = \begin{bmatrix} 1 & 1 & 1 & 1 & 1 & 1 & 1 & 1 & 1 & 1 & 1 & 1 \end{bmatrix}$$
$$M = 28$$
$$T_{\text{HICKNESS\_U}} = 0.1$$
$$A_{\text{SDA}} = 1$$
$$N_k = 12$$

$$\begin{bmatrix} M_{\text{C}} \\ m \\ h \end{bmatrix} = \begin{bmatrix} 0.86 & 0.86 & 0.86 & 0.86 & 0.8 & 0.8 & 0.8 & 0.8 & 0.83 & 0.83 & 0.83 & 0.85 \\ 1.15 & 1.15 & 1.15 & 1.15 & 1.2 & 1.2 & 1.2 & 1.2 & 0.95 & 0.95 & 0.95 & 1.3 \\ 2.3 & 2.3 & 2.3 & 2.3 & 1.05 & 1.05 & 1.05 & 1.05 & 1.15 & 1.15 & 1.15 & 1.15 \end{bmatrix}$$

$$\lambda_{\text{ADA}} = 0.9$$

$$I_{\text{BAL}} = \begin{bmatrix} 1 & 1 & 1 & 1 & 0.2 & 0.2 & 0.2 & 0.2 & 0 & 0 & 0 & 0 \end{bmatrix}$$

$$I_{\text{TYPE}} = \begin{bmatrix} 0.8 & 0.8 & 0.8 & 0.8 & 0.6 & 0.6 & 0.6 & 0.6 & 0.9 & 0.9 & 0.9 & 0.9 \end{bmatrix}$$

$$I_{\text{MOVE}} = \begin{bmatrix} 0.7 & 0.7 & 0.7 & 0.7 & 0.8 & 0.8 & 0.8 & 0.8 & 0.8 & 0.8 & 0.8 & 0.9 \end{bmatrix}$$

$$I_{\text{COM}} = \begin{bmatrix} 0.1 & 0.1 & 0.1 & 0.1 & 0.1 & 0.1 & 0.1 & 0.1 & 0.8 & 0.7 & 0.7 & 0.1 \end{bmatrix}$$

$$I_{\text{FIND}} = \begin{bmatrix} 0.7 & 0.7 & 0.7 & 0.7 & 0.5 & 0.5 & 0.5 & 0.5 & 0.6 & 0.6 & 0.6 & 0.9 \end{bmatrix}$$

$$I_{\text{TIME}} = \begin{bmatrix} 0.7 & 0.7 & 0.7 & 0.7 & 0.9 & 0.9 & 0.9 & 0.9 & 0.1 & 0.1 & 0.1 & 0.1 \end{bmatrix}$$

$$I_{\text{HIT}} = \begin{bmatrix} 0.9 & 0.9 & 0.9 & 0.9 & 0.5 & 0.5 & 0.5 & 0.5 & 0.1 & 0.1 & 0.1 & 0.1 \end{bmatrix}$$

$$I_{\text{X}ij} = \begin{bmatrix} 0.6 & 0.5 & 0.5 & 0.7 & 0.5 & 0.6 & 0.6 & 0.5 & 0.7 & 0.7 & 0.6 & 0.5 \end{bmatrix}$$

$$I_{\text{V}ij} = \begin{bmatrix} 0.5 & 0.7 & 0.5 & 0.8 & 0.4 & 0.5 & 0.5 & 0.4 & 0.1 & 0.1 & 0.1 & 0.1 \end{bmatrix}$$

$$I_{\theta ij} = \begin{bmatrix} 0.6 & 0.6 & 0.5 & 0.5 & 0.6 & 0.7 & 0.7 & 0.7 & 0.1 & 0.1 & 0.1 & 0.1 \end{bmatrix}$$

9.3.2 武器平台火力优化控制信息数据

$$M = \begin{bmatrix} 0.1 & 0.1 & 0.1 & 0.1 & 0.1 & 0.1 & 0.1 & 0.1 & 1 & 1 & 1 & 1 \\ 1 & 1 & 1 & 1 & 1 & 1 & 1 & 1 & 0.1 & 0.1 & 0.1 & 0.1 \\ 1 & 1 & 1 & 1 & 1 & 1 & 1 & 1 & 1 & 1 & 1 & 1 \end{bmatrix}$$

$$W = \begin{bmatrix} 0.8 & 0.8 & 0.8 & 0.8 & 1 & 0.8 & 0.8 & 0.8 & 0.8 & 0.8 & 0.7 & 0.7 & 0.7 & 0.7 \\ 0.7 & 0.7 & 1 & 1 & 1 & 1 & 1 & 1 & 1 & 1 & 1 & 1 & 1 & 1 \\ 0.9 & 0.9 & 0.9 & 0.9 & 1 & 0.9 & 0.9 & 0.9 & 0.9 & 0.9 & 0.8 & 0.8 & 0.8 & 0.8 \end{bmatrix}$$

$$\begin{bmatrix} 0.8 & 0.8 & 0.9 & 0.9 & 0.9 & 0.9 & 0.1 & 0.1 & 0.1 & 0.1 & 0.1 & 0.1 & 0.1 & 0.1 \\ 1 & 1 & 1 & 1 & 1 & 1 & 1 & 1 & 1 & 1 & 1 & 1 & 1 & 1 \\ 1 & 1 & 1 & 1 & 1 & 1 & 1 & 1 & 1 & 1 & 1 & 1 & 1 & 1 \end{bmatrix}$$

$$T = \begin{bmatrix} 0.7 & 0.7 & 0.7 & 0.7 & 0.6 & 0.6 & 0.6 & 0.6 & 0.8 & 0.8 & 0.8 & 0.9 \\ 0.8 & 0.8 & 0.6 & 0.9 & 0.6 & 0.5 & 0.6 & 0.4 & 0.1 & 0.1 & 0.1 & 0.1 \\ 0.9 & 0.9 & 0.5 & 0.8 & 0.8 & 0.8 & 0.7 & 0.9 & 0.9 & 0.9 & 0.8 & 0.8 \end{bmatrix}$$

$$\lambda_{\text{GUN}} = 1$$

$$\lambda_{\text{PR}} = 1.11$$

$$T_{\text{HICKNESS}} = 0.1$$

$$A_{\text{SPR}} = 1$$

$$A_{\text{PR\_U}} = 1$$

$$T_{\text{R}} = \begin{bmatrix} 100 & 100 & 100 & 100 & 100 & 100 & 100 & 100 & 100 & 100 & 25 & 25 & 25 \\ & 25 & 25 & 25 & 50 & 50 & 50 & 50 & 0 & 0 & 0 & 0 & 0 & 0 \end{bmatrix}$$

$$T_{\text{G}} = \begin{bmatrix} 20 & 20 & 20 & 20 & 20 & 20 & 20 & 20 & 20 & 20 & 0 & 0 & 0 & 0 & 0 & 5 & 5 & 5 & 5 & 0 & 0 & 0 & 0 & 0 & 0 & 0 \end{bmatrix}$$

$$T_{\text{Y}} = \begin{bmatrix} 5 & 5 & 5 & 5 & 5 & 5 & 5 & 5 & 5 & 0 & 0 & 0 & 0 & 0 & 0 & 2 & 2 & 2 & 2 & 0 & 0 & 0 & 0 & 0 & 0 & 0 \end{bmatrix}$$

$$X = \begin{bmatrix} 2 & 2 & 2 & 2 & 2 & 2 & 2 & 2 & 2 & 1 & 1 & 1 & 1 & 1 & 1 & 1 & 1 & 1 & 1 & 0 & 0 & 0 & 0 & 0 & 0 & 0 \end{bmatrix}$$

$$Y = \begin{bmatrix} 1 & 1 & 1 & 1 & 1 & 1 & 1 & 1 & 1 & 1 & 1 & 1 & 1 & 1 & 1 & 1 & 1 & 1 & 1 & 1 & 1 & 1 & 1 & 1 & 1 & 1 \end{bmatrix}$$

$$(N_{\mathrm{W}})_{ix} = \begin{bmatrix} 1 & 1 & 1 & 1 & 1 & 1 & 1 & 1 & 1 & 1 & 15 & 15 & 15 & 15 & 15 & 15 & 1 & 1 & 1 & 1 & 0 & 0 & 0 & 0 & 0 & 0 & 0 \\ 1 & 1 & 1 & 1 & 1 & 1 & 1 & 1 & 1 & 1 & 0 & 0 & 0 & 0 & 0 & 0 & 0 & 0 & 0 & 0 & 0 & 0 & 0 & 0 & 0 & 0 & 0 \end{bmatrix}$$

$$(N_{\mathrm{AM}})_{iy} = \begin{bmatrix} 50 & 50 & 50 & 50 & 50 & 50 & 50 & 50 & 50 & 50 & 300 & 300 & 300 & 300 \\ & 300 & 300 & 10 & 10 & 10 & 10 & 0 & 0 & 0 & 0 & 0 & 0 & 0 & 0 \end{bmatrix}$$

$$Z = 3$$

$$T_{\mathrm{HICKNESS\_U}} = 0.1$$

9.3.3 地面突击分队火力优化控制信息数据

$$d = \begin{bmatrix}
1705.6 & 1751.2 & 1764.1 & 1745.9 & 1813.4 & 1809.6 & 1813.7 & 1809.6 & 1743.6 & 1694.7 & 1739.1 & 1843.8 \\
1662.1 & 1706 & 1717.3 & 1697.7 & 1758.3 & 1757 & 1759.8 & 1754.2 & 1694.1 & 1648.6 & 1685.6 & 1788.1 \\
1620.6 & 1663.2 & 1673.3 & 1652.6 & 1708.2 & 1708.7 & 1710.6 & 1703.8 & 1648.1 & 1605.1 & 1636.6 & 1737.5 \\
1584 & 1625 & 1633.7 & 1611.7 & 1661.4 & 1664 & 1664.9 & 1656.6 & 1606.2 & 1566.2 & 1591.2 & 1690.1 \\
1540.7 & 1580 & 1587.2 & 1563.8 & 1606.9 & 1611.9 & 1611.6 & 1601.8 & 1557.2 & 1520.4 & 1538.3 & 1635 \\
1707 & 1734 & 1730.1 & 1696.9 & 1688 & 1712 & 1702.4 & 1680.1 & 1681.6 & 1669.4 & 1633.1 & 1710.4 \\
1678.5 & 1703.8 & 1698.4 & 1663.9 & 1648.4 & 1674.7 & 1664 & 1640.2 & 1647.5 & 1638.6 & 1595.2 & 1670 \\
1652.2 & 1675.6 & 1668.6 & 1632.7 & 1610.1 & 1638.9 & 1627 & 1601.5 & 1615.2 & 1609.8 & 1558.9 & 1630.9 \\
1698.4 & 1720.7 & 1712.7 & 1676 & 1648.3 & 1679 & 1666.1 & 1639.5 & 1657.7 & 1654.5 & 1598.6 & 1668.5 \\
1766 & 1786.8 & 1777.7 & 1739.9 & 1706.2 & 1739.1 & 1725.2 & 1697 & 1720.7 & 1720.3 & 1658.3 & 1725.6 \\
1801.4 & 1840 & 1846.5 & 1822.3 & 1860 & 1867.2 & 1865.9 & 1854.5 & 1814.9 & 1780.1 & 1793 & 1887.3 \\
1792.9 & 1828.7 & 1832.5 & 1806 & 1831.8 & 1843.3 & 1839.1 & 1825.7 & 1796.6 & 1767.4 & 1767.8 & 1857.9 \\
1779.2 & 1811.9 & 1813 & 1784.1 & 1797.4 & 1813.5 & 1807.8 & 1790.7 & 1772.6 & 1749.4 & 1736.6 & 1822.2 \\
1788.1 & 1817.7 & 1816 & 1784.7 & 1785.5 & 1806.1 & 1798.2 & 1778.1 & 1771.1 & 1754 & 1728 & 1808.9 \\
1830.3 & 1857 & 1852.9 & 1819.3 & 1808.1 & 1833 & 1823 & 1800 & 1803.7 & 1792.3 & 1753.9 & 1830.1 \\
1884.2 & 1908.1 & 1901.5 & 1865.8 & 1842.8 & 1872.1 & 1860 & 1834.2 & 1848.4 & 1842.5 & 1792 & 1863.5 \\
1586.3 & 1622.2 & 1626.3 & 1600.1 & 1628.6 & 1638.9 & 1636.1 & 1622.7 & 1591 & 1561.1 & 1563.7 & 1655.1 \\
1552.1 & 1586.1 & 1588.3 & 1560.5 & 1581 & 1594.2 & 1589.9 & 1574.7 & 1550 & 1524.1 & 1518.1 & 1606.7 \\
1568.8 & 1600.4 & 1600.7 & 1571.1 & 1582.5 & 1599 & 1593.1 & 1575.7 & 1559.1 & 1537.5 & 1521.9 & 1607.2 \\
1616.1 & 1645.9 & 1644.4 & 1613.3 & 1616.5 & 1636 & 1628.6 & 1609.2 & 1600 & 1582.2 & 1558.2 & 1640.2 \\
1848.5 & 1881 & 1881.8 & 1852.6 & 1864.3 & 1881 & 1875.1 & 1857.4 & 1840.9 & 1818.3 & 1804 & 1888.9 \\
1670.1 & 1711.5 & 1720.6 & 1698.9 & 1749.5 & 1751.9 & 1752.9 & 1744.8 & 1693.6 & 1652.9 & 1679.2 & 1778.3 \\
1738.7 & 1762.7 & 1756.3 & 1720.8 & 1699.8 & 1728.1 & 1716.4 & 1691.2 & 1703.6 & 1697.1 & 1648.2 & 1720.7 \\
1615.9 & 1648.8 & 1650.1 & 1621.4 & 1637.4 & 1652.3 & 1647.2 & 1630.8 & 1610.2 & 1586.3 & 1575.7 & 1662.5 \\
1804.5 & 1835.6 & 1835.3 & 1805 & 1811.6 & 1830.2 & 1823.3 & 1804.5 & 1792.4 & 1772.5 & 1752.6 & 1835.7 \\
1627 & 1673.2 & 1686.7 & 1669.1 & 1739.9 & 1734.8 & 1739.5 & 1736.3 & 1667.3 & 1617.1 & 1664.8 & 1770.7 \\
1581.5 & 1620 & 1626.5 & 1602.4 & 1641.8 & 1648.1 & 1647.2 & 1636.5 & 1595.1 & 1560.1 & 1574.1 & 1669.4 \\
1701.3 & 1721.4 & 1711.6 & 1673.4 & 1637.4 & 1671 & 1656.7 & 1628.1 & 1653.8 & 1654.7 & 1590 & 1656.6
\end{bmatrix}$$

$$(\Delta N)_{k-1} = 0$$

$$(\Delta N)_{k-2} = 0$$

$$(\Delta N)_{k-3} = 0$$

$$\boldsymbol{T}_0 = \begin{bmatrix} \text{TO1} & \text{TO1} & \text{TO1} & \text{TO1} & \text{TO2} & \text{TO2} & \text{TO2} & \text{TO2} & \text{TO3} & \text{TO3} & \text{TO3} & \text{TO4} \end{bmatrix}$$

$$= \begin{bmatrix} \text{To. 1} & \text{To. 2} & \text{To. 3} & \text{To. 4} & \text{To. 5} & \text{To. 6} & \text{To. 7} & \text{To. 8} & \text{To. 9} & \text{To. 10} & \text{To. 11} & \text{To. 12} \end{bmatrix}$$

$$T_{\min} = 10$$

$$\boldsymbol{O} = \begin{bmatrix} \text{O1} & \text{O1} & \text{O1} & \text{O1} & \text{O1} & \text{O1} & \text{O1} & \text{O1} & \text{O1} & \text{O1} & \text{O2} & \text{O2} & \text{O2} & \text{O2} & \text{O2} & \text{O2} & \text{O3} \end{bmatrix}$$

$$\text{O3} \ \text{O3} \ \text{O3} \ \text{O4} \ \text{O4} \ \text{O4} \ \text{O4} \ \text{O4} \ \text{O5} \ \text{O5} \ \text{O5} \,\big] = \big[\,\text{Oo. 1} \ \text{Oo. 2} \ \text{Oo. 3} \ \text{Oo. 4}$$

$$\text{Oo. 5} \ \text{Oo. 6} \ \text{Oo. 7} \ \text{Oo. 8} \ \text{Oo. 9} \ \text{Oo. 10} \ \text{Oo. 11} \ \text{Oo. 12} \ \text{Oo. 13} \ \text{Oo. 14} \ \text{Oo. 15}$$

$$\text{Oo. 16} \ \text{Oo. 17} \ \text{Oo. 18} \ \text{Oo. 19} \ \text{Oo. 20} \ \text{Oo. 21} \ \text{Oo. 22} \ \text{Oo. 23} \ \text{Oo. 24} \ \text{Oo. 25}$$

$$\text{Oo. 26} \ \text{Oo. 27} \ \text{Oo. 28} \,\big]$$

9.3.4 目标毁伤评估信息数据

$$\boldsymbol{T}\big|_{t=0} = \begin{bmatrix} 1 & 1 & 1 & 1 & 1 & 1 & 1 & 1 & 0.1 & 0.1 & 0.1 & 0.1 \\ 1 & 1 & 1 & 1 & 1 & 1 & 1 & 1 & 1 & 1 & 1 & 1 \\ 0.1 & 0.1 & 0.1 & 0.1 & 0.1 & 0.1 & 0.1 & 0.1 & 0.1 & 0.1 & 0.1 & 0.1 \\ 1 & 1 & 1 & 1 & 1 & 1 & 1 & 1 & 1 & 1 & 1 & 1 \\ 1 & 1 & 1 & 1 & 1 & 1 & 1 & 1 & 1 & 1 & 1 & 1 \end{bmatrix}$$

$$\boldsymbol{T}\big|_{t=k-1} = \begin{bmatrix} 0.8 & 0.8 & 0.6 & 0.9 & 0.6 & 0.5 & 0.6 & 0.4 & 0.1 & 0.1 & 0.1 & 0.1 \\ 0.7 & 0.7 & 0.7 & 0.7 & 0.6 & 0.6 & 0.6 & 0.6 & 0.8 & 0.8 & 0.8 & 0.9 \\ 0.1 & 0.1 & 0.1 & 0.1 & 0.1 & 0.1 & 0.1 & 0.1 & 0.1 & 0.1 & 0.1 & 0.1 \\ 0.8 & 0.8 & 0.5 & 0.8 & 0.8 & 0.8 & 0.8 & 0.8 & 0.9 & 0.8 & 0.7 & 0.9 \\ 0.9 & 0.9 & 0.5 & 0.8 & 0.8 & 0.8 & 0.7 & 0.9 & 0.9 & 0.9 & 0.8 & 0.8 \end{bmatrix}$$

$$\boldsymbol{T}\big|_{t=k} = \begin{bmatrix} 0.5 & 0.8 & 0.6 & 0.9 & 0.6 & 0.5 & 0.6 & 0.4 & 0.1 & 0.1 & 0.1 & 0.1 \\ 0.7 & 0.7 & 0.7 & 0.7 & 0.6 & 0.6 & 0.6 & 0.6 & 0.6 & 0.8 & 0.8 & 0.9 \\ 0.1 & 0.1 & 0.1 & 0.1 & 0.1 & 0.1 & 0.1 & 0.1 & 0.1 & 0.1 & 0.1 & 0.1 \\ 0.8 & 0.8 & 0.5 & 0.8 & 0.8 & 0.8 & 0.8 & 0.8 & 0.9 & 0.3 & 0.7 & 0.9 \\ 0.9 & 0.9 & 0.5 & 0.4 & 0.8 & 0.7 & 0.6 & 0.9 & 0.4 & 0.6 & 0.3 & 0.8 \end{bmatrix}$$

$$\boldsymbol{W}_{\mathrm{T}} = \begin{bmatrix} 0.4 & 0.4 & 0.4 & 0.4 & 0.3 & 0.3 & 0.3 & 0.3 & 0.05 & 0.05 & 0.05 & 0.05 \\ 0.15 & 0.15 & 0.15 & 0.15 & 0.15 & 0.15 & 0.15 & 0.15 & 0.4 & 0.4 & 0.4 & 0.5 \\ 0.05 & 0.05 & 0.05 & 0.05 & 0.05 & 0.05 & 0.05 & 0.05 & 0.05 & 0.05 & 0.05 & 0.05 \\ 0.2 & 0.2 & 0.2 & 0.2 & 0.2 & 0.2 & 0.2 & 0.2 & 0.2 & 0.2 & 0.2 & 0.1 \\ 0.2 & 0.2 & 0.2 & 0.2 & 0.3 & 0.3 & 0.3 & 0.3 & 0.3 & 0.3 & 0.3 & 0.3 \end{bmatrix}$$

$$NS = 12$$

$$NC = 3$$

$$\boldsymbol{T}_{CS} = \begin{bmatrix} 1 & 0.8 & 0.8 \\ 1 & 0.8 & 1 \\ 0.9 & 0.8 & 0.8 \\ 1 & 0.8 & 0.9 \\ 0.9 & 0.7 & 0.7 \end{bmatrix}$$

$$\boldsymbol{T}_{CP} = \begin{bmatrix} 1 & 3 & 0.7 \end{bmatrix}$$

$$NW = 75$$

$$\boldsymbol{T}_{WS} = \begin{bmatrix} 1 & 1 & 1 & 1 & 0.1 & 0.1 & 0.1 & 0.1 & 0.9 \\ 0.7 & \sim & 0.8 & \sim & 0.8 & \sim & 0.7 & \sim & 0.9 \\ 0.8 & 0.8 & 0.8 & 0.8 & 0.8 & 0.8 & 0.8 & 0.8 & 0.8 \\ 0.9 & 0.9 & 0.8 & 0.8 & 0.8 & 0.7 & 0.8 & 0.7 & 0.9 \end{bmatrix}$$

$$\boldsymbol{T}_{WP} = \begin{bmatrix} 0.9 & 0.8 & 75 & 0.9 \end{bmatrix}$$

$$NO = 12$$

$$\boldsymbol{T}_{OS} = \begin{bmatrix} 0.8 & 0.8 & 0.8 & 0.8 & 0.7 & 0.7 & 0.7 & 0.7 & 1 & 0.9 & 0.9 & 0.9 \\ 0.5 & 0.8 & 0.6 & 0.9 & 0.6 & 0.5 & 0.6 & 0.4 & 0.1 & 0.1 & 0.1 & 0.1 \\ 0.7 & 0.7 & 0.7 & 0.7 & 0.6 & 0.6 & 0.6 & 0.6 & 0.6 & 0.8 & 0.8 & 0.9 \\ 0.1 & 0.1 & 0.1 & 0.1 & 0.1 & 0.1 & 0.1 & 0.1 & 0.1 & 0.1 & 0.1 & 0.1 \\ 0.8 & 0.8 & 0.5 & 0.8 & 0.8 & 0.8 & 0.8 & 0.8 & 0.9 & 0.3 & 0.7 & 0.9 \\ 0.9 & 0.9 & 0.5 & 0.4 & 0.8 & 0.7 & 0.9 & 0.9 & 0.4 & 0.6 & 0.3 & 0.8 \end{bmatrix}$$

$$\boldsymbol{T}_{OP} = \begin{bmatrix} 0.8 & 12 & 0.9 \end{bmatrix}$$

9.4 战场信息运用

$$\lambda_{LF} = 1$$

$$\lambda_{WE} = 1$$

$$\lambda_{EM} = 1$$

$$A_{DA} = 1.8$$

$$
p =
\begin{bmatrix}
0.77258 & 0.74206 & 0.73\,370 & 0.74552 & 0.70289 & 0.70522 & 0.70274 & 0.70521 & 0.74704 & 0.78012 & 0.75002 & 0.68471 \\
0.80327 & 0.77234 & 0.76460 & 0.77809 & 0.73743 & 0.73832 & 0.73647 & 0.74014 & 0.78055 & 0.81314 & 0.78653 & 0.7185 \\
0.83410 & 0.80252 & 0.79523 & 0.81024 & 0.77079 & 0.77050 & 0.76915 & 0.77384 & 0.81349 & 0.84601 & 0.82201 & 0.75106 \\
0.86263 & 0.83076 & 0.82418 & 0.84091 & 0.80382 & 0.80195 & 0.80129 & 0.80728 & 0.84516 & 0.87697 & 0.85692 & 0.78339 \\
0.89810 & 0.86580 & 0.86006 & 0.87891 & 0.84460 & 0.84079 & 0.84098 & 0.84856 & 0.88438 & 0.91543 & 0.90012 & 0.82324 \\
0.77164 & 0.75341 & 0.75599 & 0.77865 & 0.78482 & 0.76824 & 0.77479 & 0.79039 & 0.78933 & 0.79805 & 0.82470 & 0.76934 \\
0.79154 & 0.77388 & 0.77759 & 0.80202 & 0.81329 & 0.79425 & 0.80192 & 0.81938 & 0.81395 & 0.82058 & 0.85373 & 0.79759 \\
0.81051 & 0.79362 & 0.79861 & 0.82493 & 0.84216 & 0.82031 & 0.82927 & 0.84882 & 0.83824 & 0.84239 & 0.88295 & 0.82631 \\
0.77755 & 0.76234 & 0.76775 & 0.79333 & 0.81336 & 0.79119 & 0.80038 & 0.81991 & 0.80652 & 0.80879 & 0.85111 & 0.79867 \\
0.73252 & 0.71929 & 0.72507 & 0.74947 & 0.77221 & 0.75002 & 0.75931 & 0.77855 & 0.76233 & 0.76257 & 0.80609 & 0.75901 \\
0.71027 & 0.68694 & 0.68313 & 0.69750 & 0.67529 & 0.67112 & 0.67188 & 0.67846 & 0.70197 & 0.72355 & 0.71548 & 0.65971 \\
0.71549 & 0.69367 & 0.69138 & 0.70742 & 0.69183 & 0.68499 & 0.68702 & 0.69548 & 0.71322 & 0.73158 & 0.73137 & 0.67649 \\
0.72407 & 0.70379 & 0.70312 & 0.72103 & 0.71269 & 0.70285 & 0.70630 & 0.71689 & 0.72832 & 0.74324 & 0.75167 & 0.69757 \\
0.71852 & 0.70030 & 0.70129 & 0.72064 & 0.72014 & 0.70737 & 0.71222 & 0.72481 & 0.72924 & 0.74026 & 0.75740 & 0.70566 \\
0.69270 & 0.67698 & 0.67942 & 0.69933 & 0.70616 & 0.69110 & 0.69709 & 0.71111 & 0.70881 & 0.71587 & 0.74033 & 0.69286 \\
0.66143 & 0.64814 & 0.65181 & 0.67191 & 0.68528 & 0.66834 & 0.67529 & 0.69041 & 0.68202 & 0.68548 & 0.71608 & 0.67327 \\
0.86077 & 0.83286 & 0.82977 & 0.84994 & 0.82803 & 0.82031 & 0.82245 & 0.83249 & 0.85709 & 0.88116 & 0.87902 & 0.80835 \\
0.88845 & 0.86096 & 0.85918 & 0.88166 & 0.86501 & 0.85456 & 0.85793 & 0.87008 & 0.89032 & 0.91227 & 0.91744 & 0.84478 \\
0.87488 & 0.84968 & 0.84946 & 0.87301 & 0.86385 & 0.85081 & 0.85544 & 0.86930 & 0.88281 & 0.90080 & 0.91411 & 0.84443 \\
0.83752 & 0.81517 & 0.81623 & 0.83969 & 0.83726 & 0.82249 & 0.82804 & 0.84284 & 0.85002 & 0.86404 & 0.88355 & 0.81934 \\
0 & 0 & 0 & 0 & 0 & 0 & 0 & 0 & 0 & 0 & 0 & 0 \\
0 & 0 & 0 & 0 & 0 & 0 & 0 & 0 & 0 & 0 & 0 & 0 \\
0 & 0 & 0 & 0 & 0 & 0 & 0 & 0 & 0 & 0 & 0 & 0 \\
0 & 0 & 0 & 0 & 0 & 0 & 0 & 0 & 0 & 0 & 0 & 0 \\
0 & 0 & 0 & 0 & 0 & 0 & 0 & 0 & 0 & 0 & 0 & 0
\end{bmatrix}
$$

227

$$w =$$

0.74014	0.69721	0.67589	0.73328	0.61978	0.62893	0.59552	0.66939	0.77702	0.77129	0.76172	0.68222
0.75762	0.71341	0.69172	0.75221	0.63549	0.64437	0.60970	0.68768	0.79842	0.79124	0.78419	0.70109
0.77519	0.72957	0.70742	0.77089	0.65067	0.65938	0.62345	0.70534	0.81946	0.81109	0.80603	0.71926
0.79144	0.74469	0.72225	0.78872	0.66570	0.67405	0.63696	0.72285	0.83968	0.82980	0.82752	0.73731
0.86850	0.81493	0.78959	0.86756	0.72695	0.73574	0.69295	0.79386	0.92747	0.91448	0.91568	0.81062
0.73960	0.70328	0.68731	0.75253	0.65706	0.65833	0.62582	0.71401	0.80403	0.78212	0.80768	0.72946
0.75094	0.71424	0.69838	0.76611	0.67001	0.67046	0.63723	0.72919	0.81975	0.79573	0.82556	0.74523
0.76174	0.72481	0.70915	0.77943	0.68314	0.68261	0.64873	0.74461	0.83526	0.80891	0.84355	0.76127
0.74297	0.70806	0.69334	0.76107	0.67004	0.66903	0.63658	0.72947	0.81500	0.78861	0.82394	0.74584
0.71732	0.68502	0.67147	0.73557	0.65131	0.64983	0.61931	0.70780	0.78679	0.76069	0.79623	0.72370
0.67466	0.64046	0.62406	0.67534	0.58447	0.58984	0.56161	0.62905	0.71504	0.70474	0.70782	0.64099
0.67742	0.64380	0.62797	0.68068	0.59143	0.59583	0.56751	0.63731	0.72169	0.70923	0.71688	0.64966
0.68195	0.64882	0.63354	0.68801	0.60022	0.60354	0.57501	0.64769	0.73062	0.71575	0.72845	0.66056
0.67902	0.64709	0.63268	0.68779	0.60336	0.60550	0.57732	0.65154	0.73117	0.71408	0.73172	0.66474
0.66540	0.63553	0.62230	0.67633	0.59747	0.59847	0.57143	0.64489	0.71908	0.70044	0.72199	0.65812
0.64891	0.62124	0.60920	0.66157	0.58867	0.58864	0.56294	0.63485	0.70324	0.68344	0.70817	0.64800
0.80854	0.76232	0.74086	0.81226	0.69066	0.69678	0.65867	0.75221	0.86757	0.85205	0.86117	0.76796
0.82490	0.77792	0.75648	0.83137	0.70811	0.71335	0.67414	0.77263	0.88957	0.87154	0.88569	0.78904
0.81688	0.77166	0.75132	0.82616	0.70756	0.71153	0.67306	0.77221	0.88459	0.86435	0.88357	0.78884
0.79481	0.75250	0.73366	0.80608	0.69502	0.69784	0.66111	0.75783	0.86288	0.84132	0.86406	0.77432
0.61656	0.58929	0.57669	0.62181	0.54940	0.55207	0.52842	0.58884	0.65716	0.64453	0.65546	0.59967
0.67023	0.63520	0.61825	0.66805	0.57549	0.58186	0.55389	0.61851	0.70630	0.69871	0.69679	0.62962
0.64828	0.62040	0.60841	0.66096	0.58789	0.58782	0.56220	0.63400	0.70271	0.68319	0.70802	0.64674
0.68887	0.65461	0.63898	0.69469	0.60452	0.60801	0.57899	0.65270	0.73812	0.72371	0.73602	0.66524
0.62880	0.60075	0.58794	0.63528	0.56096	0.56330	0.53880	0.60231	0.67244	0.65854	0.67176	0.61363
0.68493	0.64688	0.62801	0.67801	0.57783	0.58613	0.55691	0.62089	0.71599	0.71192	0.70197	0.63181
0.70135	0.66398	0.64633	0.70163	0.60330	0.60917	0.57898	0.65089	0.74424	0.73416	0.73667	0.66297
0.66001	0.63227	0.62080	0.67654	0.60452	0.60285	0.57659	0.65357	0.72111	0.69807	0.73029	0.6672

9.5 武器平台火力优化控制

$$
p=
\begin{bmatrix}
0.77258 & 0.74206 & 0.73370 & 0.74552 & 0.70289 & 0.70522 & 0.70274 & 0.70521 & 0.74704 & 0.78012 & 0.75002 & 0.68471 \\
0.80327 & 0.77234 & 0.76460 & 0.77809 & 0.73743 & 0.73832 & 0.73647 & 0.74014 & 0.78055 & 0.81314 & 0.78653 & 0.7185 \\
0.83410 & 0.80252 & 0.79523 & 0.81024 & 0.77079 & 0.77050 & 0.76915 & 0.77384 & 0.81349 & 0.84601 & 0.82201 & 0.75106 \\
0.86263 & 0.83076 & 0.82418 & 0.84091 & 0.80382 & 0.80195 & 0.80129 & 0.80728 & 0.84516 & 0.87697 & 0.85692 & 0.78339 \\
0.89810 & 0.86580 & 0.86006 & 0.87891 & 0.84460 & 0.84079 & 0.84098 & 0.84856 & 0.88438 & 0.91543 & 0.90012 & 0.82324 \\
0.71164 & 0.75341 & 0.75599 & 0.77865 & 0.78482 & 0.76824 & 0.77479 & 0.79039 & 0.78933 & 0.79805 & 0.82470 & 0.76934 \\
0.79154 & 0.77388 & 0.77759 & 0.80202 & 0.81329 & 0.79425 & 0.80192 & 0.81938 & 0.81395 & 0.82058 & 0.85373 & 0.79759 \\
0.81051 & 0.79362 & 0.79861 & 0.82493 & 0.84216 & 0.82031 & 0.82927 & 0.84882 & 0.83824 & 0.84239 & 0.88295 & 0.82631 \\
0.77755 & 0.76234 & 0.76775 & 0.79333 & 0.81336 & 0.79119 & 0.80038 & 0.81991 & 0.80652 & 0.80879 & 0.85111 & 0.79867 \\
0.73252 & 0.71929 & 0.72507 & 0.74947 & 0.77221 & 0.75002 & 0.75931 & 0.77855 & 0.76233 & 0.76257 & 0.80609 & 0.75901 \\
0.71027 & 0.68694 & 0.68313 & 0.69750 & 0.67529 & 0.67112 & 0.67188 & 0.67846 & 0.70197 & 0.72355 & 0.71548 & 0.65971 \\
0.71549 & 0.69367 & 0.69138 & 0.70742 & 0.69183 & 0.68499 & 0.68702 & 0.69548 & 0.71322 & 0.73158 & 0.73137 & 0.67649 \\
0.72407 & 0.70379 & 0.70312 & 0.72103 & 0.71269 & 0.70285 & 0.70630 & 0.71689 & 0.72832 & 0.74324 & 0.75167 & 0.69757 \\
0.71852 & 0.70030 & 0.70129 & 0.72064 & 0.72014 & 0.70737 & 0.71222 & 0.72481 & 0.72924 & 0.74026 & 0.75740 & 0.70566 \\
0.69270 & 0.67698 & 0.67942 & 0.69933 & 0.70616 & 0.69110 & 0.69709 & 0.71111 & 0.70881 & 0.71587 & 0.74033 & 0.69286 \\
0.66143 & 0.64814 & 0.65181 & 0.67191 & 0.68528 & 0.66834 & 0.67529 & 0.69041 & 0.68202 & 0.68548 & 0.71608 & 0.67327 \\
0.86077 & 0.83286 & 0.82977 & 0.84994 & 0.82803 & 0.82031 & 0.82245 & 0.83249 & 0.85709 & 0.88116 & 0.87902 & 0.80835 \\
0.88845 & 0.86096 & 0.85918 & 0.88166 & 0.86501 & 0.85456 & 0.85793 & 0.87008 & 0.89032 & 0.91227 & 0.91744 & 0.84478 \\
0.87488 & 0.84968 & 0.84946 & 0.87301 & 0.86385 & 0.85081 & 0.85544 & 0.86930 & 0.88281 & 0.90080 & 0.91411 & 0.84443 \\
0.83752 & 0.81517 & 0.81623 & 0.83969 & 0.83726 & 0.82249 & 0.82804 & 0.84284 & 0.85002 & 0.86404 & 0.88355 & 0.81934 \\
0 & 0 & 0 & 0 & 0 & 0 & 0 & 0 & 0 & 0 & 0 & 0 \\
0 & 0 & 0 & 0 & 0 & 0 & 0 & 0 & 0 & 0 & 0 & 0 \\
0 & 0 & 0 & 0 & 0 & 0 & 0 & 0 & 0 & 0 & 0 & 0 \\
0 & 0 & 0 & 0 & 0 & 0 & 0 & 0 & 0 & 0 & 0 & 0 \\
0 & 0 & 0 & 0 & 0 & 0 & 0 & 0 & 0 & 0 & 0 & 0 \\
0 & 0 & 0 & 0 & 0 & 0 & 0 & 0 & 0 & 0 & 0 & 0 \\
0 & 0 & 0 & 0 & 0 & 0 & 0 & 0 & 0 & 0 & 0 & 0 \\
0 & 0 & 0 & 0 & 0 & 0 & 0 & 0 & 0 & 0 & 0 & 0 \\
\end{bmatrix}
$$

$$A_{PR\_T} = 1.2$$

$p_{HS} =$

0.77258	0.74206	0.73370	0.74552	0.70289	0.70522	0.70274	0.70521	0.74704	0.78012	0.75002	0.68471	0	0	0	0	0
0.80327	0.77234	0.76460	0.77809	0.73743	0.73832	0.73647	0.74014	0.78055	0.81314	0.78653	0.7185	0	0	0	0	0
0.83410	0.80252	0.79523	0.81024	0.77079	0.77050	0.76915	0.77384	0.81349	0.84601	0.82201	0.75106	0	0	0	0	0
0.86263	0.83076	0.82418	0.84091	0.80382	0.80195	0.80129	0.80728	0.84516	0.87697	0.85692	0.78339	0	0	0	0	0
0.89810	0.86580	0.86006	0.87891	0.84460	0.84079	0.84098	0.84856	0.88438	0.91543	0.90012	0.82324	0	0	0	0	0
0.77164	0.75341	0.75599	0.77865	0.78482	0.76824	0.77479	0.79039	0.78933	0.79805	0.82470	0.76934	0	0	0	0	0
0.79154	0.77388	0.77759	0.80202	0.81329	0.79425	0.80192	0.81938	0.81395	0.82058	0.85373	0.79759	0	0	0	0	0
0.81051	0.79362	0.79861	0.82493	0.84216	0.82031	0.82927	0.84882	0.83824	0.84239	0.88295	0.82631	0	0	0	0	0
0.77755	0.76234	0.76775	0.79333	0.81336	0.79119	0.80038	0.81991	0.80652	0.80879	0.85111	0.79867	0	0	0	0	0
0.73252	0.71929	0.72507	0.74947	0.77221	0.75002	0.75931	0.77855	0.76233	0.76257	0.80609	0.75901	0	0	0	0	0
0.71027	0.68694	0.68313	0.69750	0.67529	0.67112	0.67188	0.67846	0.70197	0.72355	0.71548	0.65971	0	0	0	0	0
0.71549	0.69367	0.69138	0.70742	0.69183	0.68499	0.68702	0.69548	0.71322	0.73158	0.73137	0.67649	0	0	0	0	0
0.72407	0.70379	0.70312	0.72103	0.71269	0.70285	0.70630	0.71689	0.72832	0.74324	0.75167	0.69757	0	0	0	0	0
0.71852	0.70030	0.70129	0.72064	0.72014	0.70737	0.71222	0.72481	0.72924	0.74026	0.75740	0.70566	0	0	0	0	0
0.69270	0.67698	0.67942	0.69933	0.70616	0.69110	0.69709	0.71111	0.70881	0.71587	0.74033	0.69286	0	0	0	0	0
0.66143	0.64814	0.65181	0.67191	0.68528	0.66834	0.67529	0.69041	0.68202	0.68548	0.71608	0.67327	0	0	0	0	0
0.86077	0.83286	0.82977	0.84994	0.82803	0.82031	0.82245	0.83249	0.85709	0.88116	0.87902	0.80835	0	0	0	0	0
0.88845	0.86096	0.85918	0.88166	0.86501	0.85456	0.85793	0.87008	0.89032	0.91227	0.91744	0.84478	0	0	0	0	0
0.87488	0.84968	0.84946	0.87301	0.86385	0.85081	0.85544	0.86930	0.88281	0.90080	0.91411	0.84443	0	0	0	0	0
0.83752	0.81517	0.81623	0.83969	0.83726	0.82249	0.82804	0.84284	0.85002	0.86404	0.88355	0.81934	0	0	0	0	0
0	0	0	0	0	0	0	0	0	0	0	0	0	0	0	0	0
0	0	0	0	0	0	0	0	0	0	0	0	0	0	0	0	0
0	0	0	0	0	0	0	0	0	0	0	0	0	0	0	0	0
0	0	0	0	0	0	0	0	0	0	0	0	0	0	0	0	0

$$\{t_k, \Delta t_k\} = \{80, 8\}$$

假设我方作战指挥人员为某个（O1 – W2）战场作战武器平台下达单独作战任务，命其对某个（TO4 – TW3）目标实施一次火力打击。

该 O1 – W2 作战武器平台采用火力目标匹配原则进行作战武器及弹药选取，则有

$$W_{ix} = \text{"1"}$$
$$(A_{\mathrm{M}})_{iy} = \text{"1"}$$

该 O1 – W2 作战武器平台采用资源消耗最小原则进行作战武器数量及弹药数量选取，则有

$$(n_{\mathrm{W}})_{ix} = 1$$
$$(n_{\mathrm{AM}})_{iy} = 2$$

该 O1 – W2 作战武器平台采用资源消耗最小原则进行目标薄弱环节选取，则有

$$Z = \text{"2"}$$

假设我方作战指挥人员为某个（O1 – W2）战场作战武器平台下达单独作战任务，命其对（TO3 – TC1/TC2）目标实施连续火力打击。

该 O1 – W2 作战武器平台采用打击战场价值最高原则进行作战打击目标排序，则有

$$\{T_j\} = \{\text{TO3 – TC1（To.9），TO3 – TC2（To.11），TO3 – TC2}$$
（To.10）\}

图 9.2 给出了敌我作战分队交战中此时该武器平台 O1 – W2（Oo.5）对所指定作战目标 TO3 – TC1/TC2 的打击方案。

9.6 地面突击分队火力优化控制

$$C = \begin{bmatrix} 0.3 & 0.3 & 0.3 & 0.3 & 0.4 & 0.4 & 0.4 & 0.4 & 0.4 & 0.2 & 0.2 & 0.1 \\ 0.5 & 0.2 & 0.4 & 0.1 & 0.4 & 0.5 & 0.4 & 0.6 & 0.9 & 0.9 & 0.9 & 0.9 \\ 0.1 & 0.1 & 0.5 & 0.6 & 0.2 & 0.3 & 0.1 & 0.1 & 0.6 & 0.4 & 0.7 & 0.2 \end{bmatrix}$$
$$R_{\mathrm{C}} = 0.46$$

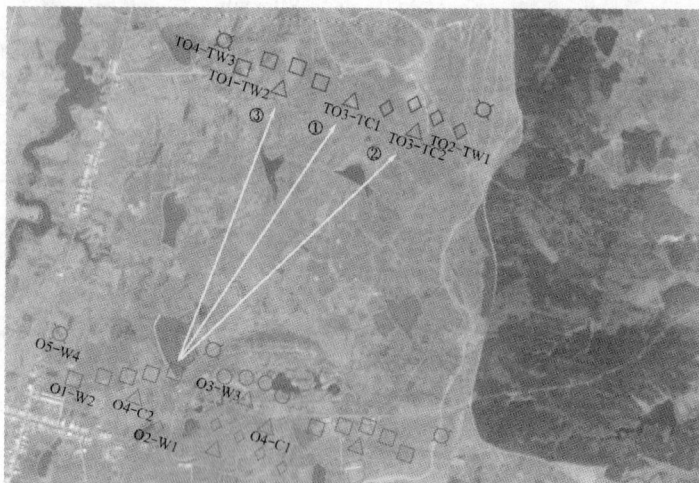

图9.2 武器平台火力打击方案

$$\tilde{\boldsymbol{m}} = \begin{bmatrix} 1 & 1 & 1 & 1 & 1 & 1 & 1 & 1 & 2 & 1 & 1 & 1 \end{bmatrix}$$

$$\mathrm{Urg_M} = 0.81$$

$$\mathrm{Urg_N} = 0$$

$$\mathrm{Urg_T} = 0.92$$

$$\mathrm{Urg} = 0.92$$

$$\Delta T = 11$$

$$n = 6(n_1 \times 0; n_2 \times 0; n_3 \times 2; n_4 \times 0; n_5 \times 1; n_6 \times 1; n_7 \times 2)$$

$$\hat{\boldsymbol{n}} = \begin{bmatrix} 0 & 0 & \mathrm{To.}3 & 0 & \mathrm{To.}9 & \mathrm{To.}11 & 0 \\ 0 & 0 & \mathrm{To.}4 & 0 & \mathrm{To.}1 & \mathrm{To.}10 & 0 \\ 0 & 0 & 0 & 0 & \mathrm{To.}4 & \mathrm{To.}9 & 0 \\ 0 & 0 & 0 & 0 & \mathrm{To.}10 & \mathrm{To.}1 & 0 \end{bmatrix}$$

打击目标有 TO1 – TW2（To.1）、TO1 – TW2（To.3）、TO1 – TW2（To.4）、TO3 – TC1（To.9）、TO3 – TC2（To.10）、TO3 – TC2（To.11）。

$$\hat{\boldsymbol{m}} = \begin{bmatrix} 0 & \mathrm{Oo.}18 & \mathrm{Oo.}5 & \mathrm{Oo.}18 & \mathrm{Oo.}5 & 0 \\ 0 & \mathrm{Oo.}19 & \mathrm{Oo.}18 & \mathrm{Oo.}5 & \mathrm{Oo.}4 & 0 \\ 0 & \mathrm{Oo.}17 & \mathrm{Oo.}19 & \mathrm{Oo.}19 & \mathrm{Oo.}3 & 0 \\ 0 & \mathrm{Oo.}20 & \mathrm{Oo.}20 & \mathrm{Oo.}20 & \mathrm{Oo.}8 & 0 \\ 0 & 0 & \mathrm{Oo.}8 & \mathrm{Oo.}8 & \mathrm{Oo.}7 & 0 \end{bmatrix}$$

参与打击的武器有 O1 – W2（Oo. 2）、O1 – W2（Oo. 3）、O1 – W2（Oo. 4）、O1 – W2（Oo. 5）、O1 – W2（Oo. 7）、O1 – W2（Oo. 8）、O3 – W3（Oo. 17）、O3 – W3（Oo. 18）、O3 – W3（Oo. 19）、O3 – W3（Oo. 20）。

$$Q = \begin{bmatrix} 0.80327 & 0.76460 & 0.77809 & 0.78055 & 0.81314 & 0.78653 \\ 0.83410 & 0.79523 & 0.81024 & 0.81349 & 0.84601 & 0.82201 \\ 0.86263 & 0.82418 & 0.84091 & 0.84516 & 0.87697 & 0.85692 \\ 0.89810 & 0.86006 & 0.87891 & 0.88438 & 0.91543 & 0.90012 \\ 0.79154 & 0.77759 & 0.80202 & 0.81395 & 0.82058 & 0.85373 \\ 0.81051 & 0.79861 & 0.82493 & 0.83824 & 0.84239 & 0.88295 \\ 0.86077 & 0.82977 & 0.84994 & 0.85709 & 0.88116 & 0.87902 \\ 0.88845 & 0.85918 & 0.88166 & 0.89032 & 0.91227 & 0.91744 \\ 0.87488 & 0.84946 & 0.87301 & 0.88281 & 0.90080 & 0.91411 \\ 0.83752 & 0.81623 & 0.83969 & 0.85002 & 0.86404 & 0.88355 \end{bmatrix}$$

假设对我方地面突击分队采用最大毁伤威胁度模型进行分队火力优化控制，则有

	To. 1	To. 3	To. 4	To. 9	To. 10	To. 11
Oo. 2	1	0	0	0	0	0
Oo. 3	1	0	0	0	0	0
Oo. 4	0	0	0	0	1	0
Oo. 5	0	0	0	0	1	0
Oo. 7	0	0	0	0	0	1
Oo. 8	0	0	0	0	0	1
Oo. 17	0	1	0	0	0	0
Oo. 18	0	0	1	0	0	0
Oo. 19	0	0	0	1	0	0
Oo. 20	0	0	0	1	0	0

$X =$ （如上表所示）

有武器目标分配方案：Oo. 2/Oo. 3 – To. 1、Oo. 4/Oo. 5 – To. 10、Oo. 7/Oo. 8 – To. 11、Oo. 17 – To. 3、Oo. 18 – To. 4、Oo. 19/Oo. 20 – To. 9。图 9.3 给出了敌我作战分队交战中此时地面突击分队所需执行的火力打击方案。

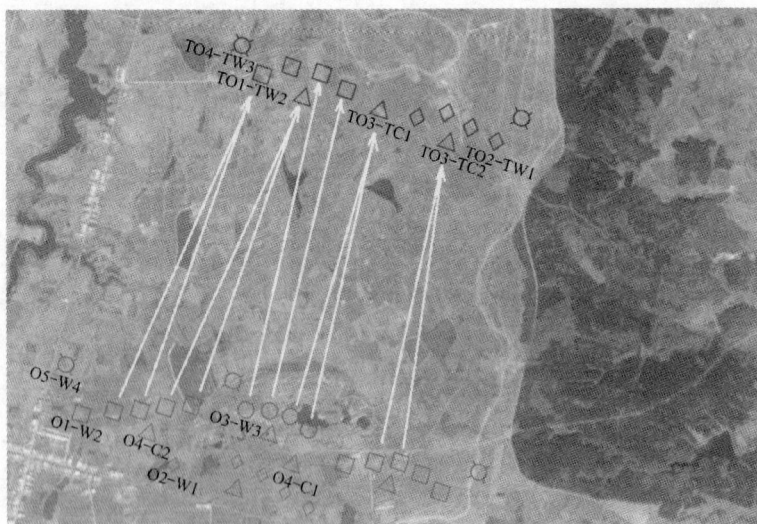

图 9.3 地面突击分队火力打击方案

9.7 目标毁伤评估

$$\boldsymbol{V}_{\mathrm{T}} = [0.82\ 0.79\ 0.77\ 0.83\ 0.72\ 0.73\ 0.69\ 0.78\ 0.88\ 0.85\ 0.86\ 0.81]$$

$$\boldsymbol{D}_{\mathrm{TB}} = [0.0984\ 0\ 0\ 0.0664\ 0\ 0.0219$$
$$0.0207\ 0\ 0.2024\ 0.1615\ 0.129\ 0]$$

$$\boldsymbol{D}_{\mathrm{TL}} = [0.2501\ 0.14615\ 0.31185\ 0.20335\ 0.2016\ 0.2482$$
$$0.2346\ 0.2418\ 0.3168\ 0.289\ 0.301\ 0.0972]$$

$$(A_{\mathrm{F}})_1 = 0.70192$$
$$(A_{\mathrm{F}})_2 = 0.69702$$
$$(A_{\mathrm{F}})_3 = 0.70897$$
$$(A_{\mathrm{I}})_1 = 0.71488$$
$$(A_{\mathrm{I}})_2 = 0.54423$$
$$(A_{\mathrm{I}})_3 = 0.72115$$
$$(A_{\mathrm{M}})_1 = 0.71083$$
$$(A_{\mathrm{M}})_2 = 0.65324$$

$$\boldsymbol{A}_{\mathrm{FV}} = \begin{bmatrix} 0.70192\ 0.69702\ 0.70897 \end{bmatrix}$$
$$A_{\mathrm{FC}} = 0.72156$$
$$\boldsymbol{A}_{\mathrm{IV}} = \begin{bmatrix} 0.71488\ 0.54423\ 0.72115 \end{bmatrix}$$
$$A_{\mathrm{IC}} = 0.58514$$
$$\boldsymbol{A}_{\mathrm{MV}} = \begin{bmatrix} 0.71083\ 0.65324 \end{bmatrix}$$
$$A_{\mathrm{MC}} = 0.65874$$
$$\boldsymbol{A}_{\mathrm{UV}} = \begin{bmatrix} 0.70192\ 0.69702\ 0.70897\ 0.71488 \\ 0.54423\ 0.72115\ 0.71083\ 0.65324 \end{bmatrix}$$
$$A_{\mathrm{UC}} = 0.68741$$
$$A_{\mathrm{UCB}} = 0.10996$$
$$A_{\mathrm{UCL}} = 0.28329$$
$$(A_{\mathrm{UCBE}})_k = 0.95211$$
$$(A_{\mathrm{UCLU}})_k = 0.29095$$

9.8 二次分配

依据上述目标毁伤评估结果，对地面突击分队的火力进行优化控制，给出下一时刻火力打击方案。

	To. 1	To. 3	To. 9	To. 10	To. 11
Oo. 1	1	0	0	0	0
Oo. 4	1	0	0	0	0
Oo. 5	0	0	0	1	0
Oo. 6	0	0	0	0	1
Oo. 7	0	0	0	0	1
Oo. 17	0	0	0	1	0
Oo. 18	0	1	0	0	0
Oo. 19	0	0	1	0	0
Oo. 20	0	0	1	0	0

$X =$ 上表

有武器目标分配方案：Oo. 1/Oo. 4 – To. 1、Oo. 5 – To. 10、Oo. 6/Oo. 7 – To. 11、Oo. 17 – To. 10、Oo. 18 – To. 3、Oo. 19/Oo. 20 – To. 9。

图 9.4 给出了敌我作战分队交战中此时地面突击分队所需执行的火力打击方案。

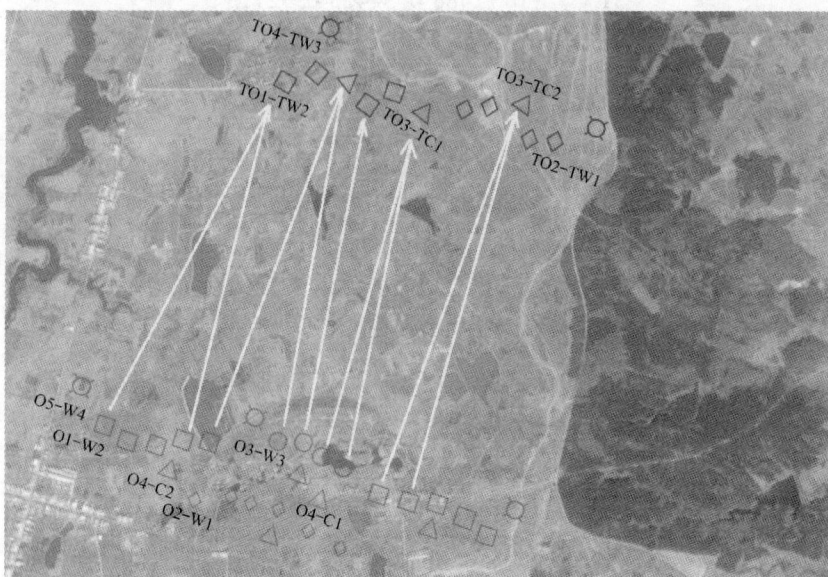

图 9.4　地面突击分队火力打击方案

附表一 简化的拉普拉斯函数 $\tilde{\Phi}(x)$ 表：$\tilde{\Phi}(x) = \dfrac{2\rho}{\sqrt{\pi}}\displaystyle\int_0^x e^{-\rho^2 z^2}\,\mathrm{d}z$

x	0	0.01	0.02	0.03	0.04	0.05	0.06	0.07	0.08	0.09
0.0	0.0000	0.0054	0.0108	0.0161	0.0215	0.269	0.0323	0.0377	0.0430	0.0484
0.1	0.0538	0.0591	0.0645	0.0699	0.752	0.806	0.0859	0.0913	0.0966	0.1020
0.2	0.1073	0.1126	0.1180	0.1233	0.1286	0.1339	0.1392	0.1445	0.1498	0.1551
0.3	0.1604	0.1656	0.1909	0.1761	0.1814	0.1866	0.1919	0.1971	0.2023	0.2075
0.4	0.2127	0.2179	0.2230	0.2282	0.2334	0.2385	0.2436	0.2488	0.2539	0.2590
0.5	0.2641	0.2691	0.2740	0.2793	0.2843	0.2893	0.2944	0.2994	0.3044	0.3093
0.6	0.3161	0.3193	0.3242	0.3291	0.3340	0.3389	0.3438	0.3487	0.3535	0.3584
0.7	0.3632	0.3680	0.3728	0.3776	0.3823	0.3871	0.3918	0.3965	0.4012	0.4059
0.8	0.4105	0.4152	0.4199	0.4244	0.4290	0.4336	0.4381	0.4427	0.4472	0.4517
0.9	0.4562	0.4606	0.4651	0.4695	0.4739	0.4783	0.4827	0.4871	0.4914	0.4957
1.0	0.5000	0.5043	0.5085	0.5128	0.5170	0.5212	0.5254	0.5295	0.5337	0.5378
1.1	0.5419	0.5460	0.5500	0.5540	0.5581	0.5621	0.5660	0.5700	0.5739	0.5778
1.2	0.5817	0.5856	0.5894	0.5933	0.5971	0.6008	0.6046	0.6083	0.6121	0.6158
1.3	0.6194	0.6231	0.6267	0.6303	0.6339	0.6375	0.6410	0.6445	0.6480	0.6515
1.4	0.6550	0.6584	0.6618	0.6652	0.6686	0.6719	0.6753	0.6786	0.6818	0.6851
1.5	0.6883	0.6916	0.6948	0.6979	0.7011	0.7042	0.7073	0.7104	0.7134	0.7165
1.6	0.7195	0.7225	0.7256	0.7284	0.7314	0.7341	0.7371	0.7400	0.7429	0.7457
1.7	0.7485	0.7513	0.7540	0.7567	0.7595	0.7622	0.7648	0.7675	0.7701	0.7727
1.8	0.7753	0.7779	0.7804	0.7829	0.7854	0.7879	0.7904	0.7928	0.7952	0.7976
1.9	0.8000	0.8024	0.8047	0.8070	0.8093	0.8116	0.8138	0.8161	0.8183	0.8205
2.0	0.8227	0.8248	0.8270	0.8291	0.8312	0.8333	0.8353	0.8374	0.8394	0.8414
2.1	0.8434	0.8492	0.8511	0.8530	0.8549	0.8567	0.8586	0.8604	0.8622	0.8639
2.2	0.8622	0.8639	0.8657	0.8675	0.8692	0.8709	0.8726	0.8743	0.8759	0.8776
2.3	0.8792	0.8808	0.8824	0.8840	0.8855	0.8871	0.8886	0.8901	0.8916	0.8931
2.4	0.8945	0.7960	0.8974	0.8988	0.9002	0.9016	0.9029	0.9043	0.9358	0.9069
2.5	0.9086	0.9095	0.9108	0.9121	0.9133	0.9146	0.9158	0.9170	0.9182	0.9149
2.6	0.9205	0.9217	0.9228	0.9239	0.9250	0.9261	0.9272	0.9283	0.9293	0.9304

2. 7	0. 9314	0. 9324	0. 9334	0. 9344	0. 9354	0. 9364	0. 9373	0. 9383	0. 9392	0. 9401
2. 8	0. 9411	0. 9420	0. 9428	0. 9437	0. 9446	0. 9454	0. 9463	0. 9471	0. 9479	0. 9487
2. 9	0. 9495	0. 9503	0. 9511	0. 9519	0. 9526	0. 9534	0. 9541	0. 9549	0. 9556	0. 9563
3. 0	0. 9570	0. 9577	0. 9583	0. 9590	0. 9597	0. 9603	0. 9610	0. 9616	0. 9622	0. 9629
3. 1	0. 9635	0. 9641	0. 9647	0. 9652	0. 9658	0. 9664	0. 9669	0. 9675	0. 9680	0. 9684
3. 2	0. 9691	0. 9696	0. 9701	0. 9706	0. 9711	0. 9716	0. 9721	0. 9726	0. 9731	0. 9735
3. 3	0. 9740	0. 9744	0. 9749	0. 9753	0. 9757	0. 9762	0. 9766	0. 9770	0. 9774	0. 9778
3. 4	0. 9782	0. 9786	0. 9789	0. 9793	0. 9797	0. 9800	0. 9804	0. 9807	0. 9811	0. 9814
3. 5	0. 9818	0. 9821	0. 9824	0. 9827	0. 9830	0. 9834	0. 9837	0. 9840	0. 9843	0. 9845
3. 6	0. 9848	0. 9851	0. 9854	0. 9857	0. 9859	0. 9862	0. 9864	0. 9867	0. 9869	0. 9872
3. 7	0. 9874	0. 9877	0. 9879	0. 9881	0. 9884	0. 9886	0. 9888	0. 9890	0. 9892	0. 9894
3. 8	0. 9896	0. 9898	0. 9900	0. 9902	0. 9904	0. 9908	0. 9908	0. 9910	0. 9911	0. 9913
3. 9	0. 9916	0. 9916	0. 9918	0. 9920	0. 9921	0. 9923	0. 9924	0. 9926	0. 9927	0. 9929

注：计算射击命中概率时要注意 $\Phi(x)$ 与 $\hat{\Phi}(x)$ 函数的区别，$\Phi(x) = \dfrac{1}{\sqrt{2}}\hat{\Phi}(x)$。

附表二 $F(x)$ 函数表：$F(x) = \dfrac{1}{\sqrt{2\pi}}\int_0^x e^{\frac{z^2}{2\sigma}}\mathrm{d}z$

x	0	0. 01	0. 02	0. 03	0. 04	0. 05	0. 06	0. 07	0. 08	0. 09
0. 0	0. 5000	0. 5040	0. 5080	0. 5120	0. 5160	0. 5199	0. 5239	0. 5279	0. 5319	0. 5359
0. 1	0. 5398	0. 5438	0. 5478	0. 5517	0. 5557	0. 5596	0. 5636	0. 5675	0. 5714	0. 5753
0. 2	0. 5793	0. 5832	0. 5871	0. 5910	0. 5948	0. 5987	0. 6026	0. 6064	0. 6103	0. 6141
0. 3	0. 6179	0. 6217	0. 6255	0. 6293	0. 6331	0. 6368	0. 6406	0. 6443	0. 6480	0. 6517
0. 4	0. 6554	0. 6591	0. 6628	0. 6664	0. 6700	0. 6736	0. 6772	0. 6808	0. 6844	0. 6879
0. 5	0. 6915	0. 6950	0. 6985	0. 7019	0. 7054	0. 7088	0. 7123	0. 7157	0. 7190	0. 7224
0. 6	0. 7257	0. 7291	0. 7324	0. 7357	0. 7389	0. 7422	0. 7454	0. 7486	0. 7517	0. 7549
0. 7	0. 7580	0. 7611	0. 7642	0. 7673	0. 7703	0. 7734	0. 7764	0. 7794	0. 7823	0. 7852
0. 8	0. 7881	0. 7910	0. 7939	0. 7967	0. 7995	0. 8023	0. 8051	0. 8078	0. 8106	0. 8133
0. 9	0. 8159	0. 8186	0. 8212	0. 8238	0. 8264	0. 8289	0. 8315	0. 8340	0. 8365	0. 8389
1. 0	0. 8413	0. 8438	0. 8461	0. 8485	0. 8508	0. 8531	0. 8554	0. 8577	0. 8599	0. 8621

1.1	0.8643	0.8665	0.8686	0.8708	0.8729	0.8749	0.8770	0.8790	0.8810	0.8830
1.2	0.8849	0.8869	0.8888	0.8907	0.8925	0.8944	0.8962	0.8980	0.8997	0.9015
1.3	0.9032	0.9049	0.9066	0.9082	0.9099	0.9115	0.9131	0.9147	0.9162	0.9177
1.4	0.9192	0.9207	0.9222	0.9236	0.9251	0.9265	0.9278	0.9292	0.9306	0.9319
1.5	0.9332	0.9345	0.9357	0.9370	0.9382	0.9394	0.9406	0.9418	0.9430	0.9441
1.6	0.9452	0.9463	0.9476	0.9484	0.9495	0.9505	0.9515	0.9525	0.9535	0.9545
1.7	0.9554	0.9564	0.9573	0.9582	0.9591	0.9599	0.9608	0.9616	0.9625	0.9633
1.8	0.9641	0.9648	0.9656	0.9664	0.9671	0.9678	0.9686	0.9693	0.9700	0.9706
1.9	0.9713	0.9719	0.9726	0.9732	0.9738	0.9744	0.9750	0.9756	0.9762	0.9767
2.0	0.9772	0.9778	0.9783	0.9788	0.9793	0.9798	0.9803	0.9808	0.9812	0.9817
2.1	0.9821	0.9826	0.9830	0.9834	0.9838	0.9842	0.9846	0.9850	0.9854	0.9857
2.2	0.9861	0.9864	0.9868	0.9871	0.9874	0.9878	0.9881	0.9884	0.9884	0.9890
2.3	0.9893	0.9896	0.9898	0.9901	0.9904	0.9906	0.9909	0.9911	0.9913	0.9916
2.4	0.9918	0.9920	0.9922	0.9925	0.9927	0.9929	0.9931	0.9932	0.9934	0.9936
2.5	0.9938	0.9940	0.9941	0.9943	0.9945	0.9946	0.9948	0.9949	0.9951	0.9952
2.6	0.9953	0.9955	0.9956	0.9957	0.9959	0.9960	0.9961	0.9962	0.9963	0.9964
2.7	0.9965	0.9966	0.9967	0.9968	0.9969	0.9970	0.9971	0.9972	0.9973	0.9974
2.8	0.9974	0.9975	0.9976	0.9977	0.9977	0.9978	0.9979	0.9979	0.9980	0.9981
2.9	0.9981	0.9982	0.9982	0.9983	0.9984	0.9984	0.9985	0.9985	0.9986	0.9986
3.0	0.9987	0.9990	0.9993	0.9995	0.9997	0.9998	0.9998	0.9999	0.9999	1.0000

参 考 文 献

［1］车延连，闫耀祖，程龙春．火力筹划论［M］．北京：军事科学出版社，2009.
［2］徐克虎，张志勇，黄大山．坦克分队作战要素数理研究［J］．装甲兵工程学院学报，2013.
［3］黄大山．坦克分队火力优化控制研究［D］．北京：装甲兵工程学院，2012.
［4］王忠义，王钰．坦克分队火力运用与指挥［M］．北京：海潮出版社，2004.
［5］段海滨，张祥银，徐春芳．仿生智能计算［M］．北京：科学出版社，2011.
［6］白帆．装甲分队武器－目标分配问题及其群智能优化算法求解研究［D］．北京：装甲兵工程学院，2012.
［7］陈金玉．信息化装甲分队目标威胁评估研究［D］．北京：装甲兵工程学院，2014.
［8］孔德鹏．合成分队火力运用决策技术研究［D］．北京：装甲兵工程学院，2015.
［9］崔海波．基于NSGA－Ⅱ的炮兵群火力分配问题研究［D］．长沙：国防科学技术大学，2010.
［10］朱竞夫，赵碧君，王钦钊．现代坦克火控系统［D］．北京：国防工业出版社，2003.
［11］李照顺，宋祥斌，等．决策支持系统及其军事应用［M］．北京：国防工业出版社，2011.
［12］周启煌，常天庆，等．战车火控系统与指控系统［M］．北京：国防工业出版社，2003.
［13］宋跃进，秦继荣．指挥控制与火力控制一体化［M］．北京：国防工业出版社，2008.
［14］徐克虎，黄大山，王天召．改进的人工免疫算法求解武器－目标分配问题［J］．系统工程与电子技术，2013.
［15］徐克虎，黄大山，张志勇，等．坦克分队火力打击时机量化研究［J］．火力与指挥控制，2014.
［16］徐克虎，陈金玉，张志勇，等．坦克分队目标打击价值指标数理研究［J］．火力与指挥控制，2014.
［17］徐克虎，黄大山，王天召．坦克分队动态火力优化配置建模［J］．火力与指挥控制，2013.
［18］徐克虎，黄大山，王天召．改进的粒子群算法求解火力优化配置［J］．兵工自动化，2012.
［19］黄大山，徐克虎，王天召．坦克分队火力优化配置模型研究［J］．火力与指挥控制，2013.
［20］黄大山，徐克虎，王天召．坦克部队整体火力配系模型研究［J］．火力与指挥控制，2013.
［21］黄大山，徐克虎，陈金玉．坦克部队火力优化控制系统建模［J］．火力与指挥控制，2013.
［22］黄大山，徐克虎，王天召．求解WTA问题的智能算法评价准则［J］．火力与指挥控制，2013.
［23］孔德鹏，徐克虎，张志勇，等．集群目标战场价值综合评估［J］．兵工自动化，2015.
［24］孔德鹏，徐克虎，陈金玉．一种基于战场态势变权的目标威胁评估方法［J］．装甲

兵工程学院学报，2015.

［25］陈金玉，徐克虎，张志余，等．基于 Vague 集极值记分函数的装甲分队目标威胁评估 ［J］．火力与指挥控制，2015.

［26］Xu Kehu, Kong Depeng, Chen Jinyu. Target threat assessment based on improved RBF neural network ［C］. Proceedings of the 2015 Chinese Intelligent automation Confrence，2015.

［27］徐克虎，陈金玉，张志余，等．基于改进型投影算法的装甲分队目标威胁评估［J］． 火力与指挥控制，2015.

［28］陈金玉，徐克虎，孔德鹏，等．混合多属性决策投影算法的装甲分队目标价值评估 ［J］．火力与指挥控制，2015.

［29］徐克虎，陈金玉，孔德鹏．基于 GM（1，1）预测与改进 Vague 集距离的装甲分队目标威胁评估 ［J］．装甲兵工程学院学报，2015.

［30］徐克虎，陈金玉，孔德鹏，等．装甲分队目标威胁评估指标体系研究 ［J］．火力与指挥控制，2015.

［31］Xu Kehu, Chen Jinyu, Kong Depeng. Research on Combined Weight of Target Threat Index of Information Fusion ［J］. Applied Mechanics and Materials，2014.

［32］Xu Kehu, Chen Jinyu, Kong Depeng. Research on Vague Set of Target Threat Information Fusion Algorithm ［J］. Applied Mechanics and Materials，2014.

［33］徐克虎，王天召，陈金玉，等．动态背景下的运动目标检测定位算法研究 ［J］．计算机测量与控制，2013.

［34］徐克虎，黄大山，王天召．基于 RBF – GA 的坦克分队作战目标评估 ［J］．火力与指挥控制，2013.

［35］李科，徐克虎，张波．多特征自适应融合的军事伪装目标跟踪 ［J］．计算机工程与应用，2012.

［36］Xu Kehu, Huang Dashan. Research on Evalution Criteria for Interilligent Algorithm Optimizing Ability ［C］. International Conference on Electronics，2012.

［37］Xu Kehu, Huang Dashan, Wang Tianzhao. The application of improved genetic algorithm on weapon – target assignment ［C］. Intelligent Human – Machine Systems and Cybernetics，2012.

［38］徐克虎，黄大山，王天召．装甲部（分）队整体作战效能评估 ［J］．科技导报，2012.

［39］孟强，徐克虎，李科．多属性融合的坦克分队作战效能评估 ［J］．火力与指挥控制，2012.

［40］孟强，徐克虎，李科．基于云理论的坦克分队进攻队形综合评价 ［J］．火力与指挥控制，2011.

［41］孟强，徐克虎．装甲步兵进攻战斗队形优选模型分析与应用［J］．火力与指挥控制，2011.

［42］孟强，徐克虎，李科．基于对抗演练的坦克分队火力分配评价 ［J］．兵工自动化，2010.

［43］徐克虎，孟强，李科．基于对抗演练的坦克分队进攻方式评价 ［J］．四川兵工学报，2010.

［44］王正元，谭跃进．坦克会战中动态武器 – 目标分配问题求解方法 ［J］．国防科技大学学报，2003.

［45］沈建华．信息火力制胜概论 ［M］．北京：军事科学出版社，2010.

［46］杨育林．装甲步兵营连战术教材 ［M］．北京：解放军出版社，2003.

［47］中国人民解放军军语 ［M］．北京：军事科学出版社，1997.

［48］马志松.论战术设计［M］.北京:国防大学出版社,2006.

［49］司瑾.多输入模糊推理与多目标模糊决策算法研究［D］.长春:长春理工大学,2006.

［50］贾树德,崔亚峰.陆军战术学［M］.北京:解放军出版社,2004.

［51］王润岗,赵以贤,王艾萍,等.基于军事运筹的坦克分队作战仿真模型构建［J］.火力与指挥控制,2011.

［52］王钰,王继泉.坦克射击原理与方法［M］.北京:海潮出版社,2004.

［53］王忠义.坦克射击效率评定［M］.蚌埠:蚌埠坦克学院,2003.

［54］王建民,刘焕章,刁联旺,等.现代坦克射击［M］.北京:国防大学出版社,1999.

［55］吴玲,卢发兴.WTA问题的截止期定义及Anytime算法分析［J］.武汉理工大学学报,2010.

［56］王建民,周文学,朱训慧,等.坦克远距离射击［M］.北京:军事科学出版社,2001.

［57］沈志李,等.陆战之王—坦克装甲车［M］.北京:化学工业出版社,2009.

［58］张志伟.陆军火力战［M］.北京:军事科学出版社,2009.

［59］许建中.基于遗传算法的武器目标分配模糊多目标规划［J］.军事运筹与系统工程,2010.

［60］赵健康,朱英贵,徐春和.坦克连最优火力分配［J］.火力与指挥控制,2005.

［61］崔海波.基于NSGA－Ⅱ的炮兵群火力分配问题研究［D］.长沙:国防科学技术大学硕士学位论文,2010.

［62］张树祥.迫击炮火力分配建模研究［J］.科学技术与工程,2010.

［63］周新初,张智智,夏军,等.车载反坦克导弹火力分配优化模型［J］.火力与指挥控制,2011.

［64］王立祺,周军,呼卫军.基于粒子群算法的MKV作战任务评估与分配［J］.计算机仿真,2011.

［65］甘旭东.群体智能算法的评估与分析［D］.上海:上海交通大学硕士学位论文,2010.

［66］张国忠.智能控制系统及应用［M］.北京:中国电力出版社,2007.

［67］段海滨,张祥银,徐春芳.仿生智能计算［M］.北京:科学出版社,2011.

［68］焦李成,尚荣华,马文萍,等.多目标优化免疫算法、理论和应用［M］.北京:科学出版社,2010.

［69］莫宏伟,左兴权.人工免疫系统［M］.北京:科学出版社,2009.

［70］李凤萍.几类人工免疫算法及其应用研究［D］.吉林:吉林大学硕士学位论文,2009.

［71］常天庆,白帆,王钦钊.解坦克分队武器－目标分配问题的小生境遗传算法［J］.装甲兵工程学院学报,2012.

［72］李赵阳.基于粒子群算法的武器－目标分配问题求解［D］.吉林:吉林大学硕士学位论文,2009.

［73］安卓斯P.计算群体智能基础［M］.谭营,等,译.北京:清华大学出版社,2009.

［74］韩瑞新,朱红胜,卢厚清,等.舰艇编队防空火力基于改进遗传算法的分配方案［J］.解放军理工大学学报(自然科学版),2006,7(1):46－50.

［75］阮旻智,李庆民,刘天华.编队防空火力分配建模及其优化方法研究［J］.兵工学报,2010.

［76］周焘,于雷,任波.基于免疫算法的空战目标分配［J］.光电与控制,2007.

242